高等学校计算机专业系列教材

计算机系统导论实践教程

鲍培明 苏丰 袁春风 编著

Practical Tutorial of
Introduction to
Computer Systems

机械工业出版社
CHINA MACHINE PRESS

本书作为主教材《计算机系统导论》配套的程序设计与调试实践教材，内容包括基础级验证性实验和模块级分析性实验。本书中设计的基础级验证性实践项目包括实验系统的安装和工具软件的使用、程序调试初步和指令系统基础、数据的机器级表示实验、数据的基本运算实验、程序的机器级表示实验；模块级分析性实践项目包括二进制程序分析与逆向工程实验、程序链接与 ELF 目标文件实验。

本书为《计算机系统导论》主教材提供了系统性的编程调试实践项目，可以作为高等院校计算机专业本科或高职高专学生计算机系统导论课程的教学辅助教材，也可以作为计算机技术人员的参考书。

图书在版编目（CIP）数据

计算机系统导论实践教程 / 鲍培明，苏丰，袁春风编著 . -- 北京：机械工业出版社，2025.2. --（高等学校计算机专业系列教材）. -- ISBN 978-7-111-76963-7

I. TP303

中国国家版本馆 CIP 数据核字第 2024B4U802 号

机械工业出版社（北京市百万庄大街 22 号　邮政编码 100037）

策划编辑：朱　劼		责任编辑：朱　劼　郎亚妹
责任校对：张勤思　张雨霏　景　飞		责任印制：任维东

天津嘉恒印务有限公司印刷

2025 年 4 月第 1 版第 1 次印刷

185mm×260mm・16.5 印张・368 千字

标准书号：ISBN 978-7-111-76963-7

定价：59.00 元

电话服务　　　　　　　　　网络服务

客服电话：010-88361066　　机 工 官 网：www.cmpbook.com
　　　　　010-88379833　　机 工 官 博：weibo.com/cmp1952
　　　　　010-68326294　　金　书　网：www.golden-book.com

封底无防伪标均为盗版　　　机工教育服务网：www.cmpedu.com

前　言

随着计算机信息技术的飞速发展，我们见证了从早期多人一机的主机 – 终端模式，到 PC 时代的一人一机模式，再到如今的人 – 机 – 物互联的智能化大数据并行计算模式。现如今各行各业都离不开计算机信息技术，计算机信息产业对我国现代化战略目标的实现发挥着极其重要的支撑作用。这对计算机专业人才培养提出了更高的要求，传统的计算机专业教学课程体系和教学内容已经远远不能反映现代社会对计算机专业人才的培养要求，计算机专业人才培养也从强调程序设计变为更强调系统设计。这需要我们重新规划教学课程体系，调整教学理念和教学内容，加强系统能力培养，使学生能够深刻理解计算机系统整体的概念，更好地掌握软 / 硬件协同设计和程序设计技术，从而能够成为满足业界需求的各类计算机专业人才。不管培养计算机系统哪个层面的技术人才，计算机专业教育都要重视学生"系统观"的培养。

机械工业出版社 2023 年 8 月出版的主教材《计算机系统导论》(ISBN 978-7-111-73093-4)，重点介绍了计算机系统相关的基础性知识。该主教材以高级语言程序的开发和加载执行为主线，将高级语言源程序向可执行目标文件转换过程中涉及的基本概念关联起来，试图使读者建立起完整的计算机系统层次结构框架，初步构建计算机系统中每个抽象层及其相互转换关系，建立高级语言程序、ISA、编译器、汇编器、链接器等系统核心层之间的相互关联，对指令在硬件上的执行过程有一定的认识和了解，从而增强读者在编程调试方面的能力，并为后续"计算机组成原理""操作系统""编译原理"等课程的学习打下坚实的基础。

主教材涵盖面广、细节内容较多、篇幅较大，给用书教师和学生带来了一些困难。为了更好地帮助主讲教师用好主教材，也为了学生能更好地理解课程中的核心概念，特别是让学生通过"学中做、做中学"的方式更好地掌握所学的理论知识，提高和增强程序设计和程序调试能力，我们编写了这本实践类辅助教材，为主教材中每一章的内容都设计了配套的实践项目，其主要设计思路和实践内容如下。

第 1 章为"实验系统的安装和工具软件的使用"。本章包含实验系统的安装和配置，以及常用命令和工具软件的使用等方面的两个实验。实践内容包括从网络上下载虚拟机软件并安装虚拟机、下载和安装 Linux 操作系统、在 Linux 系统中配置程序开发和调试环境等操作，以完成实验系统的构建，从而为后续实验准备好调试执行环境，并使学生在实验系统构建过程中体会和理解计算机系统层次结构的基本概念。

第 2 章为"程序调试初步和指令系统基础"。本章包含程序调试初步、IA-32 指令系统基础和在 C 语言程序中嵌入汇编指令 3 个实验。通过所设计的实践项目，使学生能基于

IA-32+Linux 平台，在机器级代码层执行单步调试操作，通过对照 C 语句和对应机器级代码逐步熟悉 IA-32 指令系统中的基础内容，如 AT&T 汇编指令格式、通用寄存器结构、指令基本寻址方式等，从而为后续实验的开展奠定良好的基础。

第 3 章为"数据的机器级表示实验"。本章包含整型数据的真值与机器数、浮点型数据的真值与机器数、数据的宽度与存放顺序、不同整型数据之间的转换、整型数据和浮点型数据之间的转换等 5 个实验。通过基于 IA-32+Linux 平台以及 GCC 编译驱动程序和 gdb 调试工具等对 C 语言程序中数据的机器级表示内容进行实验，使学生更好地理解数据的真值和机器数之间的对应关系，确定机器数所存放的存储单元，从而掌握整型数据和浮点型数据的编码表示方法。

第 4 章为"数据的基本运算实验"。本章包含整数加减、整数乘、整数除和浮点数运算 4 个实验。通过基于 IA-32+Linux 平台以及 GCC 编译驱动程序和 gdb 调试工具等对 C 语言源程序中的整数加、减、乘、除等基本运算和浮点数运算进行实验，使学生更好地理解 C 语言程序中的运算、机器级代码中的运算指令、基本运算电路三者之间的关系，掌握数据在计算机内部的存储、运算和传送机制，从而掌握计算机系统中的整数运算和浮点数运算的实现方法，进一步熟悉 IA-32 中的常用指令并更好地掌握指令的基本寻址方式。

第 5 章为"程序的机器级表示实验"。本章安排了 5 个实验，实验 4 和实验 5 为选做实验。前 3 个实验主要基于 IA-32+Linux 平台以及 GCC 编译驱动程序和 gdb 调试工具等，对 C 语言源程序中的函数调用语句、循环结构和选择结构等各类流程控制语句以及各类复杂数据类型的分配和访问等的机器级代码表示和实现进行实验，以帮助学生理解 C 语言程序在计算机系统中的底层实现机制，从而深刻理解高级语言程序、语言处理工具和环境、操作系统、指令集系统结构（ISA）之间的关联关系。实验 4 作为基础级验证性实验部分的综合收官实验，通过对 C 语言程序及其机器级代码中缓冲区溢出漏洞的调试分析，以及利用缓冲区溢出漏洞进行模拟攻击的过程分析，将数据的表示、数据的运算和程序的机器级表示等内容贯穿起来，以进一步巩固对主教材相关内容的理解。实验 5 为 64 位架构平台上的实验，需要配置基于 x86-64 架构的 Ubuntu（64 位）Linux 系统，在此基础上进行 x86-64 架构机器级表示实验。

第 6 章为"二进制程序分析与逆向工程实验"。本章与主教材第 2 ～ 6 章的教学内容配套，包含了 9 个实验，通过对二进制程序的构成与运行逻辑的分析，旨在将理论课程中关于程序的机器级表示的教学内容贯穿起来，加深对其中各重要知识点的理解，并进一步巩固和掌握反汇编、跟踪 / 调试等常用编程技能。

第 7 章为"程序链接与 ELF 目标文件实验"。本章与主教材第 7 章（程序的链接）的教学内容配套，按照主教材教学内容分阶段设计为以下 6 个实验：数据与 ELF 数据节、指令与 ELF 代码节、符号解析、switch 语句与链接、重定位、位置无关代码。通过对一组可重定位目标文件中相关内容的分析和修改，将其链接为可正确运行的程序，从而加深学生对理论课中关于 ELF 目标文件的基本结构和组成、程序链接过程（如符号解析与重定位）等基础知识和基本概念的理解，并掌握用于链接和目标文件解析等的常用工具软件的使用。

本书设计的实验中，前五章实验内容属于基础级验证性实验，后两章实验内容属于模块级分析性实验。这两部分实验的配套实验代码可通过出版社的网站或配套数字资源介质获取。模块级分析性实验中面向任课教师的代码可向出版社申请获得。

  本书的编写得到了南京大学"计算机系统基础"课程组教师和各届学生的大力支持，同时，国内许多使用《计算机系统基础》和《计算机系统导论》等教材进行教学的教师也提出了宝贵的反馈和改进意见，在此表示衷心的感谢！

  由于计算机系统相关的基础理论和技术在不断发展，新的思想、概念、技术和方法不断涌现，加之作者水平有限，在编写中难免存在不当或遗漏之处，恳请同行专家和广大读者对本书的不足之处给予指正，以便在后续的版本中予以改进。

目 录

前言

第一部分 基础级验证性实验

第1章 实验系统的安装和工具软件的使用 ………………… 2
实验1 实验系统的安装和配置 …………… 2
实验2 常用命令和工具软件的使用 ……… 16

第2章 程序调试初步和指令系统基础 … 25
实验1 程序调试初步 ……………………… 25
实验2 IA-32 指令系统基础 ……………… 31
*实验3 在 C 语言程序中嵌入汇编指令 … 37

第3章 数据的机器级表示实验 ………… 44
实验1 整型数据的真值与机器数 ………… 44
实验2 浮点型数据的真值与机器数 ……… 49
实验3 数据的宽度与存放顺序 …………… 56
实验4 不同整型数据之间的转换 ………… 62
实验5 整型数据与浮点型数据之间的转换 …………………………………… 69

第4章 数据的基本运算实验 …………… 75
实验1 整数加减运算 ……………………… 75
实验2 整数乘运算 ………………………… 84
实验3 整数除运算 ………………………… 91
实验4 浮点数运算 ………………………… 99

第5章 程序的机器级表示实验 ………… 107
实验1 过程调用的实现和栈帧结构 ……… 107

实验2 流程控制语句的实现 ……………… 118
实验3 复杂数据类型的分配和访问 ……… 126
*实验4 缓冲区溢出攻击 …………………… 132
*实验5 x86-64 架构中程序的机器级表示 …………………………………… 148

第二部分 模块级分析性实验

第6章 二进制程序分析与逆向工程实验 …………………………………… 158
实验1 字符串比较 ………………………… 159
实验2 浮点数的表示 ……………………… 162
实验3 循环控制语句 ……………………… 165
实验4 选择/分支控制语句 ……………… 168
实验5 过程的递归调用 …………………… 173
实验6 数组类型变量的处理 ……………… 177
实验7 指针类型变量的处理 ……………… 183
实验8 结构体类型变量与链表的处理 …… 190
实验9 缓冲区溢出攻击 …………………… 198

第7章 程序链接与 ELF 目标文件实验 …………………………………… 206
实验1 数据与 ELF 数据节 ………………… 208
实验2 指令与 ELF 代码节 ………………… 212
实验3 符号解析 …………………………… 220
实验4 switch 语句与链接 ………………… 224
实验5 重定位 ……………………………… 232
实验6 位置无关代码 ……………………… 245

第一部分

基础级验证性实验

第 1 章　实验系统的安装和工具软件的使用
第 2 章　程序调试初步和指令系统基础
第 3 章　数据的机器级表示实验
第 4 章　数据的基本运算实验
第 5 章　程序的机器级表示实验

第 1 章 实验系统的安装和
工具软件的使用

本章安排两个实验，包括实验系统的安装和配置，以及常用命令和工具软件的使用。通过从网络上下载虚拟机软件并安装虚拟机、下载和安装 Linux 操作系统、在 Linux 系统中配置程序开发和调试环境等操作过程构建实验系统，从而为后续的实验准备好调试执行环境，并在实验系统构建过程中体会和理解计算机系统层次结构的概念。

实验 1 实验系统的安装和配置

一、实验目的

1. 了解虚拟机软件的下载安装过程。
2. 学会在虚拟机中安装和配置 Linux 系统。
3. 学会在 Linux 系统中配置程序开发和调试环境。

二、实验要求

1. 在自己的计算机中创建和配置实验所用的虚拟机（如 VirtualBox 或 VMware）。
2. 在创建的虚拟机上安装和配置实验所用的 Linux 系统（如 Ubuntu 或 Debian）。
3. 在 Linux 系统中配置实验所需的程序开发和调试环境。

三、实验准备

准备一个台式计算机或笔记本计算机，安装有支持虚拟机软件的任何系统平台，如 IA-32/x86-64+Windows、Mac OS X 等。

虚拟机软件可以在计算机系统平台和终端用户之间建立一种环境，终端用户基于虚拟机软件所建立的环境来操作计算机。本书设计的实验需要基于 IA-32/x86-64+Linux 平台开展，可以在 IA-32/x86-64+Windows 或 Mac OS X 等不同系统平台的计算机上安装虚拟机软件，并安装 Linux 操作系统平台。安装了虚拟机软件的物理计算机称为主机（host），主机上的操作系统称为主机操作系统（host OS），如 Windows 操作系统，运行在虚拟机软件上的操作系统称为客户机操作系统（guest OS），如 Linux 操作系统。

四、实验步骤

实验系统的安装和配置主要包括三个任务：下载虚拟机软件并安装虚拟机、下载和安装 Linux 操作系统、在 Linux 操作系统中配置程序开发和调试环境。

常见的虚拟机软件有 VirtualBox 和 VMware 等，在虚拟机上可安装 Ubuntu 或 Debian 等 Linux 操作系统，以下对实验的描述主要基于 VirtualBox 虚拟机软件。当然也可以使用其他虚拟机软件作为实验环境，其安装和使用与本书给出的 VirtualBox 类似，具体内容可自行参阅相关软件的说明文档。

安装的 Linux 系统可以是 Debian（32 位）或 Ubuntu（64 位）等。如果仅针对 IA-32 架构开展实验，则建议选择 Debian（32 位）版本，如果实验需要在 IA-32 和 x86-64 两种架构上开展，则适合选用 Ubuntu（64 位）版本。本书第一部分的基础级验证性实验中第 1 章至第 5 章的实验 4 和第二部分的模块级分析性实验都基于 IA-32+Linux 平台进行，只有第 5 章的实验 5（可选实验）是基于 x86-64+Linux 平台进行的。

Debian（32 位）和 Ubuntu（64 位）的虚拟机安装可分别参考下文相关说明（由于主机环境和所安装 Linux 版本的不同，步骤可能与书中说明有些差异）。

1. 安装 VirtualBox 虚拟机

首先，打开 VirtualBox 官方网站 https://www.virtualbox.org/wiki/Downloads，出现如图 1.1 所示的页面。然后，根据实际所用的主机操作系统类型，在网页中选择并单击相应的 VirtualBox 版本安装包，从而下载 VirtualBox 虚拟机软件并把它安装到主机上。在下载并安装 VirtualBox platform packages 后，可以再下载并安装 VirtualBox Extension Pack，以更好地与主机操作系统集成。

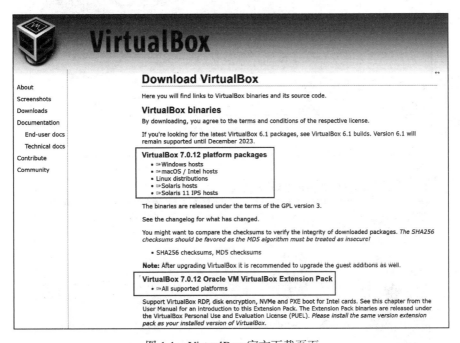

图 1.1　VirtualBox 官方下载页面

VirtualBox 下载完成后，双击安装包，在安装过程中跳出的任何警告和弹窗中都选择"下一步""是"或"安装"选项，在该过程中可以设置 VirtualBox 安装的盘符和路径，最后完成安装。

2. 安装 Debian（32位）版本

（1）下载 Debian（32位）Linux 安装的 ISO 文件

从 Debian 官方网站（https://www.debian.org/CD/http-ftp/）下载稳定版 Debian 32位（i386）Linux 安装 ISO 文件。CD 和 DVD 两种 ISO 版本均可，例如，在 CD 或 DVD 栏目下单击"i386"，在打开的新页面中，DVD 版可单击链接 debian-12.4.0-i386-DVD-1.iso 下载，CD 版可单击链接 debian-12.4.0-i386-netinst.iso 下载。推荐选用 DVD ISO 安装，DVD 版包含更全面的软件包，以及更好的桌面环境、驱动程序和工具，虽然下载时文件大，但可减少在安装过程中下载额外软件的时间，安装过程比 CD 版快。在随后的安装说明中，使用 DVD 版的 debian-12.4.0-i386-DVD-1.iso 版本，不同版本 Debian Linux 的安装过程大同小异。

（2）在 VirtualBox 上安装 Debian 操作系统

运行 VirtualBox 软件，出现如图 1.2 所示的 VirtualBox 管理器主界面。在其中单击"新建"按钮（或"控制"→"新建"菜单项），出现如图 1.3 所示的"虚拟电脑名称与操作系统"对话框。

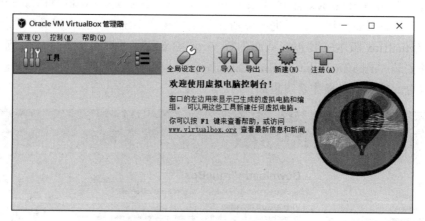

图 1.2　VirtualBox 管理器主界面

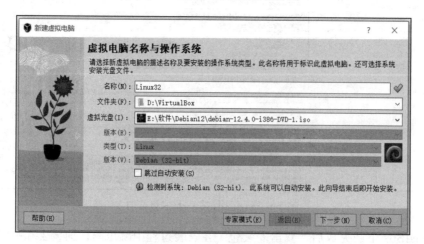

图 1.3　"虚拟电脑名称与操作系统"对话框

在图 1.3 所示的对话框中，"名称"可填写为"Linux32"；"文件夹"设置为安装

Linux32 虚拟机的路径；单击"虚拟光盘（I）："右侧的按钮，在下拉菜单中选择"其他"，打开文件管理器对话框，选择" debian-12.4.0-i386-DVD-1.iso"文件。此时，"版本（E）""类型（T）"和"版本（V）"变为灰色，即不可设置状态。单击"下一步"按钮，打开如图 1.4 所示的"自动安装"对话框。

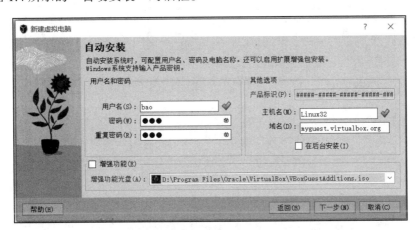

图 1.4 "自动安装"对话框

在图 1.4 所示的对话框中，只需填写用户名和密码，右侧的主机名和域名不需要更改，单击"下一步"按钮，打开如图 1.5 所示的"硬件"对话框。

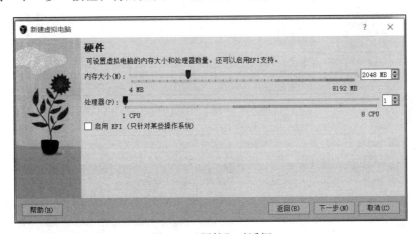

图 1.5 "硬件"对话框

在图 1.5 所示的对话框中，内存大小和处理器个数都可以使用默认选项，直接单击"下一步"按钮，打开如图 1.6 所示的"虚拟硬盘"对话框。

在图 1.6 所示的对话框中，选择默认的"现在创建虚拟硬盘"和 20GB 即可满足实验需求，单击"下一步"按钮后，出现如图 1.7 所示的"摘要"对话框。

在图 1.7 所示的对话框中，单击"完成"按钮，开始 Debian 的自动安装过程，安装中显示安装进度，如图 1.8 所示。

安装结束后，会显示用户名并要求输入密码。输入密码后出现一些对话框，主要用于选择语言、键盘类型等，可通过单击右上角的"next"按钮使用默认选项设置，最后出现图 1.9 所示的界面，表示整个安装过程结束。

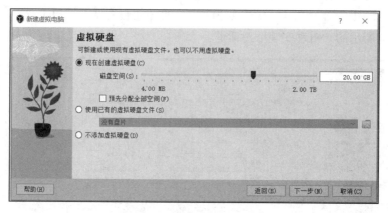

图1.6 "虚拟硬盘"对话框

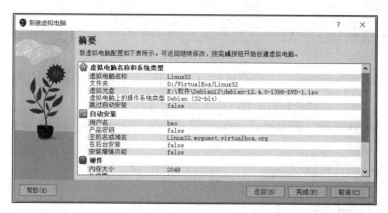

图1.7 "摘要"对话框

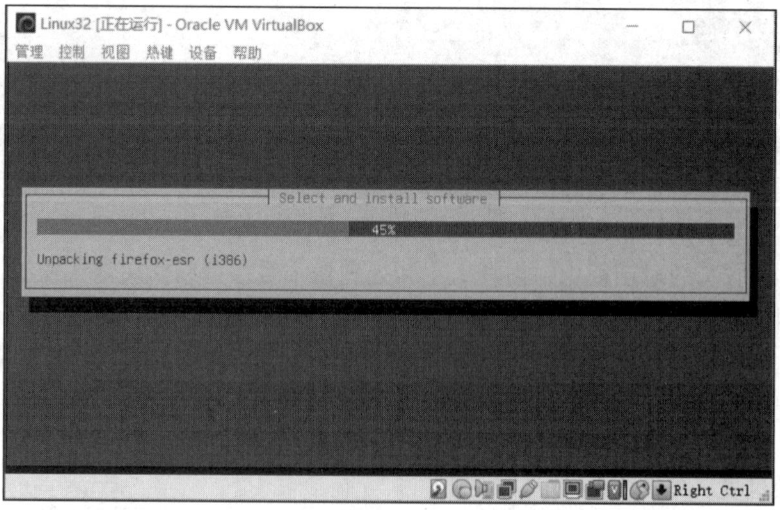

图1.8 安装进度显示界面

图 1.9 安装结束的界面

在图 1.9 所示的界面中，单击"Start Using Debian GNU/Linux"按钮，以启动 Debian 系统，启动后的主界面如图 1.10 所示。

图 1.10 Debian 系统启动后的主界面

（3）为 Debian 虚拟机配置程序开发和调试环境

本部分主要包括以下三个步骤。

1）调整 Debian 系统的分辨率。

Debian 系统默认的分辨率为 800×600、显示比例为 4∶3。这种显示模式下，全屏显示 Debian 窗口时字体比较模糊，可通过以下方法提高分辨率并调整显示比例。在图 1.10 所示的 Debian 主界面中单击鼠标右键，出现一个快捷菜单，选择其中的"Display Settings"按钮，打开如图 1.11 所示的显示设置对话框。

8　第一部分　基础级验证性实验

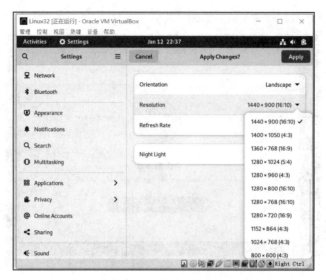

图1.11　显示设置对话框

在如图1.11所示的对话框中，单击"Resolution"右侧的黑三角，在下拉菜单中根据显示纵横比选择合适的分辨率，例如，选择"1440×900(16∶10)"选项，然后，单击右上角的"Apply"按钮，再单击"Keep Changes"以关闭设置对话框，回到图1.10所示的Debian启动界面。

2）修改Debian的镜像源。

DVD版的ISO文件包含了多数常用工具软件，但不包含Vim、gdb等程序编辑和调试开发工具。Debian包含的工具软件的下载地址在国外，在国内访问Debian网站存在网络速度问题，甚至有可能连不上Debian服务器。为此，通常在国内设置多个站点用于存放Debian工具软件的副本，这些网站称为镜像源。图1.12所示为中国科技大学的镜像源地址。

```
deb https://mirrors.ustc.edu.cn/debian/ bookworm main contrib non-free non-free-firmware
deb-src https://mirrors.ustc.edu.cn/debian/ bookworm main contrib non-free non-free-firmware
deb https://mirrors.ustc.edu.cn/debian/ bookworm-updates main contrib non-free non-free-firmware
deb-src https://mirrors.ustc.edu.cn/debian/ bookworm-updates main contrib non-free non-free-firmware
deb https://mirrors.ustc.edu.cn/debian/ bookworm-backports main contrib non-free non-free-firmware
deb-src https://mirrors.ustc.edu.cn/debian/ bookworm-backports main contrib non-free non-free-firmware
deb https://mirrors.ustc.edu.cn/debian-security/ bookworm-security main contrib non-free non-free-firmware
deb-src https://mirrors.ustc.edu.cn/debian-security/ bookworm-security main contrib non-free non-free-firmware
```

图1.12　中国科技大学的镜像源地址

DVD版的ISO文件中默认的镜像源是ISO文件，安装gdb等工具软件时不能读取ISO文件，需要从国内的镜像源获取。因此，需要修改Debian下载的镜像源。

Debian 12把软件源配置在文件/etc/apt/sources.list中。若熟悉vi等文本编辑器命令，可直接修改该文件，如使用"vi /etc/apt/sources.list"命令，通过编辑/etc/apt/sources.list文件来增加图1.12中的镜像源。也可通过Debian提供的对话框输入镜像源地址，下面说明具体的操作步骤。

首先，单击图 1.10 所示的 Debian 主界面左上角的"Activities"，在主界面底部出现若干图标，如图 1.13 所示。

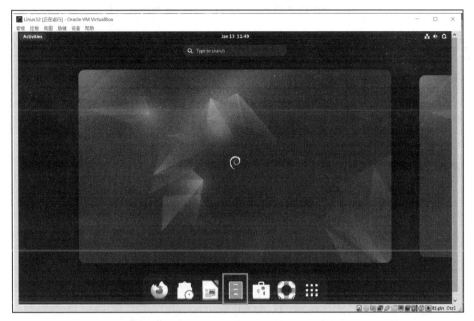

图 1.13　Debian 主界面

单击图 1.13 中方框内的文件夹（也称目录）图标，打开 Debian 文件管理器窗口，在其中单击"Other Locations"，该窗口内右侧出现如图 1.14 所示的相关选项。

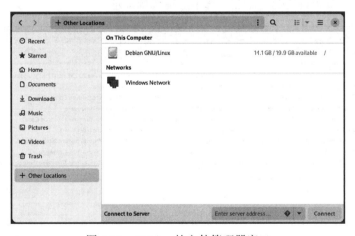

图 1.14　Debian 的文件管理器窗口

在如图 1.14 所示的窗口中单击"Debian GNU/Linux"后，窗口中显示 Debian 系统根目录下所包含的目录和文件图标。然后进入 /etc/apt/ 目录，窗口中显示该目录下所包含的目录和文件图标，双击"sources.list"文件图标，打开如图 1.15 所示的"Software & Updates"对话框。在该对话框中选择"Other Software"选项，取消以"cdrom:"开始的原 ISO 文件镜像源的打钩状态，并单击"Add..."按钮以打开如图 1.16 所示的"software-properties-gtk"对话框。

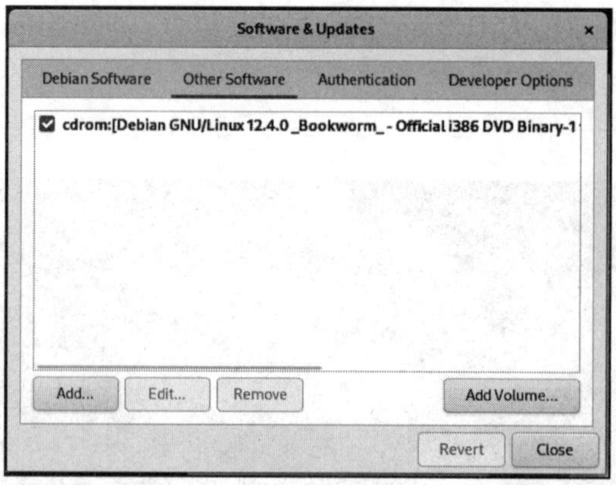

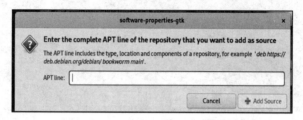

图 1.15 "Software & Updates"对话框

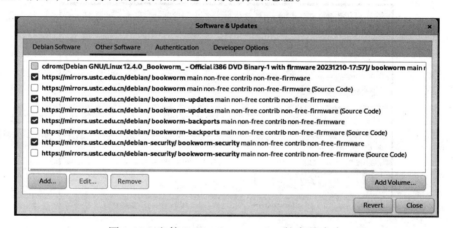

图 1.16 "software-properties-gtk"对话框

在图 1.16 所示界面的文本框中输入图 1.12 中列出的镜像源地址并单击"Add Source"按钮，使输入的镜像源地址依次添加到 sources.list 中。sources.list 中完整的镜像源地址如图 1.17 所示，其中打钩的为添加并选中的镜像源地址。

图 1.17 文件 /etc/apt/sources.list 的完整内容

在图 1.17 所示的界面中，单击"Close"按钮，在打开的如图 1.18 所示的对话框中单击"Reload"按钮，可更新或加载新的镜像源。

3）安装文本编辑工具和调试工具软件。

安装 Debian 时会自动安装 GCC 和 objdump 工具，因此可直接使用这些工具软件。但文本编辑工具 Vim 和调试工具 gdb 等需要手动安装，在打开的 Debian 系统终端（terminal）窗口中的 shell 命令行提示符下输入如下命令：输入"su"，切换到 root 系统管理员用户，此时需要输入密码；输入"apt-get install gdb"，安装 gdb 工具软件；输入"apt-get install vim"，安装 Vim 工具软件。在后面两个命令的交互过程中需要回答"y"。

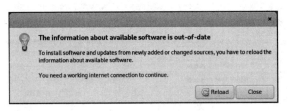

图 1.18　更新或加载新的镜像源

3. 安装 Ubuntu（64 位）版本

（1）下载 Ubuntu（64 位）Linux 安装的 ISO 文件

从 Ubuntu 官方下载页面（https://cn.ubuntu.com/download）下载 Ubuntu 桌面版，下载的 Ubuntu 桌面版都是 64 位 Linux 安装的 ISO 文件。Ubuntu 桌面版本有很多，不一定需要安装最新版本，选择稳定版本即可。下面安装的是 ubuntu-22.04.4-desktop-amd64.iso。

（2）在 VirtualBox 上安装 Ubuntu（64 位）操作系统

运行 VirtualBox 后出现如图 1.2 所示的 VirtualBox 管理器主界面，单击"新建"按钮（或"控制"→"新建"菜单项），出现如图 1.19 所示的"虚拟电脑名称与操作系统"对话框。

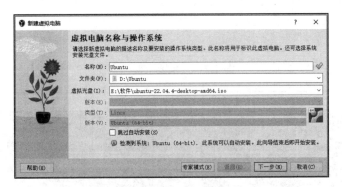

图 1.19　"虚拟电脑名称与操作系统"对话框

在图 1.19 所示的对话框中，"名称"可填写为"Ubuntu"；"文件夹"设置为安装 Ubuntu 虚拟机的路径；单击"虚拟光盘（I）:"右侧的按钮，在下拉菜单中选择"其他"，打开文件管理器对话框，选择"ubuntu-22.04.3-desktop-amd64.iso"文件。此时，"版本（E）""类型（T）"和"版本（V）"变为灰色，即不可设置状态。单击"下一步"按钮，打开如图 1.20 所示的"自动安装"对话框。

在图 1.20 所示的对话框中，只需填写用户名和密码，右侧的主机名和域名不需要更改，单击"下一步"按钮，打开如图 1.5 所示的"硬件"对话框。后续两步的安装过程与安装 Debian（32 位）版本时对于图 1.5 和图 1.6 的操作步骤相同，当在图 1.6 所示的对话框中单击"下一步"按钮后，出现如图 1.21 所示的"摘要"对话框。

在图 1.21 所示的对话框中，单击"完成"按钮，开始 Ubuntu 的自动安装过程，安装中显示安装进度，如图 1.22 所示。

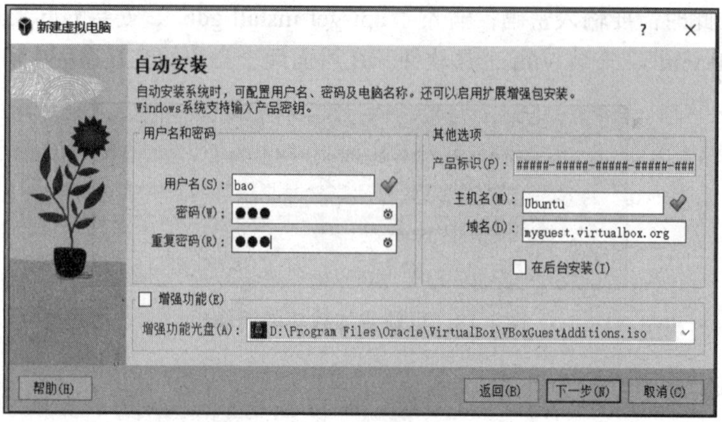

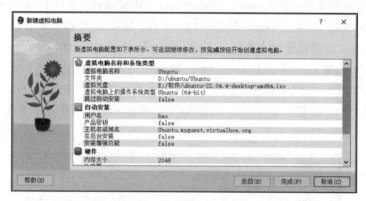

图 1.20 "自动安装"对话框

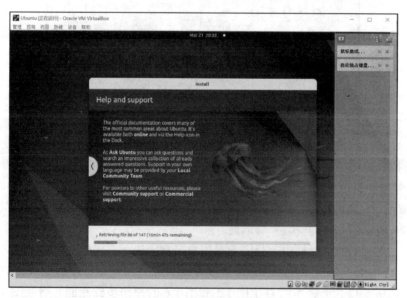

图 1.21 "摘要"对话框

图 1.22 Ubuntu 的自动安装界面

安装结束前,会显示用户名并要求输入密码,输入密码后出现一些对话框,可通过单击右上角的"skip""next"或"done"按钮跳过或使用默认选项进行设置,最后出现如图 1.23 所示的界面,表示整个安装过程结束,并已启动 Ubuntu。

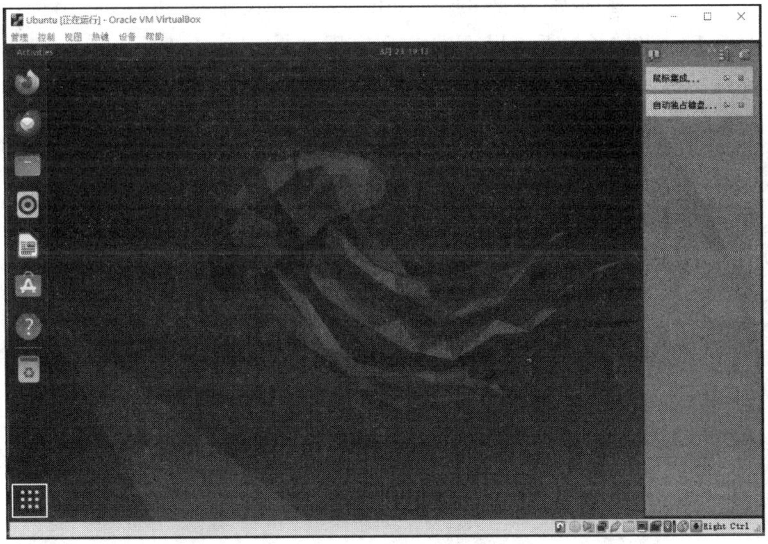

图 1.23　Ubuntu 系统启动后的主界面

(3) 为 Ubuntu 虚拟机配置程序开发和调试环境

本部分主要包括以下两个步骤。

1) 解决 Terminal(终端)打不开的问题。

对于新安装的 Ubuntu,从应用列表中单击 Terminal(终端),左上角的任务栏中会出现 Terminal,并且鼠标光标在转圈,但是过一会儿左上角的 Terminal 就消失。Ubuntu 中不能打开 Terminal 可能是系统语言设置的问题,Ubuntu 自动安装时设置的语言是 English,需要将语言更改为 Chinese。操作步骤如下。

在如图 1.23 所示的主界面中,单击左下角的应用列表按钮,出现如图 1.24 所示的界面。

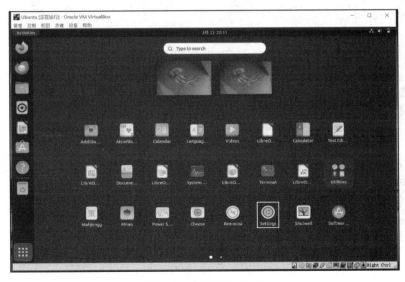

图 1.24　应用列表界面

单击图1.24中界面右侧图标列表中的"Settings"图标，出现如图1.25所示的"Settings"界面。在其中左侧的"Settings"列表中滚动鼠标，选中"Region & Language"选项后，图1.25所示界面的右侧出现"Region & Language"选项界面。

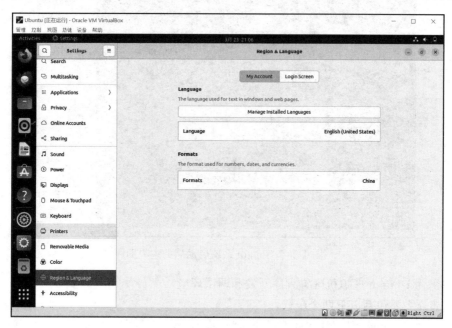

图1.25 "Settings"→"Region & Language"选项界面

在图1.25所示的"Region & Language"选项界面中单击"Language"，打开"Select Language"对话框，在其中选择"Chinese"选项，此时，"Region & Language"选项界面改变为如图1.26所示。

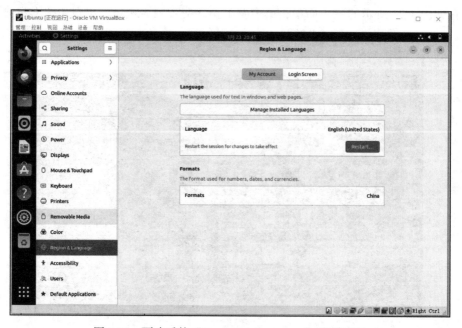

图1.26 更改后的"Region & Language"选项界面

在图 1.26 中单击 "Restart..." 按钮，弹出如图 1.27 所示的 log out 对话框，单击 "Log Out" 按钮或者 8 秒钟后自动执行 log out 操作。

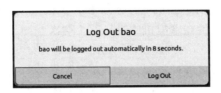

图 1.27　log out 对话框

log out 操作后会要求输入密码。正确输入密码后，弹出如图 1.28 所示的界面，可选择 "Update Names" 按钮，回到如图 1.23 所示的 Ubuntu 主界面。此时可打开终端窗口。

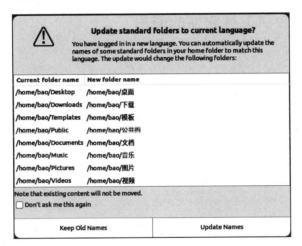

图 1.28　"Update standard folders to current language" 对话框

2）安装编译工具软件和文本编辑工具。

安装 Ubuntu 时会自动安装 GCC、objdump 和 gdb 工具，因此可直接使用这些工具软件。但 Ubuntu 是 64 位版本，其 GCC 工具只能编译出 x86-64 目标文件。为了在 Ubuntu（64 位）版本上支持 IA-32 目标代码，需要安装 GCC 工具包。在打开的 Ubuntu 系统终端窗口中的 shell 命令行提示符下输入如下命令：输入 "su"，切换到 root 系统管理员用户，此时需要输入密码；输入 "apt-get install gcc-multilib" 命令，安装 GCC 工具软件包。安装完成后，在 64 位的 Ubuntu 环境下可通过相应的编译选项编译生成 IA-32 目标代码。

在终端窗口中的 shell 命令行提示符下输入 "apt-get install vim" 命令，同样可安装 Vim 文本编辑工具软件。

五、实验报告

本实验报告中的主要内容包括但不限于以下几个方面。

1. 简要描述在自己的机器中安装和配置实验系统的过程。要求明确说明自己的实验系统中的主机操作系统、客户机操作系统的类型和版本，安装了哪些程序开发和调试工具，并给出关键步骤的截图。

2. 在安装和配置实验系统过程中遇到了哪些问题？这些问题最终是如何解决的？

3. 基于在自己机器上安装和配置实验系统的过程，阐述你所理解的计算机系统层次结构，例如，虚拟机软件相对于主机操作系统和客户机操作系统各属于哪个层次？所安装的程序开发和调试工具软件在虚拟机中属于哪个层次？

4. 回答以下问题。

（1）为何要先安装虚拟机软件再安装客户机操作系统？

（2）客户机操作系统和其上的程序开发/调试工具软件之间是什么关系？

（3）已知在上述 Debian 12 安装中没有加载 Gedit 文本编辑器，应该如何安装 Gedit？

实验 2　常用命令和工具软件的使用

一、实验目的

1. 了解和熟悉常用文件/目录操作命令的功能和使用方式。
2. 了解和熟悉一种或多种文本查看/编辑命令的功能和使用方法。
3. 了解和熟悉文件/目录打包和解压缩工具的功能和使用方法。
4. 了解和熟悉程序开发和调试工具软件的功能和使用方法。

二、实验要求

1. 在 Linux 虚拟机中使用文件/目录操作命令进行指定的操作。
2. 使用文本查看/编辑命令查看指定文件并对文件进行指定的修改。
3. 使用文件/目录打包和解压缩工具对指定的文件/目录进行打包和解压缩操作。

三、实验准备

在进行实验之前，先学习和了解 Linux 系统平台常用命令和工具软件的功能和使用方法。在 Linux 系统中，用户通常使用命令行界面（Command-Line Interface，CLI）进行交互。打开终端窗口，出现 shell 命令行提示符，如"bao@Linux32:~/workspace/lab01$"，其中，bao 表示当前登录的用户名，Linux32 表示主机名，~/workspace/lab01 表示当前目录路径。提示符中最后的字符"$"表示普通用户，若为"#"，则表示 root 系统管理员。

在命令提示符下，可输入文件/目录操作命令、进程管理命令、软件包管理命令、文本编辑命令等各种命令。Linux 命令的形式为"command [-options] [parameter]"，括号 [ ] 表示可以不出现或出现一次或多次。其中，command 表示命令的名称，不可缺失；options 为命令的选项，可有可无，以 – 开头；parameter 表示命令的参数，可有可无。每一部分之间用一个以上空格隔开，最后用回车（Enter）键启动命令的执行。

1. 常用文件/目录操作命令

在 Linux 系统中，根目录是最上级的目录，用"/"表示，所有目录、文件和设备都在根目录之下；主目录也称为家目录，是指根目录下的 home 目录，即 "/home/"，该目录下是所有用户的信息，如用户 zhangshan 的主目录是 "/home/zhangshan"。一般用 "~" 表示，"." 和 ".." 分别代表当前目录和上一级目录。注意：有些系统中将目录称为文件夹，即目录和文件夹是同一个含义。表 1.1 给出了常用文件和目录操作命令及说明。

表 1.1 常用文件和目录操作命令及说明

命令名	含义	举例	说明
cd	改变当前目录	cd float	进入当前目录的子目录 float
ls	列出目录内容	ls -l	列出当前目录中文件和子目录的详细信息
mkdir	创建新目录	mkdir my_dir	在当前目录下创建 my_dir 子目录
rm	删除文件或目录	rm file.txt	在当前目录下删除文件 file.txt
cp	复制文件或目录	cp check.txt new_dir/	将文件 check.txt 复制到目录 new_dir/ 中
mv	移动文件或目录	mv check.txt new_dir/	将文件 check.txt 移动到目录 new_dir/ 中
pwd	显示当前工作目录路径		

2. 常用文本查看 / 编辑命令和工具软件

（1）查看文件内容的命令

用于查看文件内容的常用命令如下。

- cat 用于查看文件内容或者将多个文件合并为一个文件，如命令 "cat -n test.txt" 用于显示 text.txt 文件并在所有行开头附加显示行号。
- more 用于按页向下滚动查看文件内容，不能向上滚动查看。
- less 用于按行 / 页查看内容，可使用上 / 下箭头键（PgUp/PgDn 键）向上 / 向下滚动（翻页），或按空格键向下翻页。

（2）文件搜索和过滤命令

用于文件搜索和过滤的常用命令如下。

- grep 用于在文件中搜索指定的文本模式，如命令 "grep -n "hello" test.txt" 用于在文件 test.txt 中搜索包含字符串 "hello" 的行，同时输出匹配行的行号和所在行文字。
- find 用于在指定路径下查找符合条件的文件，如命令 "find -name test.txt" 用于在当前目录及其子目录下查找名为 text.txt 的文件，其中选项 "-name" 表示按文件名匹配查找。

（3）文本编辑器

nano 是一个简单易用的文本编辑器，适合新手使用，可以根据需要使用不同的选项和参数执行 nano 文本编辑器，在编辑文本的过程中，可使用快捷键进行剪切、复制、粘贴、搜索和替换等基本操作，具体的快捷键使用信息可以通过〈 Ctrl+G 〉或 F1 键查看。

vi 或 Vim 是一个功能强大的文本编译器，广泛用于在 Linux 系统终端环境下进行文本编辑，Vim 是 vi 的增强版。vi 和 Vim 文本编译器具有插入、删除、复制、粘贴、搜索及替换、分割窗口等各种强大的编辑和操作功能。详细的快捷键操作和命令信息可以通过 Vim 的帮助文档来获取。

Gedit 是 Linux 系统默认的文本编辑器，在 Debian 12 中需要手动安装才能使用。Gedit 有直观的用户界面，可通过菜单栏和工具栏完成大多数编辑任务，支持多种编程语言的自动缩进、语法高亮显示、代码折叠等，能帮助用户更好地阅读和编辑代码，适合新手用户用作编程语言编辑器。

Text Editor 是 GNOME 桌面中的文本编辑器，双击文本文件时，系统将自动打开 Text Editor（或 Gedit）。在有的 Linux 系统（如 Ubuntu）中，Text Editor 与 Gedit 是同一个文本编辑器。

（4）十六进制编辑器

如果要直接以二进制形式查看和修改目标文件的内容，可以使用十六进制编辑器 hexedit 或 bless 等。打开编辑器后，可以看到二进制文件的内容以十六进制形式显示，然后可使用键盘和鼠标直接对文件内容进行修改。

3. 文件/目录打包和解压缩工具软件

tar 命令是 Linux 系统中使用较广泛的打包和解压缩命令，用于将多个文件或目录打包归档在单个归档文件中，归档文件可以进一步使用 gzip 或 bzip2 进行压缩。tar 命令的基本用法为"tar [-options] [filename]"。表 1.2 给出了常用选项及其含义。

表 1.2　常用选项及其含义

选项	含义	选项	含义
-c	创建新的归档文件（打包）	-z	调用 gzip 压缩或解压缩归档文件
-x	从归档文件中提取文件（解包）	-j	调用 bzip2 压缩或解压缩归档文件
-f	指定归档文件名		

表 1.3 给出了 tar 命令的使用举例及说明。

表 1.3　tar 命令的使用举例及说明

命令	说明
tar -jcf a.tar.bz2 ./	将当前目录下的所有文件和目录归档并压缩到当前目录下的文件 a.tar.bz2 中
tar -zcf a.tar.gz ./	将当前目录下的所有文件和目录归档并压缩到当前目录下的文件 a.tar.gz 中
tar -jxf a.tar.bz2	从 a.tar.bz2 中提取文件和目录，并存放在当前目录下
tar -zxf a.tar.gz	从 a.tar.gz 中提取文件和目录，并存放在当前目录下

4. 程序开发和调试工具软件

程序开发和调试过程涉及源程序文件的编辑、源程序的预处理/编译/汇编/链接、程序的调试和执行等。其中，源程序文件的编辑操作可以使用上述提到的 Gedit 和 vi/Vim 等文本编辑器实现，目标文件的编辑操作可以使用上述提到的 hexedit 等十六进制编辑器实现。

（1）源程序文件的转换处理

对于源程序文件的预处理、编译、汇编、链接等转换处理，大多使用 GNU 编译器套件（GNU Compiler Collection，GCC）实现。gcc 命令的基本用法是"gcc [-options] [filenames]"。表 1.4 给出了 gcc 命令的常用选项及说明。

表 1.4　gcc 命令的常用选项及说明

选项	说明
-E	预处理并生成以 .i 为后缀的预处理文件
-S	编译并生成以 .s 为后缀的汇编语言源文件
-c	汇编并生成以 .o 为后缀的可重定位目标文件
-o	指定输出文件名
-g	生成调试辅助信息
-O	用于指定编译优化级别
-pg	编译时加入剖析代码，以产生供 gprof 剖析用的统计信息

此外，也可以分别采用预处理命令（cpp）、编译命令（cc1）、汇编命令（as）和链接命令（ld）将转换过程的每一步分开进行处理。

（2）目标文件的反汇编工具

源程序文件经预处理、编译、汇编、链接处理后生成的目标文件中的代码为不可显示的二进制形式，通过反汇编工具软件 objdump，可以将可重定位目标文件或可执行目标文件中的二进制代码转换为可显示的汇编代码形式。objdump 命令的基本用法是"objdump [-options] [filenames]"。其中，选项 -d 表示将指定目标文件中的代码节（.text 节）进行反汇编；-D 表示将指定目标文件中的所有节（section）进行反汇编；-S 表示在生成的反汇编代码中显示源代码，这需要在 gcc 命令进行编译时使用 -g 选项。

（3）程序调试工具

在 Linux 系统中大多采用 gdb 调试工具进行程序调试。可在 shell 命令行提示符下输入"gdb < 可执行文件名 >"或"gdb"启动 gdb 调试工具。启动 gdb 后进入调试状态，此时可直接输入调试命令进行程序调试。大部分调试命令可利用补齐功能以简便的方式输入，如 quit 可简写为 q、list 可以简写为 l 等，按〈Enter〉键将重复上一个调试命令。表 1.5 给出了常用的 gdb 调试命令及其含义。

表 1.5　常用的 gdb 调试命令及其含义

命令	含义
file	指定需加载并调试的可执行文件 例如，命令"file ./hello"表示指定加载并调试当前目录下的 hello 程序
run	运行程序直到程序结束或遇到断点以等待下一个命令
list	显示一段源程序代码 例如，命令"list 2"显示行号 2 前后的 10 行源代码，命令"list main"显示 main() 函数源代码
break	设置断点 例如，命令"break main"在 main 函数名处设置断点，命令"break 6"在当前程序的第 6 行处设置断点
enable、disable	使某断点有效或无效
delete	删除某断点
info break	查看所有断点的详细信息
info source	查看当前源程序文件名、路径、行数等信息
info stack	查看当前栈帧信息
info args	查看当前参数信息

(续)

命令	含义
info register	查看寄存器中的内容 例如，命令"info register"查看定点寄存器组中所有寄存器中的内容，命令"info register eax eip"查看指定的 eax 和 eip 寄存器中的内容，命令"info all-register"查看定点寄存器、浮点寄存器、向量寄存器中的内容
print	显示表达式的值
step	继续执行下一条语句，若当前语句中包含函数调用，则跟踪进入函数内部执行
next	继续执行下一条语句，若当前语句中包含函数调用，则不会进入函数内部，而是完成对当前语句中的函数调用后，跟踪到下一条语句之前
stepi	继续执行下一条机器指令
continue	继续执行到下一个断点处
help	显示指定调试命令的用法
quit	退出调试状态
x /NFU address	检查内存单元的内容。x 是 examine 的缩写，N 代表数据个数，F 代表输出格式，U 代表每个数据单位的大小，"/NFU address"表示从地址 address 开始以 F 格式显示 N 个大小为 U 的数据。若不指定 N，则默认为 1；若不指定 U，则默认为每个数据单位 4 字节。F 可以是 x（十六进制整数）、d（带符号十进制整数）、u（无符号十进制整数）或 f（浮点数）格式；U 可以是 b（字节）、h（双字节）、w（四字节）或 g（八字节）。 例如，命令"x /4xw 0x8049000"表示以十六进制整数格式（x）显示 4 个四字节（w），即分别显示存储单元 0x8049000、0x8049004、0x8049008 和 0x804900c 开始的四字节内容

（4）ELF 文件显示工具

readelf 是一个在 Linux 下用于显示 ELF 文件内容的工具，命令中必须指定选项和 ELF 文件名，不同的选项表示显示不同的内容，例如，-h 选项用于显示 ELF 头，-l 用于显示程序头表，-S 用于显示节头表，-s 用于显示符号表，-r 用于显示重定位节，-a 用于显示所有节信息。

（5）make 命令和 makefile 文件

make 命令和 makefile 文件相结合可以实现一个大型工程的自动化编译链接以生成可执行文件。复杂工程中通常有大量的源文件，按类型、功能、模块等分别存放在若干目录中，makefile 文件用于定义一系列规则来指定哪些源文件需要先编译生成 .o 文件、哪些源文件可以后编译生成 .o 文件、在哪种情况下需要重新编译某个源文件等，其中可包含各种 shell 命令，因而 makefile 文件类似一个 shell 脚本。一旦存在一个适合的 makefile 文件，只需要执行 make 命令，整个工程就可以完全自动编译、链接并生成可执行目标文件，从而极大提高软件开发效率。make 命令的基本格式是"make [-f makefile 文件名] [-options] [宏定义] [目标]"，这里的目标是指 make 命令要生成的目标文件或达成的目的，可以是 makefile 文件中指定的要生成的可执行目标文件，也可以是一个伪目标。以下是常用的 make 命令："make clean"表示删除所有生成的目标文件以便重新生成；"make cleanall"表示删除所有生成的目标文件、配置文件和临时文件，以便重新开始构建；"make install"表示将生成的目标文件复制到指定的目录中。

5. 管道和输入/输出重定向

在 Linux 命令行中可以使用管道和输入/输出重定向等来实现更加便捷和高效的文

件操作。其中，管道"|"用于将上一个命令的输出作为下一个命令的输入，输出重定向"＞ file"用于将命令执行后的输出内容存入文件 file 中，而不是输出到默认的标准输出 stdout（即终端设备）。例如，命令行"ls –t | head –n 5 ＞ /tmp/last-ten.txt"表示将当前目录中的文件按修改时间显示最近修改过的 5 个文件的文件名，每行出现一个文件名，显示的结果不出现在标准输出文件 stdout 上，而是保存在文件 /tmp/last-ten.txt 中。在该命令行中，ls 和 head 命令之间由管道连接，因此 head 命令的输入文件是 ls 命令的输出结果；head 命令后面是输出重定向操作，因此 head 命令执行后的输出内容将存入文件 /tmp/last-ten.txt 中。ls 中的"–t"选项指定按修改时间由近向远进行排序显示；head 中的"–n 5"选项指定显示前 5 行，若不指定行数，则默认显示前 10 行。

上述对相关命令和工具软件的描述和说明都是最基本、最简单的内容，实际包含的选项及其功能描述还有很多，具体使用时可通过 man 命令查看帮助信息，或者自行查找相关的网络资源或相应资料，进一步了解其各个选项的使用方式及功能。

四、实验步骤

步骤 1 在主目录下创建工作目录 workspace，在 workspace 目录下创建目录 lab01 和 lab02，在 lab01 下创建以自己的学号为名字的目录，如 2412010。

打开终端窗口，在命令行提示符下输入以下命令，可以完成上述任务。

（1）pwd：显示当前的主目录为 /home/bao，即用户名为 bao 的主目录。
（2）ls：显示当前主目录下的内容。
（3）mkdir workspace：在主目录下创建目录 workspace。
（4）mkdir workspace/lab01：在目录 workspace 下创建目录 lab01。
（5）mkdir workspace/lab02：在目录 workspace 下创建目录 lab02。
（6）mkdir workspace/lab01/2412010：在目录 lab01 下创建目录 2412010。
（7）ls：显示当前主目录下的内容，找到目录 workspace。
（8）cd workspace：进入目录 workspace。
（9）ls：显示目录 workspace 下的内容，找到目录 lab01 和 lab02。
（10）cd lab01：进入目录 lab01。
（11）ls：显示目录 lab01 下的内容，找到目录 2412010。

上述命令完整的操作界面如图 1.29 所示。

图 1.29 中执行的命令序列是完成相应任务的一种操作过程，也可以使用其他命令序列完成同样的任务。上述过程描述的是在终端窗口中使用系统命令完成任务的方式，也可以打开 Debian 的文件管理器窗口，在图形用户界面中完成上述任务。

步骤 2 使用 Vim 文本编辑器创建文件 hello.c，并将该文件保存在目录 ~/workspace/lab01 下。文件 hello.c 的内容如下：

```c
#include "stdio.h"
void main() {
    printf("Hello!World!\n");
}
```

打开终端窗口，按如下过程操作可以完成上述任务。

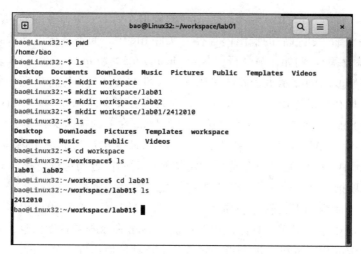

图 1.29　步骤 1 中命令对应的完整操作界面

（1）在命令行提示符下输入"cd workspace/lab01"命令，进入目录 ~/workspace/lab01。

（2）在命令行提示符下输入"vim hello.c"命令，创建文件 hello.c 并进入 Vim 文本编辑环境。

（3）在 Vim 编辑环境中按"i"键，使 Vim 进入插入文本模式，然后输入上述 hello.c 文件中的内容，按〈Esc〉键表示输入结束，最后输入":wq"以退出 Vim 环境并将输入文本内容保存到 hello.c 文件中。

（4）在命令行提示符下输入"cat hello.c"，以显示 hello.c 文件的内容。

上述操作的部分界面内容如图 1.30 所示。

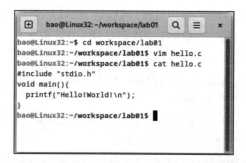

图 1.30　步骤 2 生成 hello.c 文件的部分操作界面

步骤 3　使用 gcc 命令将程序 ~/workspace/lab01/hello.c 编译生成可执行文件 hello，然后执行该文件以查看输出结果。使用 objdump 工具对 hello 进行反汇编，并将反汇编内容保存到当前目录下的 hello.txt 文件中。在终端窗口的命令行提示符下依次输入下列命令可完成上述任务。

（1）cd workspace/lab01：若当前已处于该目录下，则可省略该步骤。

（2）gcc -g hello.c -o hello：使用 gcc 命令生成可执行目标文件 hello。

（3）./hello：启动当前目录下的 hello 执行。

（4）objdump -S hello > hello.txt：将 hello 反汇编后的内容保存到 hello.txt 中。

上述终端窗口中的操作界面如图 1.31 所示。

图 1.31　终端窗口中的操作界面

步骤 4　使用 Text Editor（或 Gedit）文本编辑器打开 hello.txt，查看该文件中的 C 语句及其对应的反汇编结果。按以下操作过程可以实现上述任务：打开 Debian 文件管理器窗口，进入目录 ~/workspace/lab01/，找到并双击 hello.txt 文件图标，从而打开 Text Editor（或 Gedit）编辑器并进入文本编辑器窗口，hello.txt 文件的内容显示在窗口中，在窗口中移动鼠标可查看 hello.txt 文件中不同部分的内容。

步骤 5　使用 tar 工具提供的命令，将目录 ~/workspace/lab01/ 下的所有文件和目录归档并压缩到文件 hello.tar.bz2 中，该文件位于目录 ~/workspace/lab01/ 下；将压缩文件 hello.tar.bz2 复制到目录 ~/workspace/lab02/ 下，再将文件 ~/workspace/lab02/hello.tar.bz2 中的内容解压缩到目录 ~/workspace/lab02/ 下。在终端窗口的命令行提示符下依次输入下列命令，可完成上述任务并通过查看相应目录下的内容来验证操作结果。

（1）cd workspace/lab01：若当前已处于该目录下，则可省略该步骤。

（2）ls：查看 ~/workspace/lab01/ 下的文件和目录。

（3）tar -jcf hello.tar.bz2 ./：生成压缩文件 hello.tar.bz2。

（4）cp hello.tar.bz2 ../lab02：将 hello.tar.bz2 复制到目录 ~/workspace/lab02/ 中。

（5）cd ../：返回上一级目录 ~/workspace。

（6）cd lab02：进入目录 ~/workspace/lab02。

（7）ls：查看目录 ~/workspace/lab02 中的内容。

（8）tar -jxf hello.tar.bz2：解压缩文件 hello.tar.bz2。

（9）ls：查看目录 ~/workspace/lab02 中的内容。

上述操作后，终端窗口中的部分内容如图 1.32 所示。

图 1.32　步骤 5 操作对应的终端窗口中的部分内容

五、实验报告

本实验报告中的主要内容包括但不限于以下几个方面。

1. 简要描述自己在实验过程中遇到不熟悉的命令和工具软件时是通过哪些方式解决的，你认为哪些方式更有效？

2. 简要描述开发软件所需要的开发环境，以及从源程序文件的编辑生成到编译转换为可执行文件的过程中所需要的每个处理环节及在 Linux 系统环境下你所用的命令。

3. 基于自己所完成的指定程序开发和运行过程，阐述在该过程中所体现的计算机系统层次结构，例如，编辑生成源程序文件过程中所使用的文本编辑软件属于哪个层次？编辑生成的源程序文件和编译转换生成的可执行文件的抽象程度有什么差别？

4. 回答以下问题。

（1）在 Linux 系统中，root 系统管理员的权限和普通用户的权限有什么不同？

（2）在 Linux 系统中，命令是否区分大小写？

（3）目录的作用是什么？你认为应如何合理地存放实验中的各类文件？

（4）在进行高级语言程序设计时，需要有相应的应用程序开发支撑环境，其中包括用于执行各类程序的用户界面。这种具有人机交互功能的用户界面是由计算机系统中哪个抽象层提供的？GUI 方式下的图形用户界面和 CLI 方式下的命令行用户界面各自的特点是什么？你更喜欢在哪种方式下进行人机交互？

第 2 章 程序调试初步和指令系统基础

本章安排三个实验，实验 3 为选做实验。通过上机练习，希望读者能基于 IA-32+Linux 平台，掌握 C 语言程序在机器级代码层执行单步调试操作的方法。通过对照 C 语句和对应机器级代码逐步熟悉 IA-32 指令系统中的基础内容，如 AT&T 汇编指令格式、通用寄存器结构、指令基本寻址方式等，从而为后续实验的开展奠定良好的基础。

第 2 章至第 5 章的实验 4 的实验操作步骤演示都基于 Debian 10.7 i386 版本，使用 GNOME 文本编辑器（Gedit）和 GNOME 终端（terminal）。若这些实验选用 Ubuntu（64 位）版本，则在 gcc 命令中增加 "-m32" 编译选项即可，其他操作命令相同，界面也基本一致。

实验 1 程序调试初步

一、实验目的

1. 熟练使用 gcc 命令、objdump 反汇编命令、gdb 调试命令。
2. 理解 C 语言语句与机器级指令之间的对应关系。
3. 理解指令的顺序执行和跳转执行两种方式。

二、实验要求

按实验步骤单步执行和调试以下 C 语言程序 exec.c 及机器级指令序列。

```
#include "stdio.h"
void main()
{   int x, y, z;
    x=2;
    y=5;
    if (x>=y)
        z=x;
    cloc
        z=y;
    printf("z=%d\n", z);
}
```

三、实验准备

1. 编辑生成 C 语言源程序文件 exec.c，并将其存放于主目录下的 "IA-32" 目录中。
2. 打开 GNOME 桌面中的 "文件" "文本编辑器" 和 "终端" 窗口，平铺于屏幕中。

在"文本编辑器"窗口中打开 exec.c 文件,如图 2.1 所示。

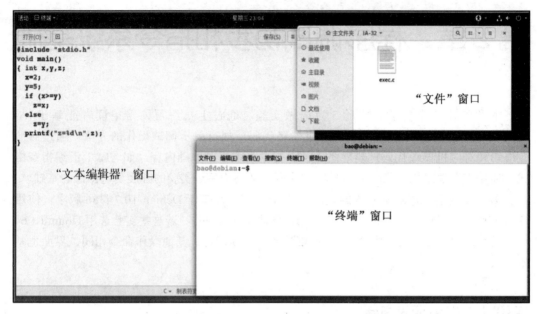

图 2.1 "文本编辑器"窗口、"文件"窗口、"终端"窗口

3. 设置当前路径并执行 gcc 命令和 objdump 反汇编命令,得到机器级代码。

(1)在"终端"窗口中输入命令"cd IA-32",设置"~/IA-32"为当前路径。

(2)在"终端"窗口中输入命令" gcc -no-pie -fno-pic -g exec.c -o exec",将 exec.c 编译转换为可执行目标文件 exec,确认文件窗口的当前目录中多出了一个文件 exec。

(3)在"终端"窗口中输入命令"objdump -S exec > exec.txt",对可执行文件 exec 中的机器码进行反汇编,并将反汇编结果输出到文本文件 exec.txt 中,确认"文件"窗口的当前目录中多出了一个文件 exec.txt。

(4)在"文件"窗口中双击 exec.txt 文件图标,使该文件显示在文本编辑器窗口中。

(5)在"文本编辑器"窗口中移动鼠标,使该窗口中能显示出 main() 函数的内容。

第 3 步操作后各窗口中的部分内容如图 2.2 所示。

如图 2.2 所示,"文本编辑器"窗口中显示的反汇编结果由以下 3 列组成:左侧一列是指令的地址,用十六进制表示;中间一列是机器指令,也用十六进制表示;右侧一列是机器指令对应的汇编指令,用 AT&T 格式显示。

因为在 objdump 命令中使用了"-S"选项,所以反汇编结果输出的 exec.txt 文件中包含了 C 语言源代码,这样便于理解 C 语句与机器级代码之间的对应关系。objdump 命令中还使用了输出重定向操作命令"> exec.txt",因而反汇编结果被输出到 exec.txt 文件中保存,这样可以在调试执行过程中对照反汇编代码。

图 2.2 第 3 步操作后各窗口中的部分内容

四、实验步骤

按如下步骤在"终端"窗口中输入 gdb 调试操作命令，对可执行文件 exec 进行调试。

步骤 1 启动 gdb 调试命令，使程序执行到设置的断点处停下，具体操作如下。

（1）在 shell 命令行提示符下，输入命令"gdb exec"，以启动 gdb 命令并加载 exec 可执行文件。

（2）在 gdb 调试状态下，输入"break main"或"b main"，以在 main 函数处设置断点。

（3）输入"run"或"r"以启动程序运行，并在设置的断点处停下。

（4）输入"info register eip"以查看 eip 寄存器中的内容（当前程序的断点位置）。

上述操作后各窗口中的部分内容如图 2.3 所示。画线处为输入的命令，方框处为程序断点。

如图 2.3 所示，步骤 1 经过 4 个操作使程序的执行停留在 exec.c 中第 4 行，即 main() 中"x=2;"语句处。IA-32 中的程序计数器为 eip 寄存器，其中存放下一条将要执行的指令的地址。在"终端"窗口的 gdb 调试操作"info register eip"执行后，显示当前 eip 的内容为 0x8049173，即 R[eip]=0x8049173，说明地址为 0x8049173 的"movl $0x2, -0x10(%ebp)"是将要执行的指令。

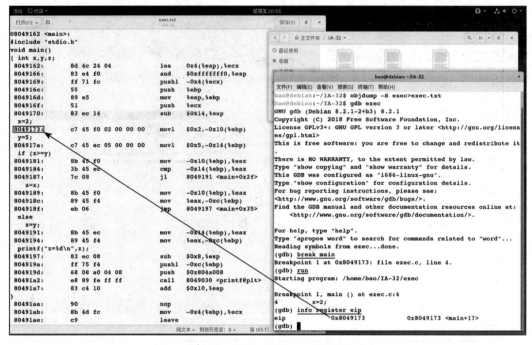

图 2.3 步骤 1 操作后各窗口中的部分内容

步骤 2 继续输入 gdb 调试命令,以查看 exec 程序执行过程中的其他信息。

(1)输入"stepi"或"si"以执行断点处的指令"movl \$0x2, -0x10(%ebp)"。
(2)输入"info register eip"以查看当前 eip 的内容。
(3)输入"stepi"或"si"以执行指令"movl \$0x5, -0x14(%ebp)"。
(4)输入"info register eip"以查看当前 eip 的内容。
(5)输入"stepi"或"si"以执行指令"mov -0x10(%ebp), %eax"。
(6)输入"stepi"或"si"以执行指令"cmp -0x14(%ebp), %eax"。
(7)输入"info register eip"以查看 eip 的内容。
(8)输入"stepi"或"si"以执行下一条指令"jl 8049191"。
(9)输入"info register eip"以查看 eip 的内容。
(10)输入"stepi"或"si"以执行指令"mov -0x14(%ebp), %eax"。
(11)输入"stepi"或"si"以执行指令"mov %eax, -0xc(%ebp)"。
(12)输入"info register eip"以查看 eip 的内容。

上述操作后各个窗口中的部分内容如图 2.4 所示。画线处为输入的命令,方框处为各 si 操作所执行的机器指令,箭头指向机器指令对应的汇编指令。

如图 2.4 所示,每次输入"si"都执行当前 eip 所指向的一条机器指令。当前指令执行结束后,根据当前指令是跳转指令还是非跳转指令确定 eip 的新内容。若当前指令为跳转指令且满足跳转执行条件,则 eip 的新内容为跳转目的指令的地址;若当前指令为非跳转指令,则按顺序执行,即 eip 的新内容由当前指令的地址加其所占字节数确定。

例如,地址 0x8049173、0x804917a、0x8049181、0x8049184 处的 4 条指令为 mov

或 cmp 指令，这些指令都是非跳转指令，因此按顺序执行，通过查看当前 eip 的内容可知，0x8049173 处指令的下一条指令地址为 0x804917a，该地址由当前指令地址 0x8049173 加上其所占字节数 0x7 得到，即 0x8049173+0x7=0x804917a。

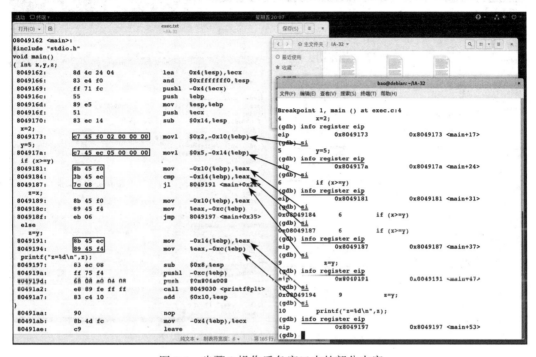

图 2.4 步骤 2 操作后各窗口中的部分内容

地址 0x8049187 处的 jl 指令是条件跳转指令。上一条 cmp 指令是比较指令，通过 x 减 y 的结果设置标志位，然后 jl 指令根据标志位判断条件 x<y（即 x ≥ y 的反条件）是否满足。若 x<y，则 R[eip]=0x8049191，即跳转到 0x8049191 处执行；若 x ≥ y，则 R[eip]= 0x8049187+2=0x8049189，即按顺序执行 0x8049189 处的指令。由于 x=2、y=5，满足 x<y，所以执行 jl 指令后 R[eip]= 0x8049191。通过查看 eip 的内容可知，jl 指令执行结束后，确实跳转到了 0x8049191 地址处。此处对应 exec.c 中语句"z=y;"的开始点。

步骤 3 继续输入 gdb 调试命令，以输出 exec 程序执行结果并退出 gdb 调试过程。

（1）输入"next"以执行语句"printf("z=%d/n", z);"，从而输出程序执行结果"z=5"。

（2）输入"quit"后，系统询问"Quit anyway? (y or n)"，此时，输入"y"以退出 gdb 调试过程。

上述操作后各窗口中的部分内容如图 2.5 所示。画线处为输入的操作命令，方框处为 printf() 函数调用语句和输出的结果。

gdb 调试操作命令"next"表示执行当前断点所在的一条 C 语言语句。上述步骤 2 结束时的断点所在语句是 printf() 函数调用语句，因此，输入"next"后会执行完 printf 函数调用语句。printf() 是 I/O 标准库函数，若此时输入"si"操作命令，则下一条执行的是 printf() 函数中的第 1 条指令，从而使程序执行轨迹进入库函数内部，这样就像走入了迷宫。对于库函数的执行，通常用"next"命令直接完成当前 C 语句中的函数调用，从而跟踪执行到下一条语句的起始处。

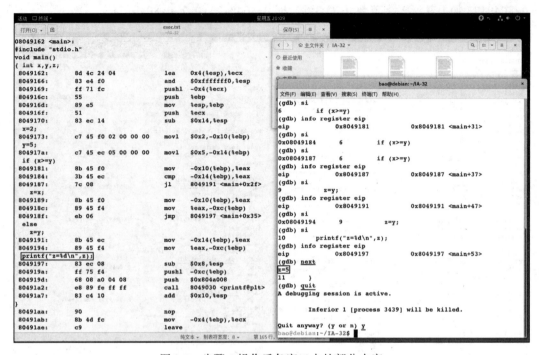

图 2.5　步骤 3 操作后各窗口中的部分内容

五、实验报告

本实验报告中的主要内容包括但不限于以下几个方面。

1. 假定需要查询 gdb 调试工具中常用的调试操作命令的功能和使用方式，你会如何去做？查询相关资料并说明以下调试操作命令的含义：step（或 s）、stepi（或 si）、next（或 n）、nexti（或 ni）、clear、continue（或 c）、print（或 p）、finish、watch、kill。

2. 对于步骤 2，尝试用"s"命令替代"si"命令，观察每次执行"s"命令后 eip 的变化，调试执行直到程序输出"z=5"后结束调试，在整个调试执行过程中对终端窗口进行截图，并对截图中的每一步操作过程进行解释说明。

3. 修改 exec.c 程序，将其中的"x=2;"和"y=5;"分别修改为"x=5;"和"y=2;"，将修改后的源程序文件保存为 exec2.c，并用 gcc 命令将 exec2.c 编译转换为可执行文件 exec2。模仿上述实验步骤，单步调试执行 exec2，在整个调试执行过程中对终端窗口进行截图，并对截图中的每一步操作过程及其结果进行解释说明。

4. 回答以下问题。

（1）在 IA-32 中，当前将要执行的指令的地址记录在哪个寄存器中？

（2）已知当前指令的地址和指令机器码及其长度，若当前指令是非跳转类指令，则执行当前指令后，如何计算得到下一条将要执行指令的地址？

（3）跳转类指令有无条件跳转（如图 2.5 中 804918f 处的 jmp 指令）和条件跳转（如图 2.5 中 8049187 处的 jl 指令）两类，这两类指令的主要区别是什么？

（4）已知当前指令的地址和指令机器码及其长度，若当前指令是无条件跳转类指令，指令机器码中有专门的相对位移字段，例如，图 2.5 中 804918f 处的 jmp 指令的机器码为 eb 06，其中第 2 字节 06 为跳转目标指令地址 0x8049197 与下一顺序指令地址 0x8049191 之间的位移，则执行当前指令后，如何计算得到下一条将要执行指令（即跳转目标指令）的地址？

实验 2　IA-32 指令系统基础

一、实验目的

1. 了解 IA-32 指令系统中的一些基本指令。
2. 理解 IA-32 指令中的基本寻址方式。
3. 进一步理解 C 语句与机器级指令之间的对应关系。

二、实验要求

按实验步骤单步执行和调试以下 C 语言程序 add.c 及其对应的机器级指令序列。

```
#include "stdio.h"
void main()
{   int x, y, z, t;
    x=2;
    y=3;
    z=x+y;
    printf("z=%d\n", z);
}
```

三、实验准备

1. 编辑生成 C 语言源程序文件 add.c，并将其存放于主目录下的"IA-32"目录中。
2. 打开 GNOME 桌面中的"文件""文本编辑器"和"终端"窗口，平铺于屏幕中。在"文本编辑器"窗口中打开 add.c 文件。
3. 设置当前路径并执行 gcc 命令和 objdump 反汇编命令，得到机器级代码。

（1）在"终端"窗口中输入命令"cd IA-32"，以设置"~/IA-32"为当前路径。

（2）在"终端"窗口中输入命令"gcc -no-pie -fno-pic -g add.c -o add"，将 add.c 编译转换为可执行目标文件 add，确认"文件"窗口的当前目录中多出了一个文件 add。

（3）在"终端"窗口中输入命令"objdump -S add > add.txt"，对可执行文件 add 中的机器码进行反汇编，并将反汇编结果输出到文本文件 add.txt 中，确认"文件"窗口的当前目录中多出了一个文件 add.txt。

（4）在"文件"窗口中双击 add.txt 文件图标，使该文件显示在文本编辑器窗口中。

（5）在"文本编辑器"窗口中移动鼠标，使该窗口中能显示出 main() 函数的内容。

第 3 步操作后各窗口中的部分内容如图 2.6 所示。

图 2.6　第 3 步操作后各窗口中的部分内容

四、实验步骤

按如下步骤在终端窗口中输入 gdb 调试操作命令，对可执行文件 add 进行调试。

步骤 1　启动 gdb 调试命令，使程序执行到设置的断点处停下。具体操作如下。

（1）在 shell 命令行提示符下，输入命令"gdb add"，以启动 gdb 命令并加载 add 可执行文件。

（2）在 gdb 调试状态下，输入"break main"或"b main"，在 main 函数处设置断点。

（3）输入"run"或"r"以启动程序运行，并在设置的断点处停下。

（4）输入"info register eip"或"i r eip"以查看 eip 的内容（当前程序的断点位置）。

上述操作后各窗口中的部分内容如图 2.7 所示。画线处为输入的 gdb 调试命令，方框处为程序断点，根据图中内容可知，断点为 main() 函数中第一条赋值语句"x=2;"的起始处，对应的指令指针寄存器 eip 的内容为 0x8049173。

步骤 2　继续输入 gdb 调试命令，以执行 C 语句"x=2;"。

（1）输入"step"或"s"以执行断点处的 C 语句"x=2;"。

（2）输入"info register ebp"或"i r ebp"以查看 ebp 的内容。

（3）输入"x/1xw 0xbffff31c"以查看变量 x 的机器数。

上述操作后的窗口中的部分内容如图 2.8 所示。画线处为输入的调试命令，方框处为调试执行的 C 语句及其对应的机器级代码。

从图 2.8 中用方框标出的"x=2;"及其对应的机器级代码可看出，对于将一个整型常量赋值给一个整型变量的 C 赋值语句，可以直接用一条传送指令 mov 实现。此处的汇编指令"movl $0x2, -0xc(%ebp)"中，指令助记符"mov"后面的长度后缀"l"表示传送数据的长度为 4 字节。逗号","左边为源操作数，右边为目的操作数。源操作数若以"$"开头，则表示是立即数寻址方式，0x2 就是要传送的源数据。目的操作数是指指令执行结束前保存到某个通用寄存器或存储单元中的结果，因此，目的操作数不可能采用立即数寻址方式，只可能是寄存器寻址方式或存储器寻址方式。在指令"movl $0x2, -0xc(%ebp)"中，目的操作数地址为"-0xc(%ebp)"，采用基址（ebp）加位移量（-0xc）的存储器寻址方式。

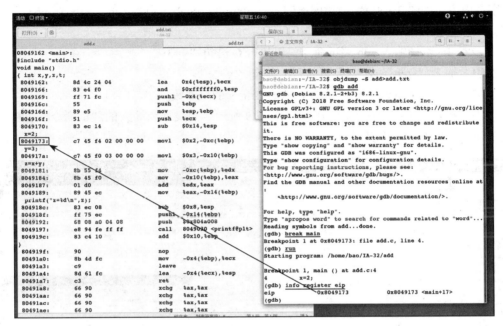

图 2.7　步骤 1 操作后各窗口中的部分内容

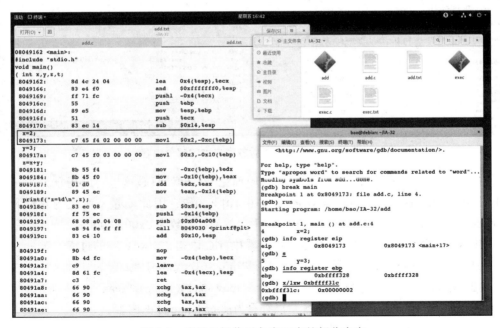

图 2.8　步骤 2 操作后各窗口中的部分内容

指令"movl $0x2,-0xc(%ebp)"的功能可以用 RTL 描述为 M[R[ebp]-0xc] ← 0x2，其中，R[ebp]-0xc 就是地址"-0xc(%ebp)"的计算方式。从图 2.8 中"info register ebp"命令的调试结果可知，基址寄存器 ebp 的内容 R[ebp]=0xbfff f328，因此目的操作数地址为 R[ebp]-0xc=0xbfff f328-0xc=0xbfff f31c。显然，这里目的操作数地址就是变量 x 的存储地址。

使用命令"x/1xw 0xbffff31c"可查看地址 0xbfff f31c 开始的一个以十六进制表示的 4 字节内容，如图 2.8 所示，M[0xbfff f31c]=0x0000 0002，因此地址"-0xc(%ebp)"中存放的 x 的机器数为 0x0000 0002。

步骤 3 继续输入 gdb 调试命令，以执行 C 语句"y=3;"。

（1）输入"step"或"s"以执行 C 语句"y=3;"。

（2）输入"x/1xw 0xbffff318"以查看变量 y 的机器数。

上述操作后各窗口中的部分内容如图 2.9 所示。画线处为输入的调试命令，方框处为调试执行的 C 语句及其对应的机器级代码。

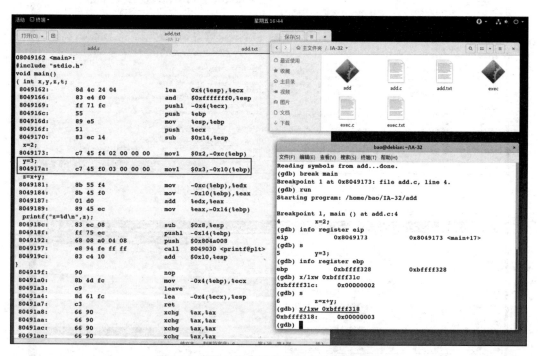

图 2.9　步骤 3 操作后各窗口中的部分内容

赋值语句"y=3;"与"x=2;"的实现原理完全一样，只是这里对应指令为"movl $0x3, -0x10(%ebp)"，其功能为 M[R[ebp]-0x10] ← 0x3，因此变量 y 所在的存储地址 R[ebp]-0x10=0xbfff f328-0x10=0xbfff f318 中存放的机器数为 0x0000 0003。

步骤 4 继续输入 gdb 调试命令，以查看执行 C 语句"z=x+y;"的过程。

（1）输入"stepi"或"si"以执行指令"mov -0xc(%ebp), %edx"。

（2）输入"stepi"或"si"以执行指令"mov -0x10(%ebp), %eax"。

（3）输入"info register eax edx"以查看当前 eax 和 edx 的内容。

（4）输入"stepi"或"si"以执行指令"add %edx, %eax"。

（5）输入"info register eax edx"以查看当前 eax 和 edx 的内容。
（6）输入"stepi"或"si"以执行指令"mov %eax, -0x14(%ebp)"。
（7）输入"x/3xw 0xbffff314"以查看变量 x、y 和 z 的机器数。

上述操作后各窗口中的部分内容如图 2.10 所示。方框处为执行的 C 语句及其机器级代码。

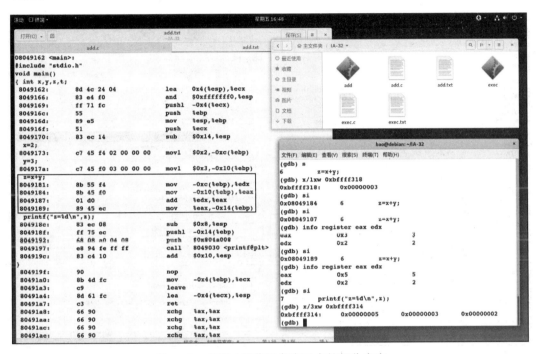

图 2.10　步骤 4 操作后各窗口中的部分内容

如图 2.10 中方框处所示，C 语句"z=x+y;"对应 4 条机器级指令。

第 1 条指令"mov -0xc(%ebp), %edx"的功能为 R[edx] ← M[R[ebp]-0xc]，源操作数采用基址加位移寻址方式，目的操作数采用寄存器寻址方式。从步骤 2 可知，地址"-0xc(%ebp)"中存放的是 x 的机器数，因此该指令执行后 R[edx]=0x0000 0002。

类似地，第 2 条指令"mov -0x10(%ebp), %eax"执行后 R[eax]=0x0000 0003。

第 3 条指令"add %edx,%eax"的功能为 R[eax] ← R[eax]+ R[edx]，源操作数和目的操作数都采用寄存器寻址方式，该指令执行后，R[edx]=0x0000 0002，R[eax]=0x0000 0005。

第 4 条指令"mov %eax, -0x14(%ebp)"的功能为 M[R[ebp]-0x14] ← R[eax]，源操作数采用寄存器寻址方式，目的操作数采用基址加位移寻址方式。该指令执行后，地址 R[ebp]-0x14=0xbfff f328-0x14=0xbfff f314 中存放的机器数为 R[eax]=0x0000 0005。这里，R[eax] 为 x+y 的结果，0xbfff f314 为变量 z 的地址。

通过调试命令"x/3xw 0xbffff314"查看相应存储单元的内容，可以确认变量 x、y 和 z 在各自存储单元中的机器数确实分别是 0000 0002、0000 0003 和 0000 0005。

步骤 5　继续输入 gdb 调试命令，以输出 add 程序执行结果并退出 gdb 调试过程。
（1）输入"next"以执行 C 语句"printf("z=%d\n", z);"，从而输出程序执行结果

"z=5"。

（2）输入"quit"后，系统询问"Quit anyway? (y or n)"，此时，输入"y"以退出 gdb 调试过程。

上述操作后各窗口中的部分内容如图 2.11 所示。方框处为 printf() 函数调用语句和输出的结果。

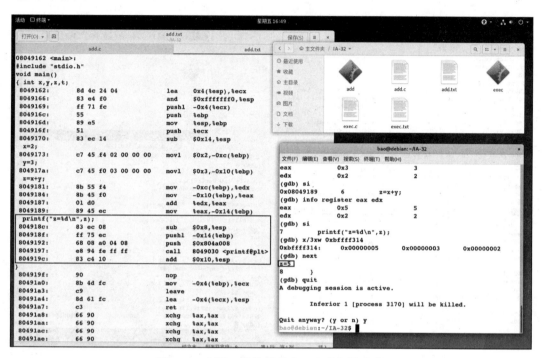

图 2.11 步骤 5 操作后各窗口中的部分内容

五、实验报告

本实验报告中的主要内容包括但不限于以下几个方面。

1. 修改 add.c 程序，将其中 "x=2;"、"y=3;" 和 "z=x+y;" 分别修改为 "x=20;"、"y=10;" 和 "z=x-y;"，将修改后的源程序文件保存为 sub.c，并用 gcc 命令将 sub.c 编译转换为可执行文件 sub。模仿上述实验步骤单步调试执行 sub，将"终端"窗口中的整个调试执行过程进行截图，并对截图中每一步操作过程及其结果进行解释和说明。

2. 回答以下问题。

（1）观察和对照 C 语句 "x=2;" 和 "y=3;" 各自对应的指令机器码和汇编指令，指出其指令机器码中哪几个字节属于立即数字段。

（2）在 IA-32 中，mov 指令的源操作数可采用哪几种寻址方式？mov 指令的目的操作数可采用哪几种寻址方式？

（3）立即数寻址方式和寄存器寻址方式下的操作数各自存放在何处？

（4）基址加位移寻址方式下的操作数存放在何处？操作数所在的地址、基址和位移这三者之间的关系是什么（要求用计算公式或图示方式来表示关系）？基址和位移各自存放在何处？

*实验 3　在 C 语言程序中嵌入汇编指令

一、实验目的

1. 初步了解软件逆向工程分析方法。
2. 了解在 C 语言源程序中嵌入汇编指令的方法。
3. 进一步提升使用 gcc 命令、objdump 反汇编命令、gdb 调试命令的能力。

二、实验要求

按实验步骤单步执行和调试以下 C 语言程序 asm.c 及其对应的机器级指令序列。

```
#include "stdio.h"
void main()
{   int x=2, y=3, z=4;
    asm ("mov  -0xc(%ebp), %eax\n\t"
         "mov  -0x10(%ebp), %ebx\n\t"
         "mov  %eax, -0x10(%ebp)\n\t"
         "mov  %ebx, -0xc(%ebp)\n\t"
         "add  %ebx, %eax\n\t"
         "mov  %eax, -0x14(%ebp)\n\t"
        );
    printf("x=%d, y=%d, z=%d\n", x, y, z);
}
```

三、实验准备

1. 编辑生成 C 语言源程序文件 asm.c，并将其存放于主目录下的"IA-32"目录中。

2. 打开 GNOME 桌面中的"文件""文本编辑器"和"终端"窗口，平铺于屏幕中。在"文本编辑器"窗口中打开 asm.c 文件。

3. 设置当前路径并执行 gcc 命令和 objdump 反汇编命令，得到机器级代码并保存在 asm.txt 文件中，并启动程序 asm 执行。

（1）在"终端"窗口中输入命令"cd IA-32"，以设置"~/IA-32"为当前路径。

（2）在"终端"窗口中输入命令" gcc -no-pie -fno-pic -g asm.c -o asm"，将 asm.c 编译转换为可执行目标文件 asm，确认"文件"窗口的当前目录中多出了一个文件 asm。

（3）在"终端"窗口中输入命令" objdump -S asm > asm.txt"，对可执行文件 asm 中的机器码进行反汇编，并将反汇编结果输出到文本文件 asm.txt 中，确认"文件"窗口的当前目录中多出了一个文件 asm.txt。

（4）在"终端"窗口中输入命令"./asm"，以执行可执行目标文件 asm。

第 3 步操作后各窗口中的部分内容如图 2.12 所示。

图 2.12 中用方框标出了变量 x、y、z 的初始值和输出结果。对照两处方框中的内容可知，程序最终输出的变量 x、y 和 z 的值并不等于程序对这些变量所赋的初始值。这是因为在 C 语言程序中嵌入的汇编指令代码改变了变量 x、y、z 的初始值。

38 第一部分 基础级验证性实验

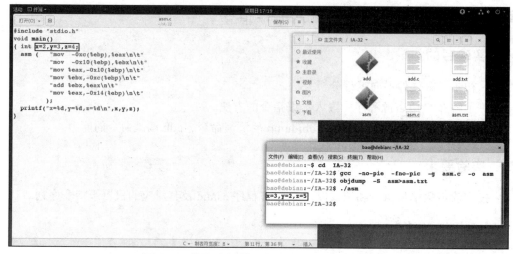

图 2.12 第 3 步操作后各窗口中的部分内容

在程序设计时可以将汇编语言和 C 语言结合起来编程，让它们发挥各自的优点。这样既能满足实时性要求又能实现所需的功能，同时兼顾程序的可读性和编程效率。在 C 语言程序中直接嵌入汇编语句，使用编译器的内联汇编（inline assembly）功能，用 asm 命令将一些简短的汇编代码插入 C 语言程序中。IA-32 的汇编指令有 Intel 格式和 AT&T 格式两种，这两种格式嵌入 C 语言程序中的形式不完全相同，asm.c 源代码给出的是 AT&T 格式。

由程序执行结果可知，在 asm.c 文件中嵌入的汇编指令改变了 x、y 和 z 的值。要理解这些指令是如何改变变量的值的，就需要通过对这些指令的跟踪执行来理解嵌入的指令序列所实现的功能，推导出这些机器级代码对应的 C 语言语句，从而在更高抽象层的高级语言程序层次来理解程序的功能。这种根据机器级代码反推对应高级语言程序功能的任务称为逆向工程分析。

4. 进行以下操作，为单步跟踪调试准备好环境。

（1）在"文件"窗口中双击 asm.txt 文件图标，使该文件显示在"文本编辑器"窗口中。

（2）在"文本编辑器"窗口中移动鼠标，使该窗口中能显示出 main() 函数的内容。

上述操作后各窗口中的部分内容如图 2.13 所示。

5. 通过参看 asm.txt 文件检查反汇编代码与嵌入汇编代码之间是否一致，判断是否需要修正 asm.c 源程序。

在图 2.13 所示的反汇编文件 asm.txt 中，用三种不同的下划线分别标出了三条 mov 指令的目的操作数地址。检查你的反汇编代码文件 asm.txt 中，这三条 mov 指令的目的操作数地址是否分别为 -0xc(%ebp)、-0x10(%ebp) 和 0x14(%ebp)。若是，则直接开始实验；若不是，则修改源程序文件 asm.c。

用你的反汇编文件 asm.txt 中这三条 mov 指令的目的操作数地址来更新 asm.c 中嵌入的汇编指令中的目的操作数地址。如图 2.14 所示，修改后要保证相同形式的下划线处标出的地址是一致的。完成修改后，对修正后的源程序文件 asm.c 重新执行上述第 3 步和第 4 步。

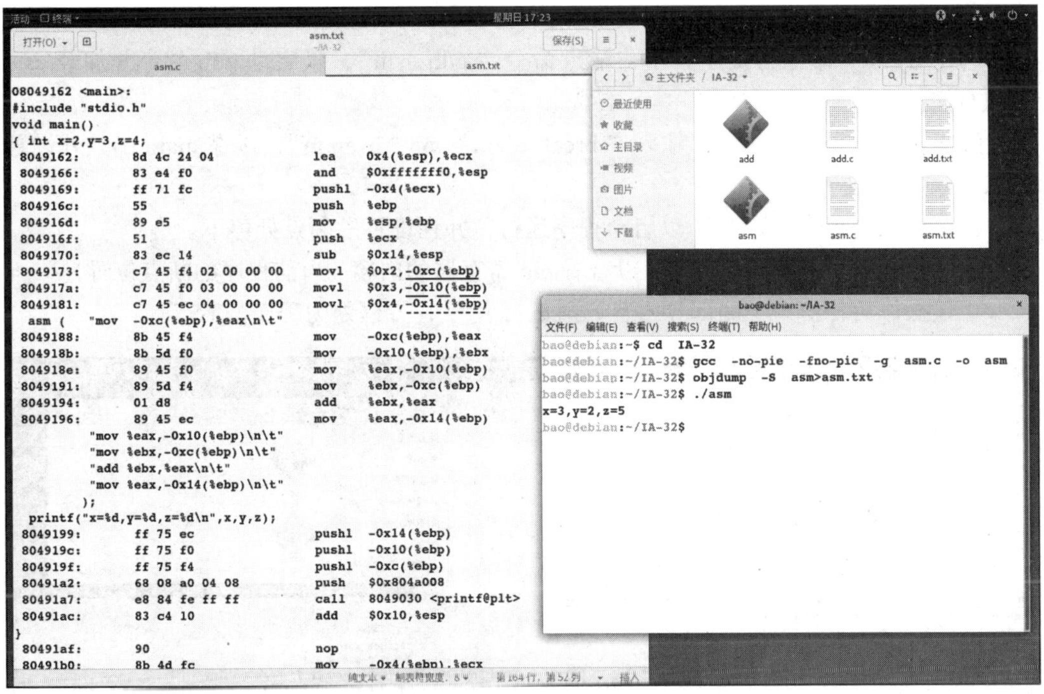

图 2.13 第 4 步操作后各窗口中的部分内容

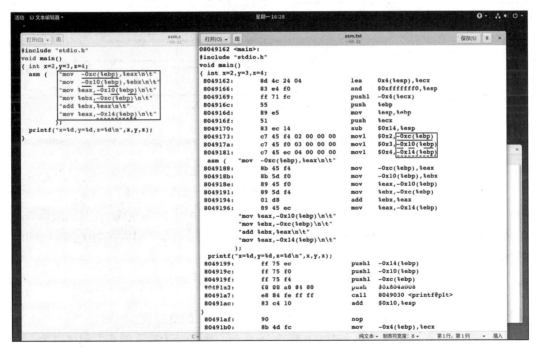

图 2.14 asm.c 中嵌入汇编指令的修正示意图

四、实验步骤

按如下步骤在"终端"窗口中输入 gdb 调试操作命令，对可执行文件 asm 进行调试。

步骤 1 启动 gdb 调试命令，使程序执行到设置的断点处停下。具体操作如下。

（1）在 shell 命令行提示符下，输入命令"gdb asm"，以启动 gdb 命令并加载 asm 可执行文件。

（2）在 gdb 调试状态下，输入"break main"或"b main"，以在 main 函数处设置断点。

（3）输入"run"或"r"以启动程序运行，并在设置的断点处停下。

（4）输入"info register eip"以查看 eip 寄存器的内容（当前程序的断点位置）。

上述操作后各窗口中的部分内容如图 2.15 所示，方框处为程序的断点。

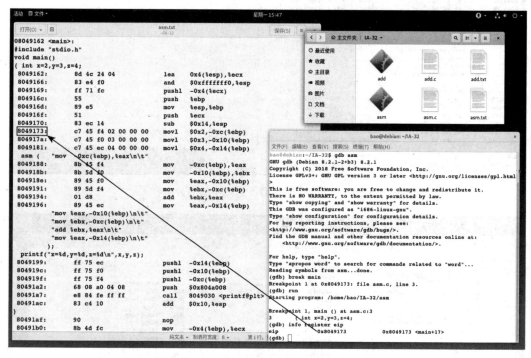

图 2.15 步骤 1 操作后各窗口中的部分内容

步骤 2 继续输入 gdb 调试命令，以执行 C 语句"x=2, y=3, z=4;"。

（1）输入"step"或"s"以执行断点处的 C 语句"x=2, y=3, z=4;"，对应的机器级代码以以下指令序列："movl $0x2, -0xc(%ebp)"" movl $0x3, -0x10(%ebp)"和" movl $0x4, -0x14(%ebp)"。

（2）输入"info register eip"以查看 eip 的内容。

（3）输入"info register ebp"以查看 ebp 的内容。

（4）输入"x/3xw 0xbffff314"以查看变量 x、y 和 z 的机器数。

上述操作后各窗口中的部分内容如图 2.16 所示。画线处为输入的 gdb 调试命令，方框处为调试执行的 C 语句所对应的机器级代码。

如图 2.16 所示，方框中标出了 C 语句"int x=2, y=3, z=4;"对应的三条 movl 指令，根据指令中传送的源操作数 0x2、0x3 和 0x4 可知，变量 x、y 和 z 的地址分别为 -0xc(%ebp)、-0x10(%ebp) 和 -0x14(%ebp)。

第 2 章 程序调试初步和指令系统基础 41

图 2.16 步骤 2 操作后各窗口中的部分内容

使用 gdb 命令"s"执行完 C 语句"int x=2, y=3, z=4;"后，用命令"info register eip"查看 eip 的内容为 0x8049188，说明当前程序断点位于汇编指令嵌入语句"asm();"的起始处。

此时，查看 ebp 的内容为 R[ebp]=0xbfff f328，因此，x 的地址"-0xc(%ebp)"为 R[ebp]-0xc=0xbfff f328-0xc=0xbfff f31c。同理，y 的地址为 R[ebp]-0x10=0xbfff f328-0x10=0xbfff f318，z 的地址为 0xbfff f314。

通过命令"x/3xw 0xbffff314"查看地址 0xbfff f314 开始的 3 个四字节内容，可以确认地址 -0xc(%ebp)、-0x10(%ebp) 和 -0x14(%ebp) 开始的 4 字节存储单元中存放的就是 x、y 和 z 的初始值 2、3 和 4。

步骤 3 继续输入 gdb 调试命令，以执行 C 语句"asm();"中嵌入的前 4 条 mov 指令。

（1）输入"stepi"或"si"以执行指令"mov -0xc(%ebp), %eax"。
（2）输入"stepi"或"si"以执行指令"mov -0x10(%ebp), %ebx"。
（3）输入"info register eax ebx"以查看 eax 和 ebx 的内容。
（4）输入"stepi"或"si"以执行指令"mov %eax, -0x10(%ebp)"。
（5）输入"stepi"或"si"以执行指令"mov %ebx, -0xc(%ebp)"。
（6）输入"x/2xw 0xbffff318"以查看变量 x、y 的机器数。

上述操作后各窗口中的部分内容如图 2.17 所示。画线处为输入的 gdb 调试命令，方框处为调试执行的 C 语句"asm();"中嵌入的前 4 条 mov 指令。这 4 条指令实现了变量 x 和 y 中内容的互换，使得地址 0xbfff f318 中变量 y 的机器数变为了 0x0000 0002，而地址 0xbfff f31c 中变量 x 的机器数变为了 0x0000 0003。

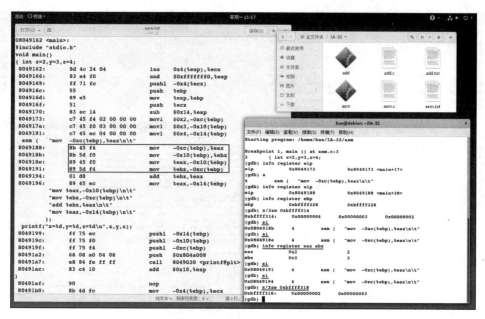

图 2.17　步骤 3 操作后各窗口中的部分内容

步骤 4　继续输入 gdb 调试命令，以执行 C 语句"asm();"中嵌入的后两条指令。

（1）输入"stepi"或"si"以执行指令"add %ebx, %eax"。

（2）输入"stepi"或"si"以执行指令"mov %eax, -0x14(%ebp)"。

（3）输入"x/1xw 0xbfff314"以查看变量 z 的机器数。

上述操作后各窗口中的部分内容如图 2.18 所示，方框处为调试执行的两条指令，逆向分析可知，这两条指令实现了 C 语句"z=x+y;"的功能，得到地址 0xbfff f314 中 z 的值为 5。

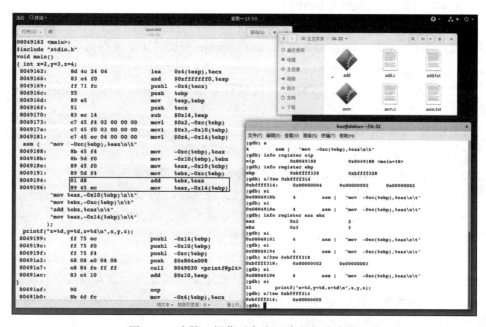

图 2.18　步骤 4 操作后各窗口中的部分内容

步骤 5 继续输入 gdb 调试命令，以输出 asm 程序执行结果并退出 gdb 调试过程。

（1）输入"next"以执行语句"printf("x=%d, y=%d, z=%d\n", x, y, z);"。

（2）输入"quit"后，系统询问"Quit anyway? (y or n)"，此时，输入"y"以退出 gdb 调试过程。

上述操作后各窗口中的部分内容如图 2.19 所示。方框处为 next 命令执行的 printf() 调用语句和输出的结果。根据以上分析可知，嵌入的汇编指令交换了 x 和 y 的值，并实现了"z=x+y;"，因此程序的输出结果应是"x=3, y=2, z=5"，与图 2.19 中方框标出的输出结果完全一致。

图 2.19　步骤 5 操作后各窗口中的部分内容

五、实验报告

本实验报告中的主要内容包括但不限于以下几个方面。

1. 根据逆向工程分析结果，写出与程序 asm.c 功能相同的另一个 C 语言源程序文件 asm2.c，要求其中不包含汇编指令嵌入语句"asm();"。用 gcc 命令将 asm2.c 编译转换为可执行文件 asm2，模仿上述实验步骤单步调试执行 asm2，将"文本编辑器"窗口和"终端"窗口中整个调试执行过程进行截图，并对截图中的每一步操作过程及其结果进行解释和说明。

2. 在实验准备阶段的第 5 步，需要通过对照反汇编代码与 C 语言程序中嵌入的汇编代码来对 asm.c 源程序进行修正。你能理解这么做的原因吗？你认为 main() 函数中的局部变量 x、y 和 z 一定要依次分配在地址 -0xc(%ebp)、-0x10(%ebp) 和 -0x14(%ebp) 开始的 4 个存储单元吗？为什么？

3. 如果 asm.c 文件中的 main() 函数第一行语句改变为"short x=3, y=2, z=5;"，则汇编指令嵌入语句"asm()"中哪些指令会发生变化？如何变化？为什么？可通过将变化后的 C 语言源程序文件进行相应的编译转换和调试执行来验证你的答案。

第 3 章　数据的机器级表示实验

本章安排 5 个实验，主要基于 IA-32+Linux 平台以及 GCC 编译驱动程序和 gdb 调试工具等对 C 语言源程序中数据的机器级表示内容进行实验，以理解数据的真值和机器数之间的对应关系，确定机器数所存放的存储单元，并在机器级指令层面理解数据在计算机内部的存储、运算和传送机制，从而掌握整数和浮点数的编码表示方法，熟悉 IA-32 中常用的指令并理解指令的基本寻址方式。

实验 1　整型数据的真值与机器数

一、实验目的

1. 理解补码的编码表示。
2. 掌握带符号整数和无符号整数的机器级表示。
3. 掌握整型数据在真值与机器数之间的转换。
4. 理解整型数据的机器数和打印输出值之间的转换关系。

二、实验要求

给定 C 语言源程序 integer.c 的内容如下：

```
#include "stdio.h"
void main()
{
    int ai = 200, bi = -200, ci = 2147483649;
    unsigned au = 200, bu=-200, cu =0x80000001;
    printf("ai=%d,  bi=%d,  ci=%d\n", ai, bi, ci);
    printf("au=%u,  bu=%u,  cu=%u\n", au, bu, cu);
}
```

编辑生成上述 C 语言源程序，然后对其进行编译转换，以生成可执行文件，并对可执行文件进行调试，通过程序调试完成下列任务。

1. 填写表 3.1 中整型常量的机器数（用十六进制表示）。

表 3.1　常量的真值和机器数

真值（十进制）	机器数	真值	机器数
200		2 147 483 649	
−200		0x8000 0001	

2. 填写表 3.2 中各变量的机器数（用十六进制表示）和输出值（用十进制表示）。

表 3.2 变量的机器数和输出值

变量	机器数	输出值	变量	机器数	输出值
ai			au		
bi			bu		
ci			cu		

三、实验准备

1.通过文本编辑器编辑生成 C 语言源程序文件 integer.c 并将其保存在主目录下的 integer 目录中，或者将已有的 integer.c 文件直接复制到主目录下的 integer 目录中。

2.打开"文件"窗口、"文本编辑器"窗口和"终端"窗口，使其平铺于屏幕中，并在"文本编辑器"窗口中打开 integer.c 文件。

3.在"终端"窗口中进行以下操作。

（1）在 shell 命令行状态下，输入"cd integer"，以设置"~/integer"为当前目录。

（2）输入"gcc -no-pie -fno-pic -g integer.c -o integer"，将 integer.c 编译转换为可执行目标文件 integer。

（3）输入"objdump -S integer > integer.txt"，将 integer 中的机器代码进行反汇编，并将反汇编结果并保存在文件 integer.txt 中。

（4）输入"./integer"以启动可执行文件 integer 的执行。

上述操作后各窗口中的部分内容如图 3.1 所示。

图 3.1 第 3 步操作后各窗口中的部分内容

从图 3.1 可看出，运行"./integer"后在屏幕上输出了 ai、bi、ci、au、bu、cu 的真值。请思考为何输出的有些变量的真值与 C 语言源程序中的初始化值不一样。

4.进行如下操作，以准备好单步调试的环境。

（1）在"文件"窗口中双击 integer.txt 文件图标，使该文件显示在"文本编辑器"窗口中。

（2）在"文本编辑器"窗口中移动鼠标，使 main() 函数对应的代码内容能显示出来。

上述操作后各窗口中的部分内容如图 3.2 所示。

在图 3.2 中，方框中是 integer.c 中的整型常量，如 200、-200、2147483649、0x80000001，用真值表示。真值是指常量或变量本身的真实数值，可以用十进制、十六进制、二进制等形式表示，真值表示中可包含正负号。

46　第一部分　基础级验证性实验

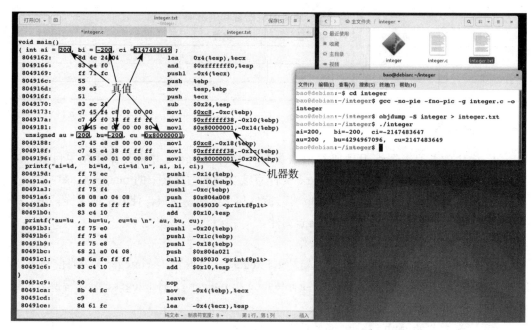

图 3.2　第 4 步操作后各窗口中的部分内容

在对 C 语言源程序进行编译时，编译器需将整型常量转换为对应的机器数，通常这些常量会作为立即数字段出现在指令中。例如，在图 3.2 中下划线处标出的就是机器数，机器数用 0/1 序列表示，在汇编指令中通常用十六进制形式（不包括高位的 0）显示。从图 3.2 中的汇编指令表示可看出，带符号整型变量 ai、bi 和 ci 的机器数分别为 0x0000 00c8、0xffff ff38 和 0x8000 0001，无符号整型变量 au、bu 和 cu 的机器数也分别为 0x0000 00c8、0xffff ff38 和 0x8000 0001。

四、实验步骤

按如下步骤在终端窗口中输入 gdb 调试操作命令，对可执行文件进行调试。

步骤 1　启动 gdb 调试命令，使程序执行到设置的断点处停下。具体操作如下。

（1）在 shell 命令行提示符下，输入命令"gdb integer"，以启动 gdb 命令并加载 integer 可执行文件。

（2）在 gdb 调试状态下，输入"break main"或"b main"，以在 main 函数处设置断点。

（3）输入"run"或"r"以启动程序运行，并在设置的断点处停下。

（4）输入"info register eip"以查看 eip 寄存器的内容（当前程序的断点位置）。

步骤 2　继续输入 gdb 调试命令，以查看程序中变量的机器数。

（1）输入"si"以执行断点处的指令"movl $0xc8, -0xc(%ebp)"。

（2）输入"si"以执行指令"movl $0xffffff38, -0x10(%ebp)"。

（3）输入"si"以执行指令"movl $0x80000001, -0x14(%ebp)"。

（4）输入"info register ebp"以查看当前 ebp 寄存器的内容。

（5）输入"x/3xw 0xbffff314"以查看变量 ai、bi 和 ci 的机器数。

（6）输入"si"以执行指令"movl $0xc8, -0x18(%ebp)"。
（7）输入"si"以执行指令"movl $0xffffff38, -0x1c(%ebp)"。
（8）输入"si"以执行指令"movl $0x80000001, -0x20(%ebp)"。
（9）输入"x/3xw 0xbfff308"以查看变量 au、bu 和 cu 的机器数。

上述操作后各窗口中的部分内容如图 3.3 所示。方框中为"si"命令所执行的指令，下划线标出了各变量对应的机器数。

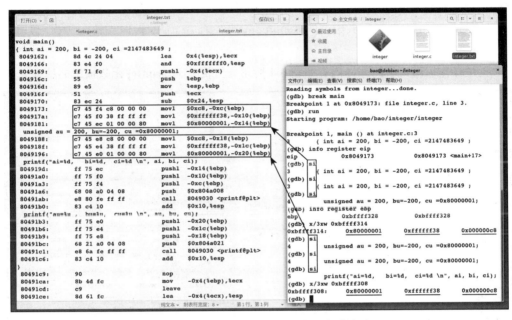

图 3.3 步骤 2 操作后各窗口中的部分内容

高级语言程序中的非静态局部变量通常分配在栈帧中，在 IA-32 中，栈帧底部由 ebp 寄存器的内容指出，因此，这些变量的存储地址多为 R[ebp] 加一个位移量，此时的位移量一定是负数。例如，integer.c 中的语句"ai=200;"对应的汇编指令为"movl $0xc8, -0xc(%ebp)"，其功能为将立即数 0xc8 送到 ai 对应的存储单元 R[ebp]-0xc 中，即 M[R[ebp]-0xc] ← 0xc8。其中，0xc8 是常量 200 的机器数，采用立即数寻址方式，在汇编指令中表示为"$0xc8"，R[ebp]-0xc 是 ai 所在的存储单元地址，采用"基址 + 位移量"的寻址方式，在汇编指令中表示为"-0xc(%ebp)"。同理，R[ebp]-0x10 和 R[%ebp]-0x14 分别是变量 bi 和 ci 的存储地址。

上述第 4 个操作命令"info register ebp"可查看 ebp 的当前内容，由图 3.3 可知，当前 ebp 的内容为 R[ebp]=0xbfff f328，因此，变量 ci 的存储地址为 R[ebp]-0x14=0xbfff f328-0x14=0xbfff f314。为此，采用第 5 个操作命令"x/3xw 0xbfff f314"查看起始地址为 0xbfff f314 的 3 个十六进制表示的四字节信息，显然，这 3 个四字节信息的地址从小到大分别对应汇编表示 -0x14(%ebp)、-0x10(%ebp)、-0xc(%ebp)，即分别为变量 ci、bi 和 ai 的存储地址。由图 3.3 可知，这 3 个四字节信息分别为 0x8000 0001、0xffff ff38 和 0x0000 00c8，因此 ai、bi、ci 的机器数分别是 0x0000 00c8、0xffff ff38 和 0x8000 0001。

同理，-0x18(%ebp)、-0x1c(%ebp)、-0x20(%ebp) 是分配给变量 au、bu 和 cu 的存

储器地址。"x/3xw 0xbffff308"命令用于查看 −0x18(%ebp)、−0x1c(%ebp)、−0x20(%ebp)单元的内容，au、bu、cu 的机器数分别为 0x0000 00c8、0xffff ff38 和 0x8000 0001。

步骤 3 继续输入 gdb 调试命令，以输出程序执行结果并退出 gdb 调试过程。

（1）输入"next"以执行语句"printf("ai=%d, bi=%d, ci=%d\n", ai, bi, ci);"，从而输出程序执行结果。

（2）输入"next"以执行语句"printf("au=%u, bu=%u, cu=%u\n", au, bu, cu);"，从而输出程序执行结果。

（3）输入"quit"后，系统询问"Quit anyway? (y or n)"，此时，输入"y"以退出 gdb 调试过程。

上述操作后窗口中的部分内容如图 3.4 所示。方框处为 printf() 函数输出的结果。

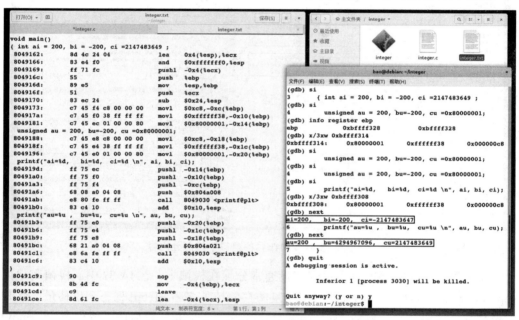

图 3.4 步骤 3 操作后各窗口中的部分内容

printf() 函数格式符"%d"表示将变量或表达式对应的机器数按带符号整数解释的值以十进制数形式打印，格式符"%u"表示按无符号整数解释的值以十进制数形式打印。从图中可看出，ci、bu 和 cu 的输出与源程序中对应赋值语句所赋的值不同。

对于变量 ci，编译器将赋值语句中的常量"2147483649"转换为二进制数字，对应十六进制表示为 8000 0001H，通过 mov 指令传送到 ci 对应的存储单元 0xbfff f314 中，然后 ci 作为 printf() 函数中第 3 个被打印的变量，按格式符"%d"打印时，其对应的机器数（即十六进制数 8000 0001H）按带符号整数（即补码）转换为真值，即 ci =−7FFF FFFFH = −2 147 483 647，因此打印显示结果为"ci=−2147483647"。

对于变量 bu，编译器将赋值语句中的常量"−200"转换为二进制数字，对应十六进制表示为 FFFF FF38H，通过 mov 指令传送到 bu 对应的存储单元 0xbfff f30c 中，然后 bu 作为 printf() 函数中第 2 个被打印的变量，按格式符"%u"打印时，其对应的机器数（即十六进制数 FFFF FF38H）按无符号整数转换为真值，即 bu=FFFF FF38H = 4 294 967 096，因此打印显示结果为"bu=4294967096"。

对于变量 cu，编译器将赋值语句中的常量"0x80000001"转换为二进制数字，对应十六进制表示为 8000 0001H，通过 mov 指令传送到 cu 对应的存储单元 0xbfff f310 中，然后 cu 作为 printf() 函数中第 3 个被打印的变量，按格式符"%u"打印时，其对应的机器数（即十六进制数 8000 0001H）按无符号整数转换为真值，即 cu=8000 0001H =2 147 483 649，因此打印显示结果为"cu=2147483649"。

从上述例子可看出，程序中整型变量的输出值应根据其机器数以及输出格式符来确定。对于带符号整数格式符"%d"，对机器数用补码进行解释输出；对于无符号整数格式符"%u"，对机器数用二进制编码进行解释输出。

五、实验报告

本实验报告中的主要内容包括但不限于以下几个方面。

1. 假设用 gdb 调试一个程序的过程中，在执行到 printf() 函数调用语句之前的调试信息如下：

```
(gdb)x/1xw 0xbffff318
  0xbffff318:   0xfffffffc
```

其中，在 0xbfff f318 地址中存储的是变量 x 的机器数，则执行 C 语句"printf("x=%d\n", x);"和"printf("x=%u\n", x);"后，输出的结果分别是什么？若直接用一个不带负号的十进制常数对变量 x 赋值，则这个常数是什么？若直接用一个带负号的十进制常数对变量 x 赋值，则这个常数又是什么？

2. 根据你的理解，说明 C 语言源程序中的常量与对应机器数之间的关系。

3. 根据你的理解，说明 C 语言源程序中变量的机器数与对应打印输出值之间的关系。

实验 2 浮点型数据的真值与机器数

一、实验目的

1. 理解 IEEE 754 标准单精度和双精度浮点格式。
2. 掌握浮点数的真值与机器数之间的转换方法。
3. 理解浮点型数据的机器数和打印输出值之间的转换关系。

二、实验要求

给定 C 语言源程序 float.c 的内容如下：

```
#include "stdio.h"
void main()
{   float fzero=0, fnzero=-fzero;              //0, -0
    float ffrac=1e-40, fnfrac=-1e-40;          // 非规格化数
```

```c
        float finf=4e38, fninf=-4e38;              // 正无穷大，负无穷大
        float fnan1=finf+fninf, fnan2=-fnan1;      // 无定义数
        float fnormal=5.0, fnnormal=-5;            // 规格化非零数
        float finf2=fnormal/fzero;                 // 除以 0，无穷大
        printf("%f  %f\n", fzero, fnzero);
        printf("%.50f\n%.50f\n", ffrac, fnfrac);
        printf("%f  %f\n", finf, fninf);
        printf("%f  %f\n", fnan1, fnan2);
        printf("%f  %f\n", fnormal, fnnormal);
        printf("%f\n", finf2);
    }
```

编辑生成上述 C 语言源程序，然后对其进行编译转换以生成可执行文件，并对可执行文件进行调试，根据程序调试结果填写表 3.3 中各变量的机器数（用十六进制表示）和输出值（十进制表示）。

表 3.3　变量的机器数和输出值

变量	机器数	输出值	变量	机器数	输出值
fzero			fnan1		
fnzero			fnan2		
ffrac			fnormal		
fnfrac			fnnormal		
finf			finf2		
fninf					

三、实验准备

1. 通过文本编辑器编辑生成 C 语言源程序文件 float.c 并将其保存在主目录下的 float 目录中，或者将已有的 float.c 文件直接复制到主目录下的 float 目录中。

2. 打开"文件"窗口、"文本编辑器"窗口和"终端"窗口，使其平铺于屏幕中，并在"文本编辑器"窗口中打开 float.c 文件。

3. 在"终端"窗口中进行以下操作。

（1）在 shell 命令行状态下，输入"cd float"，以设置"~/float"为当前目录。

（2）输入"gcc -no-pie -fno-pic -g float.c -o float"，将 float.c 编译转换为可执行目标文件 float。

（3）输入"objdump -S float > float.txt"，将 float 中的机器代码进行反汇编，并将反汇编结果保存在文件 float.txt 中。

（4）输入"./float"，以启动可执行文件 float 的执行。

上述操作后各窗口中的部分内容如图 3.5 所示。

图 3.5 中下划线处标出了程序 float 的输出结果，包括 +0/-0、非规格化数、inf/-inf、+nan/-nan 和规格化数。其中，非规格化数为接近于 0 的小数，在数的高位有连续多个 0 且小数点前为 0；inf/-inf 表示 +∞/-∞，说明其值超出了 IEEE 754 浮点标准格式的表示范围；+nan/-nan 表示非数 NaN；规格化数是指 IEEE 754 标准中小数点前具有默认 1 的浮点数。

图 3.5　第 3 步操作后各窗口中的部分内容

4. 进行如下操作，以准备好单步调试的环境。

（1）在"文件"窗口中双击 float.txt 文件图标，以使该文件显示在"文本编辑器"窗口中。

（2）在"文本编辑器"窗口中移动鼠标，以使 main() 函数对应的代码内容能显示出来。

上述操作后各窗口中的部分内容如图 3.6 所示。

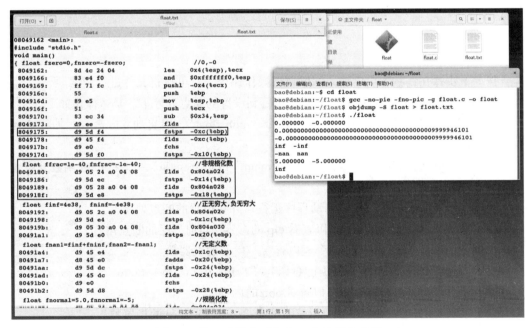

图 3.6　第 4 步操作后各窗口中的部分内容

如图 3.6 所示，浮点型变量的赋值语句对应的不是 mov 指令。对于 C 语言程序中的浮点数处理语句，通常采用相应的浮点处理指令。IA-32 的浮点处理架构有两种：与 x86 配套的浮点协处理器 x87 架构和由 MMX 发展而来的采用 SIMD 技术的 SSE 指令集架构。GCC 默认生成 x87 指令集代码。

x87 有一个浮点寄存器栈，深度为 8，每个浮点寄存器有 80 位。根据指令的操作功能，x87 浮点数指令可分为浮点数装入（fld、fild）、浮点数存储（fst 和 fstp、fist 和 fistp）、浮点数算术运算（fadd、fsub、fmul、fdiv 及其对应的各种变形指令）等几种类型。其中，助记符加 p 表示从 ST(0) 栈顶弹出，加 i 表示要把操作数当成带符号整数并等值转换为浮点数或把浮点数等值转换为带符号整数。单精度处理指令的助记符为 s，双精度处理指令的助记符为 l。例如，filds 指令表示将指定的 4 个存储单元中的 32 位数作为带符号整数等值转换为一个单精度浮点数后，装入 ST(0) 寄存器；fstpl 指令表示将 ST(0) 中的浮点数从 ST(0) 中弹出，并作为 64 位双精度浮点数存入指定的 8 个连续的存储单元中。

对于 C 语言程序中对浮点型变量赋初值的赋值语句，对应的机器级代码通常是浮点数装入（fld）和浮点数存储（fst）这样一对指令，其中，fld 指令会给出作为初值的常数所在的存储单元地址，fst 指令会给出浮点型变量所分配的存储地址。

例如，图 3.6 中赋值语句 "float ffrac=1e-40;" 对应的指令序列为 "flds 0x804a024" "fstps -0x14(%ebp)"，其中，存储地址 0x804a024 开始的 4 字节存储单元中存放的是常数 1e-40 的机器数，存储地址 R[ebp]-0x14 开始的 4 字节存储单元为变量 ffrac 所分配的存储空间。

因此，基于 fstps 指令可以找到浮点型变量所在的存储地址。例如，根据地址 0x8049175 处的指令 "fstps -0xc(%ebp)"，通过程序调试可以确定变量 fzero 的存储地址。

四、实验步骤

按如下步骤在终端窗口中输入 gdb 调试操作命令，对可执行文件进行调试。

步骤 1 启动 gdb 调试命令，使程序执行到设置的断点处停下。具体操作如下。

（1）在 shell 命令行提示符下，输入命令 "gdb float"，以启动 gdb 命令并加载 float 可执行文件。

（2）在 gdb 调试状态下，输入 "break main" 或 "b main"，以在 main 函数处设置断点。

（3）输入 "run" 或 "r" 以启动程序运行，并在设置的断点处停下。

（4）输入 "info register eip" 以查看 eip 的内容（当前程序的断点位置）。

步骤 2 继续输入 gdb 调试命令，以查看 +0/-0 的机器数。

（1）输入 "step" 或 "s" 以执行 C 语句 "fzero=0, fnzero=-fzero;"。

（2）输入 "info register ebp" 以查看 ebp 的内容。

（3）输入 "x/2xw 0xbffff318" 以查看变量 fnzero 和 fzero 的机器数。

上述操作后各窗口中的部分内容如图 3.7 所示。

如图 3.7 所示，按步骤 1 设置断点并启动运行后，eip 中的内容为 0x8049173，说明 main() 函数中第一条 C 语句 "fzero=0, fnzero=-fzero;" 对应的指令序列从 0x8049173 开始。输入 "s" 后将执行 C 语句 "fzero=0, fnzero=-fzero;"，此时，变量 fzero 和 fnzero 对应的存储单元中将存入所赋的初值。通过查看 ebp 的内容可计算出这两个变量所分配的存储地址，再通过命令 "x/2xw" 可进一步查看其中所存的内容。

```
#include "stdio.h"
void main()
{ float fzero=0,fnzero=-fzero;              //0,-0
 8049162:    8d 4c 24 04      lea    0x4(%esp),%ecx
 8049166:    83 e4 f0         and    $0xfffffff0,%esp
 8049169:    ff 71 fc         pushl  -0x4(%ecx)
 804916c:    55               push   %ebp
 804916d:    89 e5            mov    %esp,%ebp
 804916f:    51               push   %ecx
 8049170:    83 ec 34         sub    $0x34,%esp
 8049173:    d9 ee            fldz
 8049175:    d9 5d f4         fstps  -0xc(%ebp)
 8049178:    d9 45 f4         flds   -0xc(%ebp)
 804917b:    d9 e0            fchs
 804917d:    d9 5d f0         fstps  -0x10(%ebp)
```

```
Breakpoint 1, main () at float.c:3
3    { float fzero=0,fnzero=-fzero;          //0,-0
(gdb) info register eip
eip        0x8049173    0x8049173 <main+17>
(gdb) s
4        float ffrac=1e-40,fnfrac=-1e-40;       //非规格
化数
(gdb) info register ebp
ebp        0xbffff328   0xbffff328
(gdb) x/2xw 0xbffff318
0xbffff318:    0x80000000    0x00000000
(gdb)
```

图 3.7 步骤 2 操作后各窗口中的部分内容

图 3.7 中下划线处标出了变量 fzero 和 fnzero 的存储地址和对应的机器数。由 C 语句及其反汇编代码可知，-0xc(%ebp) 和 -0x10(%ebp) 分别是变量 fzero 和 fnzero 的存储地址。因为 R[ebp]-0x10=0xbfff f328-0x10=0xbfff f318，R[ebp]-0xc=0xbfff f31c，所以地址 0xbfff f318 和 0xbfff f31c 中存放的分别是 fnzero 和 fzero 的机器数，从调试结果看，fnzero 和 fzero 的机器数分别为 0x8000 0000 和 0x0000 0000。由此可见，IEEE 754 标准中用全 0 阶码全 0 尾数表示 0，+0 和 -0 仅符号位不同。

步骤 3 继续输入 gdb 调试命令，以查看非规格化浮点数的机器数。

（1）输入 "info register eip" 以查看 eip 的内容（当前程序的断点位置）。
（2）输入 "step" 或 "s" 以执行 C 语句 "ffrac=1e-40, fnfrac=-1e-40;"。
（3）输入 "x/2xw 0xbffff310" 以查看变量 fnfrac 和 ffrac 的机器数。

上述操作后各窗口中的部分内容如图 3.8 所示。

```
 8049173:    d9 ee            fldz
 8049175:    d9 5d f4         fstps  -0xc(%ebp)
 8049178:    d9 45 f4         flds   -0xc(%ebp)
 804917b:    d9 e0            fchs
 804917d:    d9 5d f0         fstps  -0x10(%ebp)
    float ffrac=1e-40,fnfrac=-1e-40;       //非规格化数
 8049180:    d9 05 24 a0 04 08   flds   0x804a024
 8049186:    d9 5d ec         fstps  -0x14(%ebp)
 8049189:    d9 05 28 a0 04 08   flds   0x804a028
 804918f:    d9 5d e8         fstps  -0x18(%ebp)
    float finf=4e38, fninf=-4e38;       //正无穷大,负无穷大
```

```
(gdb) info register eip
eip        0x8049180    0x8049180 <main+30>
(gdb) s
5        float finf=4e38, fninf=-4e38;       //正无穷
大,负无穷大
(gdb) x/2xw 0xbffff310
0xbffff310:    0x800116c2    0x000116c2
(gdb)
```

图 3.8 步骤 3 操作后各窗口中的部分内容

如图 3.8 所示，当前 eip 中的内容为 0x8049180，输入 "s" 后将执行 C 语句 "ffrac=1e-40, fnfrac=-1e-40;"，此时，变量 ffrac 和 fnfrac 对应存储单元中将存入所赋的初值。通过查看 ebp 的内容，可计算出这两个变量所分配的存储地址，再通过命令 "x/2xw" 可进一步查看其中所存的内容。

图 3.8 中下划线处标出了变量 ffrac 和 fnfrac 的存储地址和对应的机器数。根据 C 语句及其反汇编代码可知，-0x14(%ebp) 和 -0x18(%ebp) 分别是变量 ffrac 和 fnfrac 的存储器地址。因为 R[ebp]-0x14=0xbfff f328-0x14=0xbfff f314，R[ebp]-0x18=0xbfff f310，所以地址 0xbfff f310 和 0xbfff f314 中存放的分别是 fnfrac 和 ffrac 的机器数。从调试结果看，fnfrac 和 ffrac 的机器数分别是 0x8001 16c2 和 0x0001 16c2，两者仅符号位不同，而数值部分的阶码都为全 0，尾数都为 000 0001 0001 0110 1100 0010B。根据 IEEE 754 标准中非规格化数的定义可知，该数值部分真值为 $0.000\ 0001\ 0001\ 0110\ 1100\ 0010B \times 2^{-126}$。在 float.c 中对变量 ffrac 和 fnfrac 所赋的初值分别为 10^{-40} 和 -10^{-40}，显然，这两个初值与调试得到的两个变量的真值不一致。请思考为什么这两个变量所赋的

初值与所存储的机器数对应的真值不一致（提示：$10^{-40}=0.1^{40}$，而 0.1=0.00011[0011]…B，是一个无限循环 0/1 序列）。

步骤 4　继续输入 gdb 调试命令，以查看无穷大数的机器数。

（1）输入"info register eip"以查看 eip 的内容（当前程序的断点位置）。

（2）输入"step"或"s"以执行 C 语句"finf=4e38, fninf=-4e38;"。

（3）输入"x/2xw 0xbfff308"以查看变量 fninf 和 finf 的机器数。

上述操作后各窗口中的部分内容如图 3.9 所示。

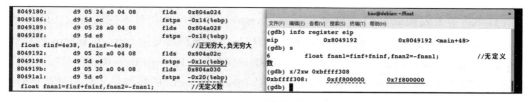

图 3.9　步骤 4 操作后各窗口中的部分内容

如图 3.9 所示，当前 eip 中的内容为 0x8049192，输入"s"后将执行 C 语句"finf=4e38, fninf=-4e38;"，此时，变量 finf 和 fninf 对应存储单元中将存入所赋的初值。通过查看 ebp 的内容可计算出这两个变量所分配的存储地址，再通过命令"x/2xw"可进一步查看其中所存的内容。

图 3.9 中下划线处标出了变量 finf 和 fninf 的存储地址和对应的机器数。根据 C 语句及其反汇编代码可知，-0x1c(%ebp) 和 -0x20(%ebp) 分别是变量 finf 和 fninf 的存储器地址。因为 R[ebp]-0x20=0xbfff f328-0x20=0xbfff f308，R[ebp]-0x1c=0xbfff f30c，所以地址 0xbfff f308 和 0xbfff f30c 中存放的分别是 fninf 和 finf 的机器数。从调试结果看，fninf 和 finf 的机器数分别是 0xff80 0000 和 0x7f80 0000，两者仅符号位不同，而数值部分的阶码都为全 1，尾数都为全 0。根据 IEEE 754 标准中 $+\infty/-\infty$ 的定义可知，fninf 和 finf 分别为 $-\infty$ 和 $+\infty$。在 float.c 中对变量 finf 和 fninf 所赋的初值分别为 4×10^{38} 和 -4×10^{38}，显然，这两个初值与调试得到的两个变量的真值不一致。请思考为什么这两个变量所赋的初值与所存储的机器数对应的真值不一致。

步骤 5　继续输入 gdb 调试命令，以查看非数的机器数。

（1）输入"info register eip"以查看 eip 的内容（当前程序的断点位置）。

（2）输入"step"或"s"以执行 C 语句"fnan1=finf+fninf, fnan2=-fnan1;"。

（3）输入"x/2xw 0xbfff300"以查看变量 fnan1 和 fnan2 的机器数。

上述操作后各窗口中的部分内容如图 3.10 所示。

图 3.10 中下划线处标出了变量 fnan1 和 fnan2 的存储地址和对应的机器数。根据 C 语句及其反汇编代码可知，-0x24(%ebp) 和 -0x28(%ebp) 分别是变量 fnan1 和 fnan2 的存储器地址。因为 R[ebp]-0x20=0xbfff f328-0x28=0xbfff f300，R[ebp]-0x24=0xbfff f304，所以地址 0xbfff f300 和 0xbfff f304 中存放的分别是 fnan2 和 fnan1 的机器数。从调试结果看，fnan2 和 fnan1 的机器数分别是 0x7fc0 0000 和 0xffc0 0000，两者仅符号位不同，而数值部分的阶码都为全 1，尾数都为 100 0000 0000 0000 0000 0000。根据 IEEE 754 标准中非数（NaN）的定义可知，fnan2 和 fnan1 都为非数。在 float.c 中，对变量 fnan1 所赋初值为 $+\infty+(-\infty)$，根据主教材 3.3.3 节中的表 3.3 可知 fnan1 应为非数；对

变量 fnan2 所赋初值为 -fnan1，因而两者的机器数仅符号位相反，其余一致。

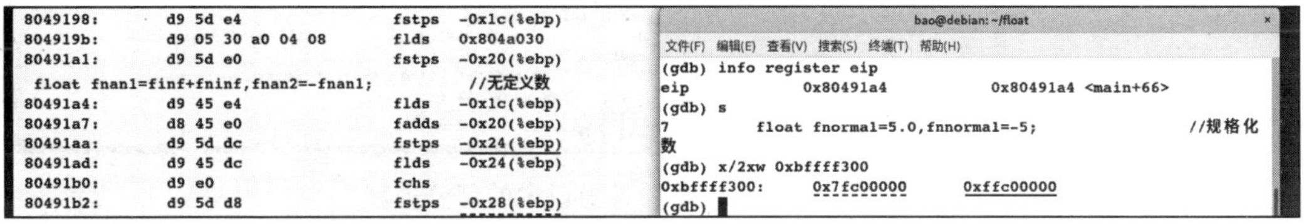

图 3.10 步骤 5 操作后各窗口中的部分内容

步骤 6 继续输入 gdb 调试命令，以查看规格化浮点数的机器数。
（1）输入"info register eip"以查看 eip 的内容（当前程序的断点位置）。
（2）输入"step"或"s"以执行 C 语句"fnormal=5.0, fnnormal=-5;"。
（3）输入"x/2xw 0xbffff2f8"以查看变量 fnormal 和 fnnormal 的机器数。
上述操作后各窗口中的部分内容如图 3.11 所示。

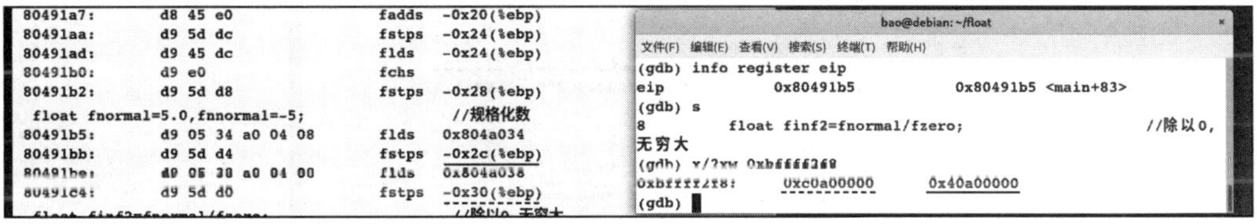

图 3.11 步骤 6 操作后各窗口中的部分内容

图 3.11 中下划线处标出了变量 fnormal 和 fnnormal 的存储地址和对应的机器数。根据 C 语句及其反汇编代码可知，-0x2c(%ebp) 和 -0x30(%ebp) 分别是变量 fnormal 和 fnnormal 的存储器地址。因为 R[ebp]-0x30=0xbfff f328-0x30=0xbfff f2f8，R[ebp]-0x2c=0xbfff f2fc，所以地址 0xbfff f2f8 和 0xbfff f2fc 中存放的分别是 fnnormal 和 fnormal 的机器数。从调试结果看，fnnormal 和 fnormal 的机器数分别是 0xc0a0 0000 和 0x40a0 0000，两者仅符号位不同，而数值部分的阶码都为 1000 0001，尾数都为 010 0000 0000 0000 0000 0000。根据 IEEE 754 标准中规格化浮点数的定义可知，fnnormal 的真值为 $-1.01B \times 2^{129-127}$= -1.25×2^2=-5.0，fnormal 的真值为 5.0，与 float.c 中语句"fnormal=5.0, fnnormal=-5;"所赋初值一致。

步骤 7 继续输入 gdb 调试命令，以查看浮点数除 0 后的结果。
（1）输入"info register eip"以查看 eip 的内容（当前程序的断点位置）。
（2）输入"step"或"s"以执行 C 语句"finf2=fnormal/fzero;"。
（3）输入"x/1xw 0xbffff2f4"以查看变量 finf2 的机器数。
上述操作后各窗口中的部分内容如图 3.12 所示。

图 3.12 中下划线处标出了变量 finf2 的存储地址和对应的机器数。根据 C 语句及其反汇编代码可知，-0x34(%ebp) 是变量 finf2 的存储器地址。因为 R[ebp]-0x34=0xbfff f328-0x34=0xbfff f2f4，所以地址 0xbfff f2f4 中存放的是 finf2 的机器数。从调试结果看，finf2 的机器数是 0x7f80 0000，说明 finf2 的值为 +∞，与 C 语句"finf2=fnormal/fzero;"对变量 finf2 所赋初值一致。在 C 语言程序中，当被除数为非 0 数、除数为 0 时，除运算的结果为无穷大。

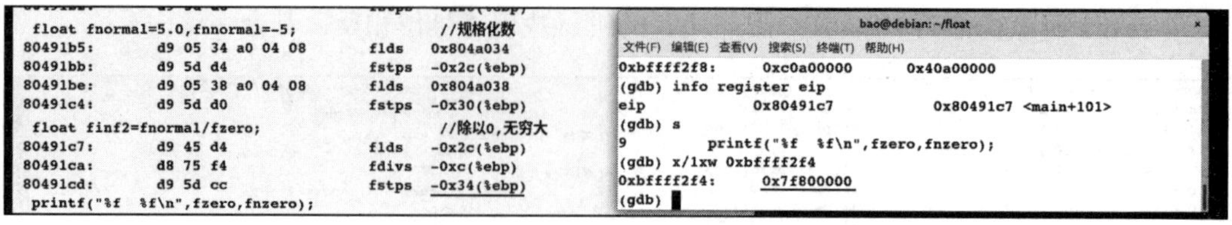

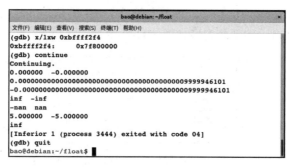

图 3.12 步骤 7 操作后各窗口中的部分内容

步骤 8 继续输入 gdb 调试命令,以输出程序执行结果并退出 gdb 调试过程。
(1) 输入 "continue" 或 "c" 以继续执行随后的 C 语句,从而输出程序执行结果。
(2) 输入 "quit",以退出 gdb 调试过程。

上述操作后,"终端" 窗口中的部分内容如图 3.13 所示。程序的一次调试执行结束。

图 3.13 步骤 8 操作后 "终端" 窗口中的部分内容

五、实验报告

本实验报告中的主要内容包括但不限于以下几个方面。

1. 给出 100 和 −100 对应的单精度浮点数编码表示,并编写一个 C 语言源程序,用 gdb 调试该程序对应的可执行文件,通过调试查看浮点常数 100 和 −100 的单精度浮点数编码表示,以验证自己给出的答案。要求对文本编辑窗口和终端窗口的整个调试执行过程进行截图,并对截图中每一步操作过程进行解释说明。

2. 在本实验中,float.c 中对变量 ffrac 和 fnfrac 所赋的初值分别为 10^{-40} 和 -10^{-40},但打印输出的值分别为 0.000 000 000 000 000 000 000 000 000 000 000 000 000 099 999 461 01 和 −0.000 000 000 000 000 000 000 000 000 000 000 000 000 099 999 461 01。为什么这两个变量所赋的初值与打印输出的值不一致?

3. 在本实验中,float.c 中对变量 finf 和 fninf 所赋的初值分别为 4×10^{38} 和 -4×10^{38},但打印输出的值分别是 inf 和 −inf。为什么这两个变量所赋的初值与打印输出的值不一致?

实验 3 数据的宽度与存放顺序

一、实验目的

1. 理解数据存储的字节长度。

2. 理解数据存储的字节排列顺序。
3. 理解数据存储的对齐方式。

二、实验要求

给定 C 语言源程序 store.c 的内容如下：

```
#include "stdio.h"
void main()
{    struct record {
        char xc;
        int xi;
        short xs;
        char yc;
        };
    struct record R[2] ;
    R[0].xc=100; R[0].xi=100; R[0].xs=100; R[0].yc=2;
    R[1].xc=0x11; R[1].xi=0x12345678; R[1].xs=0x2233; R[1].yc=0x44;
    printf("char:%dB,short:%dB,int:%dB\n",sizeof(R[0].xc),sizeof(R[0].
        xs),sizeof(R[0].xi));
    printf("R:%dB\n",sizeof(R));
}
```

编辑生成上述 C 语言源程序，然后对其进行编译转换以生成可执行文件，并对可执行文件进行调试，根据程序调试结果，思考下列问题或完成下列任务。

1. R[0] 中成员 R[0].xc、R[0].xi、R[0].xs 的真值都是 100，属于不同的整数类型，它们所占字节数是否相同？在表 3.4 中填写相应的机器数（用十六进制表示）。

表 3.4   R[0] 中部分字段的机器数及其真值

R[0] 中的字段	机器数	真值	R[0] 中的字段	机器数	真值
R[0].xc		100	R[0].xs		100
R[0].xi		100			

2. 通常计算机采用字节编址方式，即每个地址单元中存放一个字节。已知 R[0].xi 为 int 型，因此占 4 字节，这 4 字节如何排列？你的计算机采用的是大端方式还是小端方式？

3. 数组 R 占用的存储空间有多少字节？如何优化 store.c 程序使数组 R 尽量占用更小的存储空间？优化后数组 R 占用的存储空间是多少字节？

三、实验准备

1. 通过文本编辑器编辑生成 C 语言源程序文件 store.c 并将其保存在主目录下的 store 目录中，或者将已有的 store.c 文件直接复制到主目录下的 store 目录中。

2. 打开"文件"窗口、"文本编辑器"窗口和"终端"窗口，使其平铺于屏幕中，并在"文本编辑器"窗口中打开 store.c 文件。

3. 在"终端"窗口中进行以下操作。

（1）在 shell 命令行状态下，输入"cd store"，以设置"~/store"为当前目录。

（2）输入"gcc -no-pie -fno-pic -g store.c -o store"，将 store.c 编译转换为可执行目标文件 store。

（3）输入"objdump -S store > store.txt"，将 store 中的机器代码进行反汇编，并将反汇编结果保存在文件 store.txt 中。

（4）输入"./store"，以启动可执行文件 store 的执行。

上述操作后各窗口中的部分内容如图 3.14 所示。

图 3.14　第 3 步操作后各窗口中的部分内容

如图 3.14 所示，输入命令"./store"后开始执行 store 程序，从程序输出的结果可知，char 型、short 型和 int 型数据的长度分别为 1B、2B 和 4B。

在 store.c 中对 R[0].xc、R[0].xi、R[0].xs 所赋初值都是 100，但数据的长度不同，其机器数各是什么？在计算机中存储多个字节时，应该按什么顺序排列呢？char 型、short 型和 int 型数据的长度分别为 1B、2B 和 4B，那么数组 R 的长度应是 (1+4+2+1)×2=16B，但为什么程序输出 R 的长度为 24B 呢？

4. 进行如下操作，以准备好单步调试的环境。

（1）在"文件"窗口中双击 store.txt 文件图标，以使该文件显示在"文本编辑器"窗口中。

（2）在"文本编辑器"窗口中移动鼠标，以使 main() 函数对应的代码内容能显示出来。

上述操作后各窗口中的部分内容如图 3.15 所示。

在图 3.15 中，方框内标出的是对 R[0] 和 R[1] 赋初值的赋值语句所对应的指令序列，因为数组 R 对应的结构体 record 中每个成员变量都是整数类型，所以赋值语句对应的指令序列中所有指令都是 mov 指令。图中下划线标出了所赋初值在 mov 指令中对应的立即数字段，每个立即数字段给出的是一个机器数。

根据图 3.15 所示的程序输出结果可知，char 型、short 型和 int 型数据的宽度分别为 1B、2B 和 4B，因此，"R[0].xc=100;""R[0].xi=100;"和"R[0].xs=100;"对应的 mov 指令中与初值 100 对应的立即数字段分别为 64H、0000 0064H 和 0064H，立即数字段长度分别为 1B、4B 和 2B，对应汇编指令中的源操作数形式（立即寻址方式）都是"$0x64"。为了区分传送到目的地址处的数据宽度，这里采用的 AT&T 格式汇编指令中，在指令助记符"mov"后面加了一个长度后缀，如长度后缀 b 表示数据长度为 1B、w 表示数据长度为 2B、l 表示数据长度为 4B。因此，char 型、short 型和 int 型变量初始化时分别对应 movb、movw 和 movl 指令。

图 3.15 第 4 步操作后各窗口中的部分内容

从图 3.15 中下划线处标出的机器指令的立即数字段可知，立即数在指令中的存放是按字节倒序的，即最低有效字节（LSB）存放在左边的最小地址单元中，最高有效字节（MSB）存放在其最大地址单元中。

四、实验步骤

按如下步骤在"终端"窗口中输入 gdb 调试操作命令，对可执行文件进行调试。

步骤 1 启动 gdb 调试命令，使程序执行到设置的断点处停下。具体操作如下。

（1）在 shell 命令行提示符下，输入命令"gdb store"，以启动 gdb 命令并加载 store 可执行文件。

（2）在 gdb 调试状态下，输入"break main"或"b main"，以在 main 函数处设置断点。

（3）输入"run"或"r"以启动程序运行，并在设置的断点处停下。

（4）输入"info register eip"以查看 eip 的内容（当前程序的断点位置）。

步骤 2 继续输入 gdb 调试命令，以查看 R 中各成员变量的机器数。

（1）输入"step"或"s"以执行 C 语句"R[0].rc=100; R[0].ri=100; R[0].rs=100; R[0].yc=2;"。

（2）输入"step"或"s"以执行 C 语句"R[1].rc=11; R[1].ri=0x12345678; R[1].rs=0x2233; R[1].yc=0x44;"。

（3）输入"info register ebp"以查看 ebp 的内容。

（4）输入"x/24xb 0xbffff308"以查看 R 的数组元素中各成员变量的机器数。

上述操作后各窗口中的部分内容如图 3.16 所示。

图 3.16 中下划线处标出了 R 的数组元素中各成员变量的机器数。显示存储单元内容的命令"x/24xb"中的"b"表示按字节为单位显示所存储的每个字节的内容。

对照"文本编辑器"窗口中的 C 语句及其反汇编代码可知，-0x20(%ebp)、-0x1c(%ebp)、-0x18(%ebp) 和 -0x16(%ebp) 依次是变量 R[0].xc、R[0].xi、R[0].xs 和

R[0].yc 的存储地址，−0x14(%ebp)、−0x10(%ebp)、−0xc(%ebp) 和 −0xa(%ebp) 依次是变量 R[1].xc、R[1].xi、R[1].xs 和 R[1].yc 的存储地址。

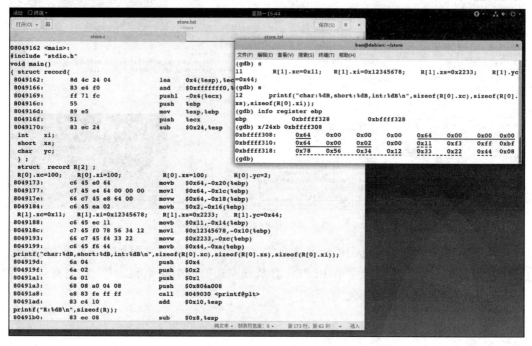

图 3.16　步骤 2 操作后各窗口中的部分内容

因为 R[ebp]=0xbfff f328，所以 R[0].xc、R[0].xi、R[0].xs 和 R[0].yc 的存储地址分别为 0xbfff f308、0xbfff f30c、0xbfff f310、0xbfff f312，R[1].xc、R[1].xi、R[1].xs 和 R[1].yc 的存储地址分别为 0xbfff f314、0xbfff f318、0xbfff f31c、0xbfff f31e。

观察终端窗口中下划线处的机器数及其对应的存储地址，可看出数据在存储空间中的存放具有以下两个方面的特点。

- 采用小端方式进行存放。如图 3.15 中指令机器码中的立即数字段一样，当变量的机器数占有多个字节时，机器数按字节倒序存放。例如，R[1].xi 的机器数 0x12345678 存储在地址 0xbfff f318 开始的 4 个存储单元中，其中，最低有效字节 78H 存储在地址 0xbfff f318 中，最高有效字节 12H 存储在地址 0xbfff f31b 中。又如，R[1].xs 的机器数 0x2233 存储在地址 0xbfff f31c 开始的两个存储单元中，33H（LSB）存储在小地址 0xbfff f31c 中，0x22（MSB）存储在大地址 0xbfff f31d 中。上述存放方式称为小端方式。

- 按边界对齐方式分配空间。从图 3.16 可看出，R[0].xc、R[0].xi、R[0].xs、R[0].yc 和 R[1].xc、R[1].xi、R[1].xs 和 R[1].yc 之间并不是连续存放的，有些数据之间插入了空闲单元。这是因为编译器采用了某种对齐方案，不同的 ABI 规范可能规定不同的对齐要求。在 IA-32+Linux 平台上，通常按如下对齐方式分配空间：char 型变量无须对齐，short 型变量地址是 2 的倍数，int 型变量地址是 4 的倍数。数组 R 的每个元素都是一个结构体，编译器为结构体成员变量分配存储空间时，按照结构体变量的对齐方式与其中对齐方式最严格的成员相同，因此 R[1].xc 虽然是 char 型，但它并没有紧接着 R[0].yc 存放，而是在前面插入了一个空闲字节，使其按 4 的倍数地址存放。综上可知，数组 R 的每个元素占 1+3+4+2+1+1=12B，故数组 R 占用的总存储空间为 12B×2=24B。请思考是否可以通过优化 store.c 程序来减少 R 所占用的存储空间。

步骤 3 继续输入 gdb 调试命令，以输出程序执行结果并退出 gdb 调试过程。

（1）输入"continue"或"c"以继续执行随后的 C 语句，从而输出程序执行结果。

（2）输入"quit"，以退出 gdb 调试过程。

五、实验报告

本实验报告中的主要内容包括但不限于以下几个方面。

1. 将 store.c 中结构体 record 的成员变量 xi 和 yc 互换顺序，得到如下所示的新程序。调试执行该新程序，查看各变量的存储情况。要求将整个调试过程截图，并对照调试过程解释和说明数组 R 所占存储空间发生了哪些变化。

```c
#include "stdio.h"
void main()
{    struct record{
        char xc;
        char yc;
        short xs;
        int xi;
        } ;
    struct  record R[2] ;
    R[0].xc=100; R[0].xi=100; R[0].xs=100; R[0].yc=2;
    R[1].xc=0x11; R[1].xi=0x12345678; R[1].xs=0x2233; R[1].yc=0x44;
    printf("char:%dB,short:%dB,int:%dB\n",sizeof(R[0].xc),sizeof(R[0].xs),sizeof(R[0].xi));
    printf("R:%dB\n",sizeof(R));
}
```

2. 编写一个 C 语言程序，以测试你的计算机是小端方式还是大端方式。要求将整个调试过程截图，并对照调试过程解释和说明你的结论。

3. 编写一个 C 语言程序，以查看以下结构体 record 中成员变量 a、b、c、d、e、f 和 g 的对齐方式。要求将整个调试过程截图，并对照调试过程解释和说明 record 结构体中各成员变量的对齐方式。说明 record 的定义是否可以优化，若可以，则给出优化后新的定义。

```c
struct record {
    char a;
    int b;
    char c;
    short d;
    char e;
    int f;
    char g;
};
```

实验 4　不同整型数据之间的转换

一、实验目的

1. 理解不同整型数据之间的转换方法。
2. 了解 IA-32 架构中的整数扩展传送指令（MOVZ 和 MOVS）。

二、实验要求

给定 C 语言源程序 transform.c 的内容如下：

```
#include "stdio.h"
void main()
{    short si=-100;                    // 初始化
     unsigned short usi=si;            // 相等长度之间的数据传送
     int i=usi;                        // 无符号数位扩展：零扩展
     unsigned ui=usi;                  // 无符号数位扩展：零扩展
     int i1=si;                        // 带符号数位扩展：符号扩展
     unsigned ui1=si;                  // 带符号数位扩展：符号扩展
     int i2=0x12348765;                // 初始化
     short si2=i2;                     // 位截断
     int i3=si2;                       // 带符号数位扩展
     printf("si=%d,usi=%u,i=%d,ui=%u,i1=%d,ui1=%u\n",si,usi,i,ui,i1,ui1);
     printf("i2=%d,si2=%d,i3=%d\n", i2,si2,i3);
}
```

编辑生成上述 C 语言源程序，然后对其进行编译转换，以生成可执行文件，并对可执行文件进行调试，根据程序调试结果，填写表 3.5 中各变量的机器数（用十六进制表示）和输出值（用十进制表示）。

表 3.5　整型数据之间的类型转换

变量名	机器数	输出值	备注
si			初始值
usi			等长数据传送
i			零扩展
ui			零扩展
i1			符号扩展
ui1			符号扩展
i2			初始值
si2			位截断
i3			符号扩展

三、实验准备

1. 通过文本编辑器编辑生成 C 语言源程序文件 transform.c 并将其保存在主目录下的 transform 目录中，或者将已有的 transform.c 文件直接复制到主目录下的 transform 目录中。

2. 打开"文件"窗口、"文本编辑器"窗口和"终端"窗口，使其平铺于屏幕中，并在"文本编辑器"窗口中打开 transform.c 文件。

3. 在"终端"窗口中进行以下操作。

（1）在 shell 命令行状态下，输入"cd transform"，以设置"~/transform"为当前目录。

（2）输入"gcc -no-pie -fno-pic -g transform.c -o transform"，将 transform.c 编译转换为可执行目标文件 transform。

（3）输入"objdump -S transform > transform.txt"，将 transform 中的机器代码进行反汇编，并将反汇编结果保存在文件 transform.txt 中。

（4）输入"./transform"，以启动可执行文件 transform 的执行。

上述操作后各窗口中的部分内容如图 3.17 所示。

图 3.17　第 3 步操作后各窗口中的部分内容

如图 3.17 所示，输入命令"./transform"执行 transform 程序后，usi、i、ui 和 ui1 的输出值并不等于通过"="传递过来的 si 的初值（即 −100），si2 和 i3 也不等于通过"="传递过来的 i2 的初值（即 305 432 421）。请思考原因是什么。

4. 进行如下操作，以准备好单步调试的环境。

（1）在"文件"窗口中双击 transform.txt 文件图标，使该文件显示在"文本编辑器"窗口中。

（2）在"文本编辑器"窗口中移动鼠标，使 main() 函数对应的代码内容能显示出来。

上述操作后各窗口中的部分内容如图 3.18 所示。

如图 3.18 所示，简单整数的赋值语句对应的机器级代码为 mov 指令，实现将"="右边的常量或变量对应的机器数传送到目的地址处。根据"="左、右两边整型常数或变量的类型及所占字节数的不同，objdump 反汇编工具转换生成的 mov 指令分为以下三种类型。

- 第一类是 mov 指令，其源操作数或目的操作数采用寄存器寻址方式，汇编指令中通过寄存器的宽度，可隐含指出传送数据的字节数。例如，对于指令"mov %ax, -0xc(%ebp)"，源操作数为 16 位寄存器 ax 的内容，说明传送数据宽度为 16 位。
- 第二类是带有长度后缀的 movb、movw 和 movl 等指令，这类 mov 指令的汇编表示中显式地指出了传送数据的字节数。

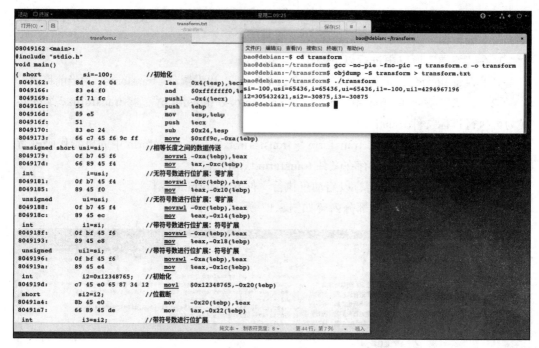

图 3.18 第 4 步操作后各窗口中的部分内容

- 第三类是 movz 和 movs 指令。上述两类 mov 指令的源操作数和目的操作数长度一致。若传送的源操作数的长度小于目的操作数的长度，则需要对源操作数进行扩展，根据源操作数是带符号整型还是无符号整型，对应的扩展操作分别为符号扩展和零扩展，使用的汇编指令分别为 movs 和 movz 指令。

movs 和 movz 汇编指令的指令助记符后面还需要加上源操作数和目的操作数的长度后缀。例如，movzwl 指令表示将 16 位（w 表示 2B 宽的一个字）源操作数零扩展后，传送到 32 位（l 表示 4B 宽的长字）的目的操作数地址处，该指令执行后，目的操作数中高 16 位是全 0；movsbl 指令表示将 8 位（b 表示 1B 宽的一个字节）源操作数符号扩展后，传送到 32 位的目的操作数地址处，该指令执行后，目的操作数中高 24 位全是符号位。

四、实验步骤

按如下步骤在"终端"窗口中输入 gdb 调试操作命令，对可执行文件进行调试。

步骤 1 启动 gdb 调试命令，使程序执行到设置的断点处停下。具体操作如下。

（1）在 shell 命令行提示符下，输入命令"gdb transform"，以启动 gdb 命令并加载 transform 可执行文件。

（2）在 gdb 调试状态下，输入"break main"或"b main"，以在 main 函数处设置断点。

（3）输入"run"或"r"以启动程序运行，并在设置的断点处停下。

（4）输入"info register eip"以查看 eip 的内容（当前程序的断点位置）。

步骤 2 继续输入 gdb 调试命令，以查看变量 si 和 usi 的机器数。

（1）输入"step"或"s"以执行 C 语句"si=-100;"。

（2）输入"step"或"s"以执行 C 语句"usi=si;"。
（3）输入"info register ebp"以查看 ebp 的内容。
（4）输入"x/4xb 0xbfff f30c"以查看变量 si 和 usi 的机器数。

上述操作后各窗口中的部分内容如图 3.19 所示。

图 3.19　步骤 2 操作后各窗口中的部分内容

如图 3.19 所示，C 语句"si=-100;"对应的汇编指令为"movw $0xff9c,-0xa(%ebp)"，因为 si 为 short 类型，所以指令助记符中长度后缀为 w，其中，0xff9c 是 -100 的补码表示，0xa(%ebp) 是变量 si 的存储地址，其值为 R[ebp]-0xa=0xbfff f318-0xa=0xbfff f30e，在图中用下划实线标出了 si 的地址和机器数，因为采用小端方式表示，所以 si 的机器数为 0xff9c，等于 -100 的 16 位补码表示。

C 语句"usi=si;"对应以下两条 mov 指令。指令"movzwl -0xa(%ebp),%eax"中，源操作数是地址 -0xa(%ebp) 开始的两个字节，零扩展为 4 字节后传送到寄存器 eax 中。显然源操作数为变量 si 的机器数 0xff9c，零扩展后为 0x0000 ff9c，故指令执行后 R[eax]=0x0000 ff9c。指令"mov %ax,-0xc(%ebp)"的功能为 M[R[ebp]-0xc] ← R[ax]，R[ax] 为 R[eax] 的低 16 位，内容为 si 的机器数 0xff9c，目的操作数地址为 R[ebp]-0xc=0xbfff f30c，是变量 usi 的地址。在图中用下划虚线标出了 usi 的地址和机器数。

综上可知，长度相同的整型数据赋值运算"usi=si;"在指令层面实现的是机器数的直接复制，因此，赋值运算执行后两个变量的机器数完全相同。

步骤 3　继续输入 gdb 调试命令，以查看变量 i 和 ui 的机器数。

（1）输入"info register eip"以查看 eip 的内容（当前程序的断点位置）。
（2）输入"step"或"s"以执行 C 语句"i=usi;"。
（3）输入"step"或"s"以执行 C 语句"ui=usi;"。
（4）输入"x/2xw 0xbfff f304"以查看变量 i 和 ui 的机器数。

上述操作后各窗口中的部分内容如图 3.20 所示。

C 语句"i=usi;"对应以下两条 mov 指令。指令"movzwl -0xc(%ebp),%eax"的功能是将地址 R[ebp]-0xc 开始的两个存储单元中的 16 位源操作数零扩展为 32 位，并传送到目的寄存器 eax 中，地址 R[ebp]-0xc 开始的两个存储单元中存放的是 usi 的机器数 0xff9c，零扩展后为 0x0000 ff9c，因此，该指令执行后 R[eax]=0x0000 ff9c。指令"mov %eax,-0x10(%ebp)"的功能为 M[R[ebp]-0x10] ← R[eax]。R[ebp]-0x10=0xbfff f318-0x10=0xbfff f308 为变量 i 的地址，该指令执行后，地址 0xbfff f308 开始的 4 个存储单

元中将存放 eax 中的 0x0000 ff9c。图 3.20 中的下划实线标出了变量 i 的地址和机器数 0x0000 ff9c。

图 3.20　步骤 3 操作后各窗口中的部分内容

　　C 语句"i=usi;"对应的两条 mov 指令中，第一条指令先将 usi 的机器数进行零扩展，第二条指令再将零扩展后得到的机器数传送到 i 所在的存储空间。

　　同理，C 语句"ui=usi;"也对应两条 mov 指令，第一条指令先将 usi 的机器数零扩展为 0x0000 ff9c，第二条指令再将零扩展后得到的机器数传送到 ui 所在的存储空间。图 3.20 中的下划虚线标出了变量 ui 的地址和机器数 0x0000 ff9c。

　　综上可知，将无符号整数（如程序中的变量 usi）赋值给位数更多的变量时，不管所赋值的变量为带符号整型还是无符号整型，都应采用零扩展方式。

步骤 4　继续输入 gdb 调试命令，以查看变量 i1 和 ui1 的机器数。

（1）输入"info register eip"以查看 eip 的内容（当前程序的断点位置）。

（2）输入"step"或"s"以执行 C 语句"i1=si;"。

（3）输入"step"或"s"以执行 C 语句"ui1=si;"。

（4）输入"x/2xw 0xbffff2fc"以查看变量 i1 和 ui1 的机器数。

上述操作后各窗口中的部分内容如图 3.21 所示。

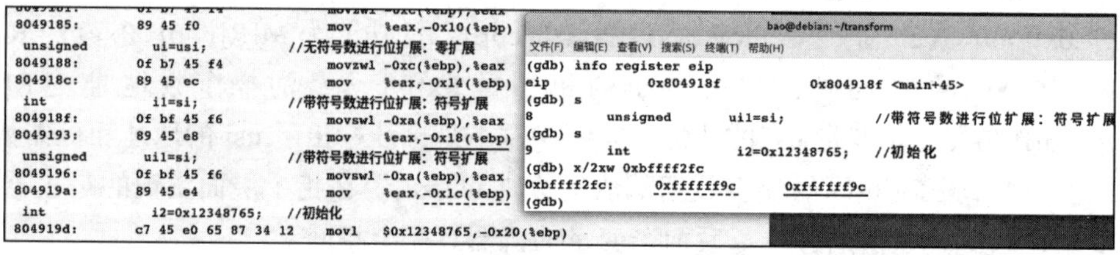

图 3.21　步骤 4 操作后各窗口中的部分内容

　　C 语句"i1=si;"对应以下两条 mov 指令。指令"movswl -0xa(%ebp), %eax"的功能是将地址 R[ebp]-0xa 开始的两个存储单元中的 16 位源操作数符号扩展为 32 位，并传送到目的寄存器 eax 中。地址 R[ebp]-0xa 开始的两个存储单元中存放的是 si 的机器数 0xff9c，符号扩展后为 0xffff ff9c，因此，该指令执行后 R[eax]=0xffff ff9c。指令"mov %eax, -0x18(%ebp)"的功能为 M[R[ebp]-0x18] ← R[eax]。R[ebp]-0x18=0xbfff f318-0x18=0xbfff f300 为变量 i1 的地址。该指令执行后，地址 0xbfff f300 开始的 4 个存储单元中将存放 eax 中的 0xffff ff9c。图 3.21 中的下划实线标出了变量 i1 的地址和机器数 0xffff ff9c。

　　C 语句"i1=si;"对应的两条 mov 指令中，第一条指令先将 si 的机器数进行符号扩展，第二条指令再将符号扩展后得到的机器数传送到 i1 所在的存储空间。

　　同理，C 语句"ui1=si;"也对应两条 mov 指令，第一条指令先将 si 的机器数符号扩展为 0xffff ff9c，第二条指令再将符号扩展后得到的机器数传送到 ui1 所在的存储单元中。图 3.21 中的下划虚线标出了变量 ui1 的地址和机器数 0xffff ff9c。

综上可知，将带符号整数（如程序中的变量 si）赋值给位数更多的变量时，不管所赋值的变量为带符号整型还是无符号整型，都应采用符号扩展方式。

步骤 5 继续输入 gdb 调试命令，以查看变量 i2、si2 和 i3 的机器数。
（1）输入"info register eip"以查看 eip 的内容（当前程序的断点位置）。
（2）输入"step"或"s"以执行 C 语句"i2=0x12348765;"。
（3）输入"step"或"s"以执行 C 语句"si2=i2;"。
（4）输入"step"或"s"以执行 C 语句"i3=si2;"。
（5）输入"x/12xb 0xbffff2f0"以查看变量 i2、si2 和 i3 的机器数。

上述操作后各窗口中的部分内容如图 3.22 所示。

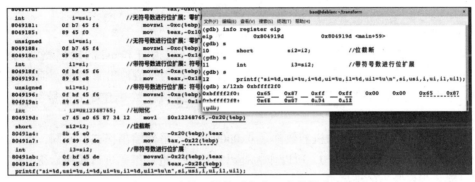

图 3.22 步骤 5 操作后各窗口中的部分内容

C 语句"i2=0x12348765;"所对应的"movl $0x12348765, -0x20(%ebp)"指令中，目的操作数地址 R[ebp]-0x20=0xbfff f318-0x20=0xbfff f2f8 是变量 i2 的地址。图 3.22 中用下划实线标出了 i2 的地址和机器数 0x1234 8765。

C 语句"si2=i2;"对应以下两条 mov 指令。指令"mov -0x20(%ebp),%eax"的功能为 R[eax] ← M[R[ebp]-0x20]，将地址 0xbfff f2f8 开始的 4 个存储单元中 i2 的机器数传送到目的寄存器 eax 中，该指令执行后 R[eax]=0x1234 8765。指令"mov %ax, -0x22(%ebp)"的功能为 M[R[ebp]-0x22] ← R[ax]，R[ebp]-0x22=0xbfff f318-0x22=0xbfff f2f6 是变量 si2 的地址，该指令执行后，寄存器 ax 中的 0x8765 被传送到 0xbfff f2f6 开始的两个存储单元中。图 3.22 中用下划短虚线标出了 si2 的地址和机器数 0x8765。

C 语句"si2=i2;"将 int 型整数赋值给 short 型变量，对应机器级代码通过将 32 位寄存器中低 16 位直接传送到目的地址处实现位截断操作，位截断操作会丢失长整型数据的高位部分，因此，赋值前后可能发生数值变化。

C 语句"i3= si2;"将 short 型整数赋值给 int 型变量，是带符号整数位扩展运算，si2 的符号位为 1，故符号扩展后为 0xffff 8765。图 3.22 中用下划长虚线标出了 i3 的地址和机器数 0xffff 8765。

综上可知，C 语句"si2=i2;"和"i3= si2;"分别为整数位截断操作和位扩展操作，这两条赋值语句执行后，i2 和 i3 的机器数可能会发生变化，对应的真值也就可能不同。

因此，高级语言程序中的赋值运算符"="不同于数学中的等号"="，赋值运算不具有传递性。

步骤 6 继续输入 gdb 调试命令，以输出程序执行结果并退出 gdb 调试过程。

（1）输入"continue"或"c"以继续执行随后的 C 语句，从而输出程序执行结果。

（2）输入"quit"，以退出 gdb 调试过程。

上述操作后"终端"窗口中的部分内容如图 3.23 所示。

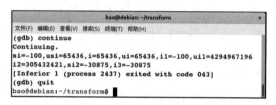

图 3.23　步骤 6 操作后"终端"窗口中的部分内容

图 3.23 中给出了程序中各个变量的输出结果。

对于变量 si 和 usi，它们的机器数都是 0xff9c，因为 si 和 usi 的输出格式符分别为"%d"和"%u"，所以程序将 0xff9c 作为补码转换为真值输出 si 的值，而将机器数 0xff9c 作为二进制编码转换为真值输出 usi 的值。因为机器数 0xff9c 中符号位为 1，所以两者的输出结果不同。

对于变量 i 和 ui，它们的机器数都是 0x0000 ff9c，虽然输出格式符不同，但因为机器数 0x0000 ff9c 中符号位为 0，所以作为补码和作为二进制编码进行转换后得到的真值相同，因此程序输出的结果是一样的。

对于变量 i1 和 ui1，它们的机器数都是 0xffff ff9c，机器数的符号位为 1，作为补码和作为二进制编码进行转换后的结果不同，因而程序的输出结果不同。

对于变量 i2、si2、i3，其机器数分别是 0x1234 8765、0x8765、0xffff 8765，输出格式符都是"%d"，因而都作为补码转换为真值。si2 与 i3 的机器数中高位的符号位都为 1（负数），低位的数值部分都相同，因而两者输出结果相同；而 i2 的机器数中符号位为 0，因而输出结果为正数。

综上可知，对于高级编程语言程序的输出结果，需要从机器级代码和机器数的层面上理解，而不能仅从高级语言程序的层面来理解和判断。

五、实验报告

本实验报告中的主要内容包括但不限于以下几个方面。

1. C 语言程序段如下：

```
short si=-5;
unsigned short usi=si;
int i=usi;
```

假定包含上述程序段的某程序在 IA-32 机器上执行，则变量 si、usi 和 i 的真值分别是多少？调试执行该程序，查看各变量的存储情况，从机器级代码层面分析解释其机器数和真值之间的对应关系。

2. C 语言程序段如下：

```
int i=65535;
short si=i;
int j=si;
```

假定包含上述程序段的某程序在 IA-32 机器上执行，则变量 i、si 和 j 的真值分别是多少？调试执行该程序，查看各变量的存储情况，从机器级代码层面分析解释其机器数和真值之间的对应关系。

实验 5　整型数据与浮点型数据之间的转换

一、实验目的

1. 理解整型数据和浮点型数据之间的转换方法。
2. 进一步了解 IA-32 系统中默认生成的 x87 基本浮点处理指令。

二、实验要求

给定 C 语言源程序 intfloat.c 的内容如下：

```
#include "stdio.h"
void main()
{   int     i1=305419896, i2=0;
    float   f1=i1, f2=5.75;
    i2=f2;
    printf("i1=%d, i2=%d\n", i1, i2);
    printf("f1=%f, f2=%f\n", f1, f2);
}
```

编辑生成上述 C 语言源程序，然后对其进行编译转换，以生成可执行文件，并对可执行文件进行调试，根据程序调试结果，填写表 3.6 中各变量的机器数（用十六进制表示）和输出值（用十进制表示）。

表 3.6　整数和浮点数之间的转换

变量名	机器数	输出值	变量名	机器数	输出值
i1			f1		
i2			f2		

二、实验准备

1. 通过文本编辑器编辑生成 C 语言源程序文件 intfloat.c 并将其保存在主目录下的 intfloat 目录中，或者将已有的 intfloat.c 文件直接复制到主目录下的 intfloat 目录中。

2. 打开"文件"窗口、"文本编辑器"窗口和"终端"窗口，使其平铺于屏幕中，并在"文本编辑器"窗口中打开 intfloat.c 文件。

3. 在"终端"窗口中进行以下操作。

（1）在 shell 命令行状态下，输入"cd intfloat"，以设置"~/intfloat"为当前目录。

（2）输入"gcc -no-pie -fno-pic -g intfloat.c -o intfloat",将 intfloat.c 编译转换为可执行目标文件 intfloat。

（3）输入"objdump -S intfloat > intfloat.txt",将 intfloat 中的机器代码进行反汇编,并将反汇编结果保存在文件 intfloat.txt 中。

（4）输入"./intfloat",以启动可执行文件 intfloat 的执行。

上述操作后各窗口中的部分内容如图 3.24 所示。

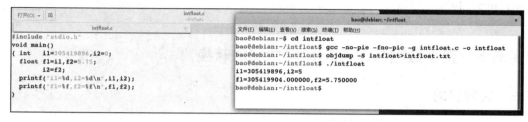

图 3.24　第 3 步操作后各窗口中的部分内容

4. 进行如下操作,以准备好单步调试的环境。

（1）在"文件"窗口中双击 intfloat.txt 文件图标,使该文件显示在"文本编辑器"窗口中。

（2）在"文本编辑器"窗口中移动鼠标,使 main() 函数对应的代码内容能显示出来。

上述操作后各窗口中的部分内容如图 3.25 所示。

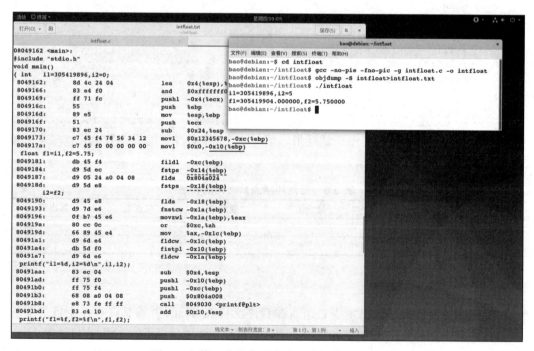

图 3.25　第 4 步操作后各窗口中的部分内容

C 语言赋值语句"f1=i1;"和"i2=f2;"分别实现整数到浮点数、浮点数到整数的类型转换。从图 3.25 中程序执行的结果可看出,i1 和 f1 的输出结果不一样,i2 和 f2 的输出结果也不一样。请思考为什么输出结果不同。

对照 C 语句及其反汇编后的机器级代码可知，变量 i1 和 i2 的地址分别是 −0xc(%ebp) 和 −0x10(%ebp)，图中用下划实线标出。变量 f1 和 f2 的地址分别是 −0x14(%ebp) 和 −0x18(%ebp)，图中用下划虚线标出。请观察处理整数和处理浮点数的指令有什么不同。

四、实验步骤

按如下步骤在终端窗口中输入 gdb 调试操作命令，对可执行文件进行调试。

步骤 1 启动 gdb 调试命令，使程序执行到设置的断点处停下。具体操作如下。

（1）在 shell 命令行提示符下，输入命令"gdb intfloat"，以启动 gdb 命令并加载 intfloat 可执行文件。

（2）在 gdb 调试状态下，输入"break main"或"b main"，以在 main 函数处设置断点。

（3）输入"run"或"r"以启动程序运行，并在设置的断点处停下。

（4）输入"info register eip"以查看 eip 的内容（当前程序的断点位置）。

步骤 2 继续输入 gdb 调试命令，以查看变量 i1 和 i2 的机器数。

（1）输入"step"或"s"以执行 C 语句"i1=305419896, i2=0;"。

（2）输入"info register ebp"以查看 ebp 的内容。

（3）输入"x/2xw 0xbffff308"以查看变量 i1 和 i2 的机器数。

上述操作后各窗口中的部分内容如图 3.26 所示。

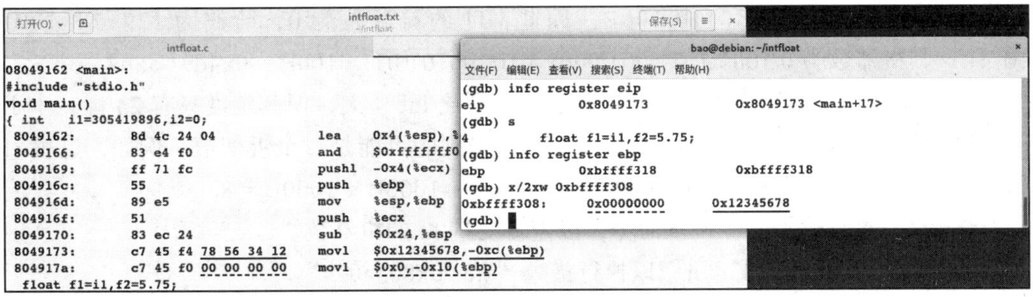

图 3.26 步骤 2 操作后各窗口中的部分内容

图 3.26 中，下划实线标出了变量 i1 的地址和机器数 0x1234 5678。汇编指令"movl $0x12345678, −0xc(%ebp)"中源操作数以"$"开始，因而采用的是立即数寻址方式，该指令的机器码"c7 45 f4 78 56 34 12"中低 4 字节为"78 56 34 12"，由此可知，IA-32 采用小端方式。图中下划虚线标出了变量 i2 的地址和机器数 0x0000 0000。

步骤 3 继续输入 gdb 调试命令，以查看变量 f1 的机器数。

（1）输入"info register eip"以查看 eip 的内容（当前程序的断点位置）。

（2）输入"stepi"或"si"以执行指令"fildl −0xc(%ebp)"。

（3）输入"stepi"或"si"以执行指令"fstps −0x14(%ebp)"。

（4）输入"x/1xw 0xbffff304"以查看变量 f1 的机器数。

上述操作后各窗口中的部分内容如图 3.27 所示。

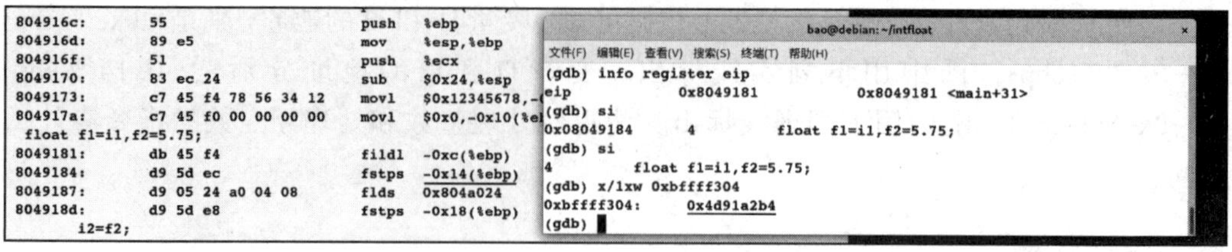

```
804916c:    55                          push    %ebp
804916d:    89 e5                       mov     %esp,%ebp
804916f:    51                          push    %ecx
8049170:    83 ec 24                    sub     $0x24,%esp
8049173:    c7 45 f4 78 56 34 12        movl    $0x12345678,-0xc(%
804917a:    c7 45 f0 00 00 00 00        movl    $0x0,-0x10(%e
 float f1=i1,f2=5.75;
8049181:    db 45 f4                    fildl   -0xc(%ebp)
8049184:    d9 5d ec                    fstps   -0x14(%ebp)
8049187:    d9 05 24 a0 04 08           flds    0x804a024
804918d:    d9 5d e8                    fstps   -0x18(%ebp)
    i2=f2;
```

```
bao@debian: ~/intfloat
文件(F) 编辑(E) 查看(V) 搜索(S) 终端(T) 帮助(H)
(gdb) info register eip
eip            0x8049181           0x8049181 <main+31>
(gdb) si
0x08049184      4       float f1=i1,f2=5.75;
(gdb) si
4               float f1=i1,f2=5.75;
(gdb) x/1xw 0xbffff304
0xbffff304:     0x4d91a2b4
(gdb)
```

图 3.27　步骤 3 操作后各窗口中的部分内容

C 语句"f1=i1;"对应"fildl −0xc(%ebp)"和"fstps −0x14(%ebp)"两条指令。第一条指令 fildl 将地址 R[ebp]−0xc 处存放的 i1 的机器数按带符号整数等值转换为浮点数后，存入浮点寄存器栈顶 ST(0) 中；第二条指令 fstps 将 ST(0) 中的 80 位浮点数从栈顶弹出并转换为 32 位单精度浮点数，然后存入地址 R[ebp]−0x14 处。图 3.27 中用下划线标出了变量 f1 的地址和机器数 0x4d91 a2b4。

从图 3.26 可知，C 语句"f1=i1;"中 i1 的机器数为 0x1234 5678，不同于 f1 的机器数，因此，与上述实验 4 中相同长度整型数之间赋值时直接传递机器数不同，对于整型数和浮点型数之间的赋值运算"="，需要根据源操作数的机器数和数据类型进行等值转换。这里，i1 为 int 型，因而按照带符号整数进行等值转换。

0x1234 5678=1.0010 0011 0100 0101 0110 0111 1000B × 2^{28}，i1 的有效数位有 29 位。f1 是 float 型单精度浮点数，其有效数位只有 24 位。所以 i1 等值转换为 float 型时，需对尾数进行舍入处理。根据舍入规则进行入操作，尾数为 1.0010 0011 0100 0101 0110 0111 1000B ≈ 1.0010 0011 0100 0101 0110 011B + 0.0000 0000 0000 0000 0000 001B = 1.0010 0011 0100 0101 0110 100B。因此，f1 的符号位为 0，阶码为 127+28=1001 1011B，其机器数为 0 1001 1011 001 0001 1010 0010 1011 0100B = 0x4d91 a2b4。

由此可见，虽然单精度浮点格式表示的范围比 int 型大，但其精度只有 24 位，小于 int 型的 31 位精度，在它们之间赋值转换时，得到的可能是一个近似值。例如，这里 i1 赋值转换为 f1 时，精度损失了 1000 0000B − 0111 1000B = 1000B = 8。

步骤 4　继续输入 gdb 调试命令，以查看变量 f2 的机器数。

（1）输入"stepi"或"si"以执行指令"flds 0x804a024"。

（2）输入"stepi"或"si"以执行指令"fstps -0x18(%ebp)"。

（3）输入"x/1xw 0xbffff300"以查看变量 f2 的机器数。

上述操作后各窗口中的部分内容如图 3.28 所示。

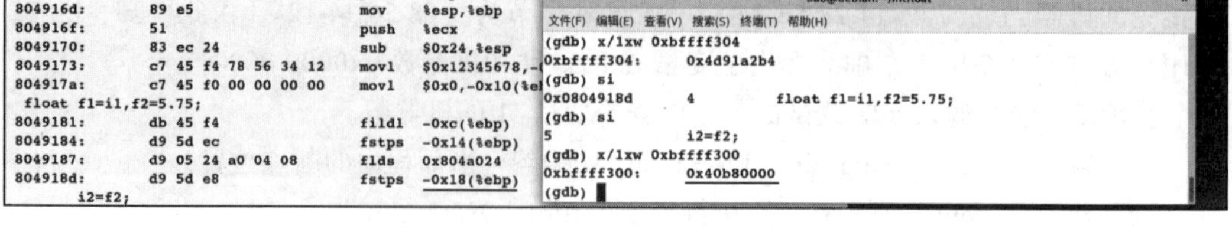

```
804916c:    55                          push    %ebp
804916d:    89 e5                       mov     %esp,%ebp
804916f:    51                          push    %ecx
8049170:    83 ec 24                    sub     $0x24,%esp
8049173:    c7 45 f4 78 56 34 12        movl    $0x12345678,-
804917a:    c7 45 f0 00 00 00 00        movl    $0x0,-0x10(%e
 float f1=i1,f2=5.75;
8049181:    db 45 f4                    fildl   -0xc(%ebp)
8049184:    d9 5d ec                    fstps   -0x14(%ebp)
8049187:    d9 05 24 a0 04 08           flds    0x804a024
804918d:    d9 5d e8                    fstps   -0x18(%ebp)
    i2=f2;
```

```
bao@debian: ~/intfloat
文件(F) 编辑(E) 查看(V) 搜索(S) 终端(T) 帮助(H)
(gdb) x/1xw 0xbffff304
0xbffff304:     0x4d91a2b4
(gdb) si
0x0804918d      4       float f1=i1,f2=5.75;
(gdb) si
5               i2=f2;
(gdb) x/1xw 0xbffff300
0xbffff300:     0x40b80000
(gdb)
```

图 3.28　步骤 4 操作后各窗口中的部分内容

C 语句"f2=5.75;"对应"flds 0x804a024"和"fstps -0x18(%ebp)"两条指令。第一条指令 flds 将地址 0x804 a024 开始的 4 个存储单元中的浮点型常量 5.75 对应的机器数读出，并存入浮点寄存器栈顶 ST(0)；第二条指令 fstps 将 ST(0) 中的数据从栈顶弹出，并转换为单精度浮点数存入地址 R[ebp]-0x18 处。图 3.28 中用下划线标出了 f2 的地址和机器数 0x40b8 0000。

变量 f2 是 float 型单精度浮点数，其值 $5.75=1.0111B \times 2^2$，故符号位为 0，阶码为 127+2=1000 0001B，尾数为 1.011 1000 0000 0000 0000 0000B。f2 的机器数为 0 1000 0001 011 1000 0000 0000 0000 0000B=0x40b8 0000。

步骤 5 继续输入 gdb 调试命令，以查看变量 i2 的机器数。

（1）输入"step"或"s"以执行 C 语句"i2=f2;"。

（2）输入"x/1xw 0xbfff308"以查看变量 i2 的机器数。

上述操作后各窗口中的部分内容如图 3.29 所示。

```
804918d:    d9 5d e8           fstps  -0x18(%ebp)
    i2=f2;
8049190:    d9 45 e8           flds   -0x18(%ebp)
8049193:    d9 7d e6           fnstcw -0x1a(%ebp)
8049196:    0f b7 45 e6        movzwl -0x1a(%ebp),%eax
804919a:    80 cc 0c           or     $0xc,%ah
804919d:    66 89 45 e4        mov    %ax,-0x1c(%ebp)
80491a1:    d9 6d e4           fldcw  -0x1c(%ebp)
80491a4:    db 5d f0           fistpl -0x10(%ebp)
80491a7:    d9 6d e6           fldcw  -0x1a(%ebp)
    printf("i1=%d,i2=%d\n",i1,i2);
```

```
                    bao@debian: ~/intfloat
文件(F) 编辑(E) 查看(V) 搜索(S) 终端(T) 帮助(H)
(gdb) info register eip
eip            0x8049190        0x8049190 <main+46>
(gdb) s
6           printf("i1=%d,i2=%d\n",i1,i2);
(gdb) x/1xw 0xbfff308
0xbfff308:   0x00000005
(gdb)
```

图 3.29 步骤 5 操作后各窗口中的部分内容

C 语句"i2=f2"对应多条指令，其中，指令"flds -0x18(%ebp)"和"fistpl -0x10(%ebp)"分别用于将 f2 存入栈顶 ST(0)、将 ST(0) 中的数据弹出栈顶并等值转换为带符号整数存入 i2 对应的地址 R[ebp]-0x10 处。将浮点数 5.75 转换为整数时，只保留了整数部分 5 而舍去了小数部分 0.75。图 3.29 中用下划线标出了 i2 的地址和机器数 0x0000 0005。

步骤 6 继续输入 gdb 调试命令，以输出程序执行结果并退出 gdb 调试过程。

（1）输入"continue"或"c"以继续执行随后的 C 语句，从而输出程序执行结果。

（2）输入"quit"，以退出 gdb 调试过程。

上述操作后"终端"窗口中的部分内容如图 3.30 所示。

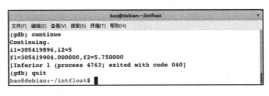

图 3.30 步骤 6 操作后"终端"窗口中的部分内容

从图 3.30 中的程序输出结果可知，f1-i1=305 419 904 − 305 419 896 = 8，与步骤 3 中分析的结果一致；i2-f2=5-5.75=-0.75，与步骤 5 中说明的结果一致。

整型数据与浮点型数据之间的赋值传送虽然是等值转换传送，但由于整型数据与浮点型数据在表示范围、表示精度等方面有差异，所以两者之间进行转换时存在精度损失。

五、实验报告

本实验报告中的主要内容包括但不限于以下几个方面。

1. 回答以下问题。

（1）假设 i 是 int 型变量，那么，条件表达式 " i==(int)(float)i " 为永真吗？对自己的答案给出解释说明。

（2）假设 f 是 float 型变量，那么，条件表达式 " f==(float)(int)f " 为永真吗？对自己的答案给出解释说明。

2. 编写一个具体的 C 语言程序，以验证自己对上述两个问题中给出答案的正确性。要求将该 C 语言程序编译转换为可执行文件，并在 IA-32 机器上调试执行，查看各变量的存储情况，从机器级代码层面分析解释其机器数和真值之间的对应关系。

第 4 章　数据的基本运算实验

本章安排 4 个实验，主要基于 IA-32+Linux 平台以及 GCC 编译驱动程序和 gdb 调试工具等对 C 语言源程序中的整数加、减、乘、除等基本运算和浮点数运算进行实验，以理解 C 语言程序中的运算、机器级指令中的运算指令、基本运算电路三者之间的关系，理解数据在计算机内部的存储、运算和传送机制，从而掌握计算机系统中整数运算和浮点数运算的实现方法，进一步熟悉 IA-32 中的常用指令并更好地理解指令的基本寻址方式。

实验 1　整数加减运算

一、实验目的

1. 了解整数加、减运算的指令格式及其功能。
2. 理解整数加、减运算电路及其与相应指令之间的对应关系。
3. 理解整数加、减运算电路生成的若干标志位的含义。

二、实验要求

给定 C 语言源程序 addsub.c 的内容如下：

```
#include "stdio.h"
void main( )
{   int a=100, b=2147483647, c, d;
    unsigned int ua=100, ub=2147483647, uc, ud;
    c=a+b; uc=ua+ub;
    d=a-b; ud=ua-ub;
    printf("c=a+b=%d+%d=%d\n", a, b, c);
    printf("uc=ua+ub=%u+%u=%u\n", ua, ub, uc);
    printf("d=a-b=%d-%d=%d\n", a, b, d);
    printf("ud=ua-ub=%u-%u=%u\n", ua, ub, ud);
}
```

编辑生成上述 C 语言源程序，然后对其进行编译转换，以生成可执行文件，并对可执行文件进行调试，根据程序调试结果，完成以下任务。

（1）填写表 4.1 中各变量的机器数（用十六进制表示）和输出值（用十进制表示）。

表 4.1　各变量的机器数和输出值

变量	机器数	输出值	变量	机器数	输出值
a			ua		
b			ub		
c			uc		
d			ud		

（2）在表 4.1 的基础上，填写表 4.2 以说明实现 a+b、a-b、ua+ub 和 ua-ub 运算时，整数加减运算电路中加法器的各输入端和输出端的情况，加法器的两个数据输入端 X、Y′和输出端 Sum 都用十六进制表示，输入进位 Cin 和输出进位 Cout 以及生成的状态标志位都用 0 或 1 表示。

表 4.2　整数加减运算电路中加法器的输入和输出

运算	X	Y′	Cin	Sum	Cout	ZF	CF	SF	OF
a+b									
a-b									
ua+ub									
ua-ub									

（3）根据标志位的取值判断 a+b、ua+ub、a-b 和 ua-ub 运算后分别得到的 c、uc、d 和 ud 的结果是否正确。

三、实验准备

1. 通过文本编辑器编辑生成 C 语言源程序文件 addsub.c 并将其保存在主目录下的 addsub 目录中，或者将已有的 addsub.c 文件直接复制到主目录下的 addsub 目录中。

2. 打开"文件"窗口、"文本编辑器"窗口和"终端"窗口，使其平铺于屏幕中，并在"文本编辑器"窗口中打开 addsub.c 文件。

3. 在"终端"窗口中进行以下操作。

（1）在 shell 命令行状态下，输入"cd addsub"，以设置"~/addsub"为当前目录。

（2）输入"gcc -no-pie -fno-pic -g addsub.c -o addsub"，将 addsub.c 编译转换为可执行目标文件 addsub。

（3）输入"objdump -S addsub > addsub.txt"，将 addsub 中的机器代码进行反汇编，并将反汇编结果保存在文件 addsub.txt 中。

（4）输入"./addsub"以启动可执行文件 addsub 的执行。

上述操作后各窗口中的部分内容如图 4.1 所示。

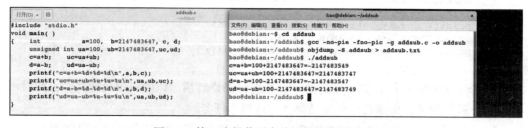

图 4.1　第 3 步操作后各窗口中的部分内容

从图 4.1 可以看出，程序 addsub 的输出结果中，C 语句"c=a+b;"得到的变量 c 的值是负数。为何 a 和 b 两个正数相加，结果是负数呢？此外，C 语句"ud=ua-ub;"得到的变量 ud 的值比被减数 ua 的值还大，这又是为什么呢？

4. 进行如下操作，以准备好单步调试的环境。

（1）在"文件"窗口中双击 addsub.txt 文件图标，使该文件显示在"文本编辑器"

窗口中。

（2）在"文本编辑器"窗口中移动鼠标，使 main() 函数对应的代码内容能显示出来。

上述操作后各窗口中的部分内容如图 4.2 所示。图中用下划线标出了 a+b、ua+ua、a−b、ua−ub 这 4 个运算对应的汇编指令。

图 4.2　第 4 步操作后各窗口中的部分内容

从图 4.2 可看出，实现 C 语句 " c=a+b;" 中 a+b 运算和 " uc=ua+ub;" 中 au+bu 运算的指令完全相同，都是 " add %edx, %eax" 指令，只不过前一条指令的操作数寄存器 eax 和 edx 中分别是 a 和 b 的机器数，后一条指令的操作数寄存器 eax 和 edx 中分别是 ua 和 ub 的机器数。实现 C 语句 " d=a−b;" 中 a−b 运算和 " ud=ua−ub;" 中 ua−ub 运算的指令也都是 sub 指令，两条 sub 指令中的操作数不同。由此可见，在 IA-32 指令架构中，并不区分带符号整数加法指令与无符号整数加法指令，因而这两种加运算电路完全相同，同样，在 IA-32 中也不区分带符号整数减法指令与无符号整数减法指令，因而这两种减法运算电路也完全相同。

四、实验步骤

按如下步骤在"终端"窗口中输入 gdb 调试操作命令，对可执行文件进行调试。

步骤 1　启动 gdb 调试命令，使程序执行到设置的断点处停下。具体操作如下。

（1）在 shell 命令行提示符下，输入命令 " gdb addsub"，以启动 gdb 命令并加载 addsub 可执行文件。

（2）在 gdb 调试状态下，输入 " break main" 或 " b main"，以在 main 函数处设置断点。

（3）输入 " run" 或 " r" 以启动程序运行，并在设置的断点处停下。

（4）输入"info register eip"以查看 eip 的内容（当前程序的断点位置）。

步骤 2 继续输入 gdb 调试命令，以查看变量 a、b、ua 和 ub 的机器数。

（1）输入"step"或"s"以执行 C 语句"a=100, b=2147483647;"。

（2）输入"step"或"s"以执行 C 语句"ua=100, ub=2147483647;"。

（3）输入"info register ebp"以查看 ebp 的内容。

（4）输入"x/4xw 0xbffff310"以查看变量 a、b、ua 和 ub 的机器数。

上述操作后各窗口中的部分内容如图 4.3 所示。

图 4.3　步骤 2 操作后各窗口中的部分内容

如图 4.3 所示，4 条 movl 指令分别实现了对变量 a、b、ua、ub 的初始化赋值，4 种不同的下划线分别标出了 a、b、ua、ub 的地址和机器数。其中，a 和 ua 的机器数相同，b 和 ub 的机器数相同。

步骤 3 继续输入 gdb 调试命令，以跟踪 C 语句"c=a+b;"的执行。

（1）输入"info register eip"以查看 eip 的内容（当前程序的断点位置）。

（2）输入"stepi"或"si"以执行指令"mov −0xc(%ebp), %edx"。

（3）输入"stepi"或"si"以执行指令"mov −0x10(%ebp), %eax"。

（4）输入"info register eax edx eflags"以查看 eax、edx、eflags 的内容。

（5）输入"stepi"或"si"以执行指令"add %edx, %eax"。

（6）输入"info register eax edx eflags"以查看 eax、edx、eflags 的内容。

（7）输入"stepi"或"si"以执行指令"mov %eax, −0x1c(%ebp)"。

（8）输入"x/1xw 0xbffff30c"以查看变量 c 的机器数。

上述操作后各窗口中的部分内容如图 4.4 所示。

执行完步骤 3 中第（3）个操作后，寄存器 edx 和 eax 中分别是变量 a 和 b 的机器数，由第（4）个操作结果可知，edx 和 eax 中的内容分别为 0x0000 0064 和 0x7fff ffff，标志寄存器 eflags 中低 12 位为 0x286=0010 1000 0110，根据图 4.5 所示的标志寄存器中低 12 位的信息可知，此时 OF、ZF 和 CF 都为 0，SF 为 1。图 4.4 中用下划实线标出了此时 eax、edx 和 eflags 寄存器中的内容。

C 语句"c=a+b;"中的加运算由加法指令"add %edx,%eax"实现，其功能为 R[eax] ← R[eax]+R[edx]，同时会生成相应的标志位，因此，该指令执行后，edx 中的内容不会发生变化，eax 和 eflags 寄存器中的内容可能发生变化。图 4.4 中用方框标出了实现"c=a+b;"的机器级指令序列，并用下划短虚线标出了执行指令"add %edx, %eax"

后寄存器 eax、edx 和 eflags 中的内容。如图 4.4 所示，执行完第（5）个操作指定的 "add %edx, %eax" 指令后，第（6）个操作结果显示 edx 和 eax 中的内容分别为 0x0000 0064 和 0x8000 0063，标志寄存器 eflags 中低 12 位为 0xa96=1010 1001 0110，此时 OF=SF=1，ZF=CF=0。因此，执行完该 add 指令，eax 和 eflags 寄存器中的内容确实发生了变化。方框中最后一条指令 "mov %eax, -0x1c(%ebp)" 用于将 a+b 的结果 0x8000 0063 存入变量 c 对应的地址 R[ebp]-0x1c=0xbfff f328-0x1c=0xbfff f30c 开始的 4 个存储单元中。图 4.4 中用下划长虚线标出了变量 c 的地址和机器数。

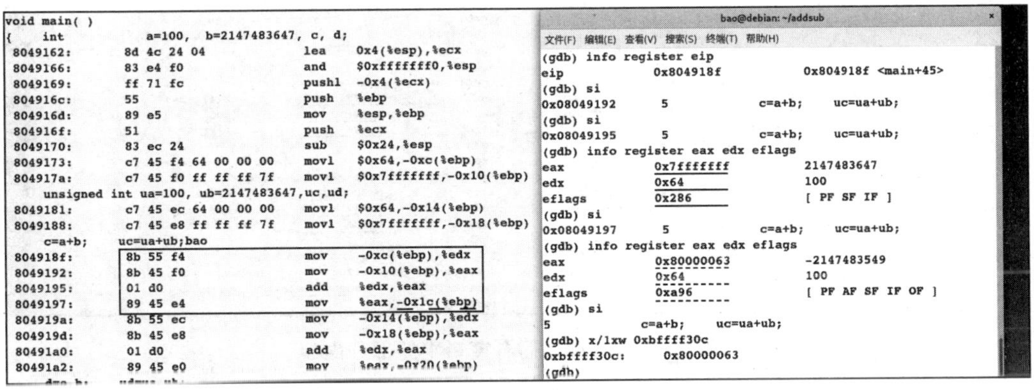

图 4.4　步骤 3 操作后各窗口中的部分内容

31~22	21~12	11	10	9	8	7	6	5	4	3	2	1	0
保留	…	O	D	I	T	S	Z	0	A	0	P	1	C

图 4.5　eflags 标志寄存器

上述指令 "add %edx, %eax" 的执行通过图 4.6 所示的整数加减运算电路实现。其中，被加数 X 为 edx 中的 0x0000 0064，加数 Y 为 eax 中的 0x7fff ffff，Sub=0 表示做加法，控制多路选择器（MUX）将 Y 输出到加法器的 Y′ 输入端，因此，在加法器中执行的结果为 0000 0064H+7FFF FFFFH=(0)8000 0063H，使得加法器输出 Sum=0x8000 0063，Cout=0，ZF=0，SF=1，OF=1（两个加数的符号为 0，而和的符号为 1，说明溢出），CF=Cout=0。

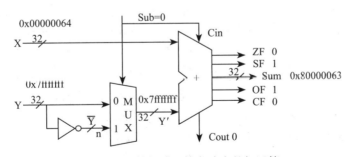

图 4.6　整数加减运算电路中的加运算

步骤 4　继续输入 gdb 调试命令，以跟踪 C 语句 "uc=ua+ub;" 的执行。
（1）输入 "stepi" 或 "si" 以执行指令 "mov -0x14(%ebp), %edx"。
（2）输入 "stepi" 或 "si" 以执行指令 "mov -0x18(%ebp), %eax"。

（3）输入"info register eax edx eflags"以查看 eax、edx、eflags 的内容。
（4）输入"stepi"或"si"以执行指令"add %edx, %eax"。
（5）输入"info register eax edx eflags"以查看 eax、edx、eflags 的内容。
（6）输入"stepi"或"si"以执行指令"mov %eax, -0x20(%ebp)"。
（7）输入"x/1xw 0xbfff308"以查看变量 uc 的机器数。

上述操作后各窗口中的部分内容如图 4.7 所示。

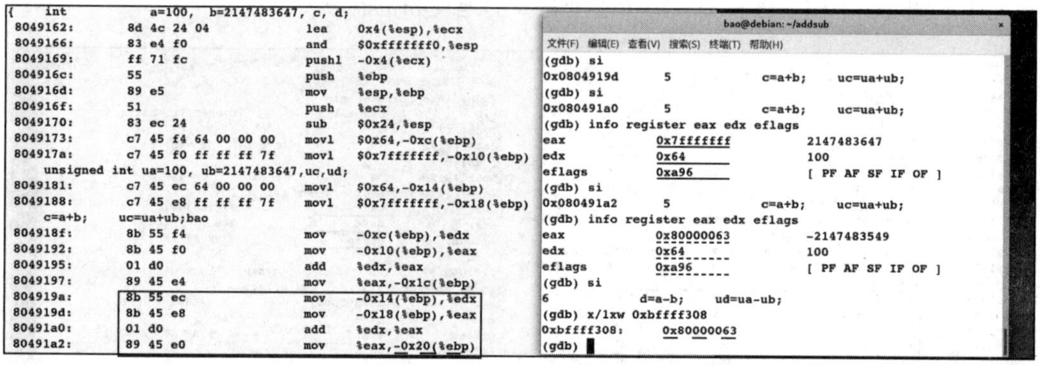

图 4.7 步骤 4 操作后各窗口中的部分内容

图 4.7 中用方框标出了实现"uc=ua+ub;"的机器级指令序列，并用下划短虚线标出了执行指令"add %edx, %eax"后寄存器 eax、edx 和 eflags 中的内容。执行完第 4 个操作指定的指令"add %edx, %eax"后，第 5 个操作结果显示 edx、eax 和标志寄存器 eflags 中的内容与 C 语句"c=a+b;"对应指令执行后得到的结果完全一致。方框中最后一条指令"mov %eax, -0x20(%ebp)"用于将 ua+ub 的结果 0x8000 0063 存入变量 uc 对应的地址 R[ebp]-0x20=0xbfff f328-0x20=0xbfff f308 开始的 4 个存储单元中。图 4.7 中用下划长虚线标出了变量 uc 的地址和机器数。

综上可知，在 IA-32 架构中，并不区分带符号整数和无符号整数的加运算指令，两者都是 add 指令，因此无符号整数加运算也在图 4.6 所示的整数加减运算电路中实现，只要电路的输入端 X、Y 和 Sub 相同，电路的输出就完全一样。

步骤 5 继续输入 gdb 调试命令，以跟踪 C 语句"d=a-b;"的执行。
（1）输入"info register eip"以查看 eip 的内容（当前程序的断点位置）。
（2）输入"stepi"或"si"以执行指令"mov -0xc(%ebp), %eax"。
（3）输入"info register eax eflags"以查看 eax、eflags 的内容。
（4）输入"stepi"或"si"以执行指令"sub -0x10(%ebp), %eax"。
（5）输入"info register eax eflags"以查看 eax、eflags 的内容。
（6）输入"stepi"或"si"以执行指令"mov %eax, -0x24(%ebp)"。
（7）输入"x/1xw 0xbfff304"以查看变量 d 的机器数。

上述操作后各窗口中的部分内容如图 4.8 所示。

图 4.8 中用方框标出了实现"d=a-b;"的机器级指令序列，其中，减法指令"sub -0x10(%ebp), %eax"实现 a-b 运算，其功能为 R[eax] ← R[eax]-M[R[ebp]-0x10]，同时会生成相应的标志位，因此，该指令执行后，eax 和 eflags 寄存器中的内容可能发生

变化，图 4.8 中用下划短虚线标出了执行该指令后寄存器 eax 和 eflags 中的内容，eax 中的内容为 0x8000 0065，eflags 中低 12 位为 0x297=0010 1001 0111，此时 CF=SF=1，ZF=OF=0。方框中的最后一条指令"mov %eax, -0x24(%ebp)"用于将 a-b 的结果 0x8000 0065 存入变量 d 对应的地址 R[ebp]-0x24=0xbfff f328-0x24=0xbfff f304 开始的 4 个存储单元中。图 4.8 中用下划长虚线标出了变量 d 的地址和机器数。

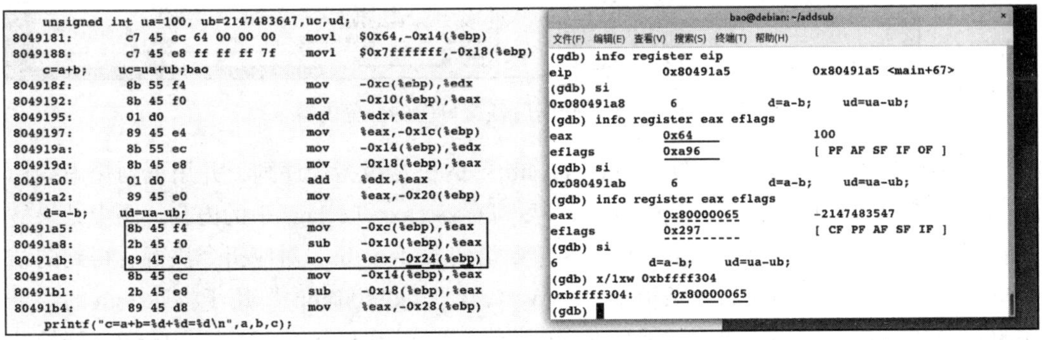

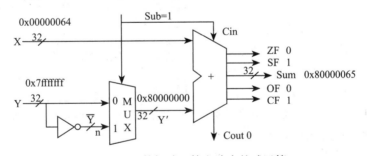

图 4.8　步骤 5 操作后各窗口中的部分内容

上述指令"sub -0x10(%ebp), %eax"的执行通过图 4.9 所示的整数加减运算电路实现，图中显示了实现该 sub 指令时电路中各输入和输出端的取值。其中，被减数 X 为 eax 中的 0x0000 0064，减数 Y 为地址 R[ebp]-0x10=0xbfff f328-0x10=0xbfff f318 开始的 4 个存储单元中变量 b 的机器数 0x7fff ffff，Sub=1 表示做减法，控制多路选择器（MUX）将 $\overline{Y}$ 输出到加法器的 Y′ 输入端，因此，在加法器中的执行结果为 0000 0064H+8000 0000H+1=(0)8000 0065H，使得加法器输出 Sum=0x8000 0065，Cout=0，ZF=0，SF=1，OF=0（两个异号数相加结果一定不会溢出），CF=Cout $\oplus$ Sub=0 $\oplus$ 1=1。

图 4.9　整数加减运算电路中的减运算

步骤 6　继续输入 gdb 调试命令，以跟踪 C 语句"ud=ua-ub;"的执行。
（1）输入"stepi"或"si"以执行指令"mov -0x14(%ebp), %eax"。
（2）输入"info register eax eflags"以查看 eax、eflags 的内容。
（3）输入"stepi"或"si"以执行指令"sub -0x18(%ebp), %eax"。
（4）输入"info register eax eflags"以查看 eax、eflags 的内容。
（5）输入"stepi"或"si"以执行指令"mov %eax, -0x28(%ebp)"。
（6）输入"x/1xw 0xbfff f300"以查看变量 ud 的机器数。
上述操作后各窗口中的部分内容如图 4.10 所示。

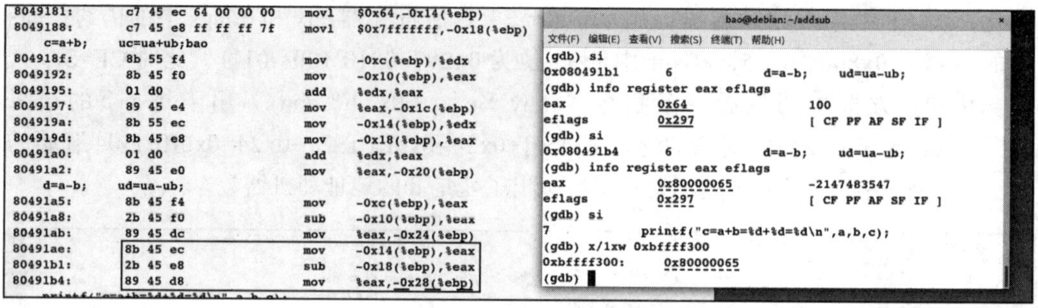

图4.10 步骤6操作后各窗口中的部分内容

图4.10中用方框标出了实现"ud=ua-ub;"的机器级指令序列,并用下划短虚线标出了执行指令"sub -0x18(%ebp),%eax"后寄存器 eax 和 eflags 中的内容。图中结果显示此时 eax 和标志寄存器 eflags 中的内容与 C 语句"d=a-b;"对应指令执行后得到的结果完全一致。方框中的最后一条指令"mov %eax,-0x28(%ebp)"用于将 ua-ub 的结果 0x8000 0065 存入变量 ud 对应的地址 R[ebp]-0x28=0xbfff f328-0x28=0xbfff f300 开始的 4 个存储单元中。图4.10中用下划长虚线标出了变量 ud 的地址和机器数。

综上可知,在 IA-32 架构中,并不区分带符号整数和无符号整数的减运算指令,两者都是 sub 指令,因此无符号整数减运算也在图4.9所示的整数加减运算电路中实现,只要电路的输入端 X、Y 和 Sub 相同,电路的输出就完全一样。

步骤7 继续输入 gdb 调试命令,以输出程序执行结果并退出 gdb 调试过程。

(1)输入"continue"或"c"以继续执行随后的 C 语句,从而输出程序执行结果。

(2)输入"quit",以退出 gdb 调试过程。

上述操作后"终端"窗口中的部分内容如图4.11所示。

对于加运算,从上述实验过程可知,运算所得变量 c 和 uc 的机器数都是 0x8000 0063,但从图4.11中的程序输出结果来看,c 和 uc 的真值完全不同。其原因是 c 和 uc 按不同的整数类型转换为真值,c 按带符号整数(即补码)进行转换,而 uc 按二进制编码进行转换。根据加运算产生的标志信息可判断结果是否正确。

图4.11 步骤7操作后"终端"窗口中的部分内容

对于带符号整数加运算"c=a+b",OF=1 说明相加的和超出了 int 型数据的表示范围,变量 c 的结果是一个溢出值,结果不正确。对于无符号整数加运算"uc=ua+ub",CF=0 说明相加的和没有超出 unsigned int 型数据的表示范围,变量 uc 的结果是正确的。

对于减运算,从上述实验过程可知,运算所得变量 d 和 ud 的机器数都是 0x8000 0065,但因为 d 和 ud 按不同的整数类型进行转换,因而输出的真值完全不同。

对于带符号整数减运算"d=a-b",OF=0 说明相减得到的差作为变量 d 的结果是正确的,ZF=0 说明结果不等于 0,OF=0 且 SF=1 说明差为负数且结果正确,因而被减数小于减数,是"小于"关系。对于无符号整数减运算"ud=ua-ub",CF=1 说明有借位,被减数小于减数,是"小于"关系,而且相减得到的差作为变量 ud 的结果是不正确的。

由于计算机内部数据表示有位数限制,因而与现实世界中的运算不同。对于带符号整数,加减运算后的结果用 OF 位判断是否溢出,当 OF=1 时结果溢出;减运算用 OF 和 SF 是否同号判断大小关系,两者同号时为"大于"关系。对于无符号整数,加减运算后的结果用 CF 位判断溢出或大小关系。加运算且 CF=1 时,发生溢出使得结果的真值不正确;减运算且 CF=1 时表示"小于"关系,且因为结果为负数而使得其真值不正确。

五、实验报告

本实验报告中的主要内容包括但不限于以下几个方面。

1. 给定以下 C 语言程序:

```
#include "stdio.h"
void main( )
{   int a=-100, b=-2147483647, c, d;
    unsigned int ua=4294967196, ub=2147483649, uc, ud;
    c=a+b; uc=ua+ub;
    d=a-b; ud=ua-ub;
    printf("c=a+b=%d+%d=%d\n", a, b, c);
    printf("uc=ua+ub=%u+%u=%u\n", ua, ub, uc);
    printf("d=a-b=%d-%d=%d\n", a, b, d);
    printf("ud=ua-ub=%u-%u=%u\n", ua, ub, ud);
}
```

编辑生成上述 C 语言源程序文件,然后对其进行编译以生成可执行文件,并对可执行文件进行调试,以查看各变量的存储情况和程序输出结果。要求将整个调试过程截图,并填写表 4.3 和表 4.4。

表 4.3 各变量的机器数、输出值和存储地址

变量	机器数	输出值	存储地址	变量	机器数	输出值	存储地址
a				ua			
b				ub			
c				uc			
d				ud			

表 4.4 整数加减运算电路中加法器的输入和输出

运算	X	Y′	Cin	Sum	Cout	ZF	CF	SF	OF
a+b									
a−b									
ua+ub									
ua−ub									

2. 对于上述 C 语言程序,回答以下问题(要求用调试时查看到的信息对你的答案进行解释说明)。

(1)变量 c 的打印输出值为何不等于 −100+(−2 147 483 647)= −2 147 483 747?

(2)变量 uc 的打印输出值为何不等于 4 294 967 196 + 2 147 483 649 =6 442 450 845?

实验 2 整数乘运算

一、实验目的

1. 了解整数乘运算的指令格式及其功能。
2. 理解整数乘法运算中的溢出原因和判断规则。
3. 理解高级语言程序中的整数乘运算对应的机器级代码。

二、实验要求

给定 C 语言源程序 mul.c 的内容如下：

```
#include "stdio.h"
void main()
{    int x1=3, y1=4, z1, z2, z3;
     short x=-30000, y=4, z;
     unsigned short ux=30000, uy=4, uz;
     z1=x1*y1;
     z2=x1*3;
     z3=x1*4;
     z=x*y;
     uz=ux*uy;
     printf("z1=%d, z2=%d, z3=%d, z=%d, uz=%u\n", z1, z2, z3, z, uz);
}
```

编辑生成上述 C 语言源程序，然后对其进行编译转换，以生成可执行文件，并对可执行文件进行调试，根据程序调试结果，完成以下任务或回答以下问题。

（1）查看反汇编代码，填写表 4.5 中实现各表达式的相关指令。

表 4.5 实现乘法运算表达式的相关指令

表达式	指令	表达式	指令
x1*y1		x*y	
x1*3		ux*uy	
x1*4			

（2）为什么编译器对 x*y 和 ux*uy 都选用带符号整数乘法指令 imul 实现？

（3）z 和 uz 的输出结果是否正确？ mul.c 中 z 和 uz 的数据类型定义是否合适？

（4）为什么编译器要对不同整数乘运算表达式选用不同的指令实现？

三、实验准备

1. 通过文本编辑器编辑生成 C 语言源程序文件 mul.c 并将其保存在主目录下的 mul 目录中，或者将已有的 mul.c 文件直接复制到主目录下的 mul 目录中。

2. 打开"文件"窗口、"文本编辑器"窗口和"终端"窗口，使其平铺于屏幕中，并在"文本编辑器"窗口中打开 mul.c 文件。

3. 在终端窗口中进行以下操作。

（1）在 shell 命令行状态下，输入"cd mul"，以设置"~/mul"为当前目录。

（2）输入"gcc -no-pie -fno-pic -g mul.c -o mul"，将 mul.c 编译转换为可执行目标文件 mul。

（3）输入"objdump -S mul > mul.txt"，将 mul 中的机器代码进行反汇编，并将反汇编结果保存在文件 mul.txt 中。

（4）输入"./mul"以启动可执行文件 mul 的执行。

上述操作后各窗口中的部分内容如图 4.12 所示。

图 4.12　第 3 步操作后各窗口中的部分内容

从图 4.12 可看出，执行 mul 程序后的输出结果中，"z=11072"并不等于表达式"x*y"的预期结果 −30 000 × 4=−120 000，"uz=54464"也不等于表达式"ux*uy"的预期结果 30 000 × 4=120 000。请思考为何会出现这两个结果。

4. 进行如下操作，以准备好单步调试的环境。

（1）在"文件"窗口中双击 mul.txt 文件图标，使该文件显示在"文本编辑器"窗口中。

（2）在"文本编辑器"窗口中移动鼠标，使 main() 函数对应的代码内容能显示出来。

上述操作后各窗口中的部分内容如图 4.13 所示。

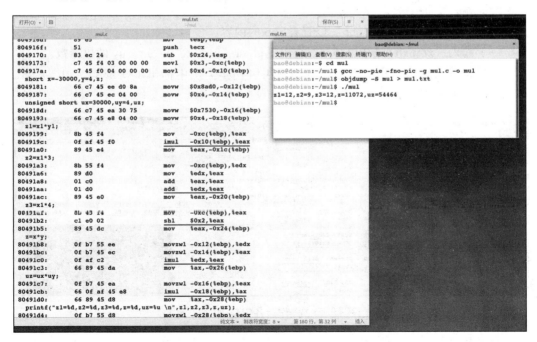

图 4.13　第 4 步操作后各窗口中的部分内容

图 4.13 中用下划线标出了 x1*y1、x1*3、x1*4、x*y 和 ux*uy 这 5 个乘运算对应的汇编指令。可以看出，C 语言程序中不同的整数乘运算被编译器转换为不同的指令实现，这些指令可能是乘法指令，可能是加减运算指令，还可能是移位指令。有些乘运算表达式为什么不直接使用乘法指令实现呢？

在计算机系统微架构层，带符号整数乘运算电路与无符号整数乘运算电路不同，因而在 IA-32 指令系统中有专门的带符号整数乘运算指令 imul 和无符号整数乘运算指令 mul。那为什么 C 语句"uz=ux*uy;"中的无符号整数乘运算表达式 ux*uy 采用的是带符号整数乘运算指令 imul 呢？

四、实验步骤

按如下步骤在"终端"窗口中输入 gdb 调试操作命令，对可执行文件进行调试。

步骤 1 启动 gdb 调试命令，使程序执行到设置的断点处停下。具体操作如下。

（1）在 shell 命令行提示符下，输入命令"gdb mul"，以启动 gdb 命令并加载 mul 可执行文件。

（2）在 gdb 调试状态下，输入"break main"或"b main"，以在 main 函数处设置断点。

（3）输入"run"或"r"以启动程序运行，并在设置的断点处停下。

（4）输入"info register eip"以查看 eip 的内容（当前程序的断点位置）。

步骤 2 继续输入 gdb 调试命令，以查看变量 x1、y1、x、y、ux、uy 的机器数。

（1）输入"step"或"s"以执行 C 语句"x1=3, y1=4;"。

（2）输入"step"或"s"以执行 C 语句"x=-30000, y=4;"。

（3）输入"step"或"s"以执行 C 语句"ux=30000, uy=4;"。

（4）输入"info register ebp"以查看 ebp 的内容。

（5）输入"x/16xb 0xbffff320"以查看变量 x1、y1、x、y、ux、uy 的机器数。

上述操作后各窗口中的部分内容如图 4.14 所示。图中标出了变量 x1、y1、x、y、ux、uy 的地址和机器数。

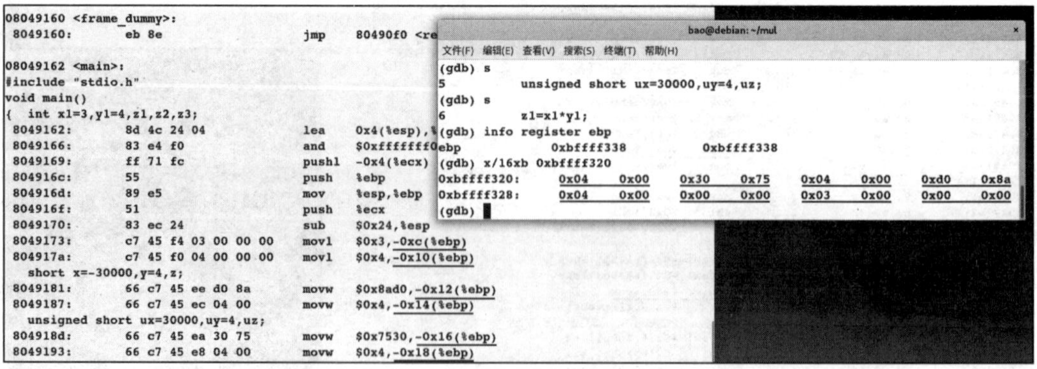

图 4.14 步骤 2 操作后各窗口中的部分内容

步骤 3 继续输入 gdb 调试命令，以跟踪变量 z1、z2、z3 相关赋值语句的执行并查看变量 z1、z2、z3 的机器数。

（1）输入"info register eip"以查看 eip 的内容（当前程序的断点位置）。
（2）输入"step"或"s"以执行 C 语句"z1=x1*y1;"。
（3）输入"step"或"s"以执行 C 语句"z2=x1*3;"。
（4）输入"step"或"s"以执行 C 语句"z3=x1*4;"。
（5）输入"x/3xw 0xbfff314"以查看变量 z1、z2、z3 的机器数。

上述操作后各窗口中的部分内容如图 4.15 所示。图中下划线标出了 z1、z2、z3 的机器数和实现整数乘法运算的指令。

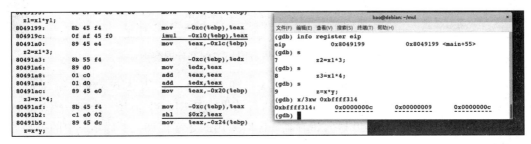

图 4.15　步骤 3 操作后各窗口中的部分内容

从图 4.15 中 C 语句"z1=x1*y1;""z2=x1*3;"和"z3=x1*4;"与各自机器级代码之间的对应关系可知，x1*y1 由带符号整数乘运算指令 imul 实现，而 x1*3 则转换成 x1+x1+x1 的计算方式通过两条 add 指令实现，x1*4 则转换成 $x1 \times 2^2$ 的计算方式通过一条左移两位的指令 shl 实现。为什么编译器要把整型变量与整型常数的乘运算转换为加减运算指令和移位指令呢？这是因为乘法器的实现电路比加减运算器和移位电路更复杂，整数乘运算的执行时间比整数加减运算和移位运算的执行时间更长。

步骤 4　继续输入 gdb 调试命令，以跟踪 C 语句"z=x*y;"的执行过程。
（1）输入"info register eip"以查看 eip 的内容（当前程序的断点位置）。
（2）输入"stepi"或"si"以执行指令"movzwl −0x12(%ebp), %edx"。
（3）输入"stepi"或"si"以执行指令"movzwl −0x14(%ebp), %eax"。
（4）输入"info register eax edx"以查看寄存器 eax 和 edx 中的内容。
（5）输入"stepi"或"si"以执行指令"imul %edx, %eax"。
（6）输入"info register eax edx eflags"以查看寄存器 eax、edx 和 eflags 中的内容。
（7）输入"stepi"或"si"以执行指令"mov %ax, −0x26(%ebp)"。
（8）输入"x/2xb 0xbfff312"以查看变量 z 的机器数。

上述操作后各窗口中的部分内容如图 4.16 所示。

图 4.16 中用方框标出了实现 C 语句"z=x*y;"的机器级指令序列，其中，两条 movzwl 指令分别用于将两字节的整型变量 x 和 y 零扩展后存入 edx 和 eax 中。方框内第 3 条指令"imul %edx,%eax"是带符号整数乘运算指令，其功能为 R[eax] ← R[eax] × R[edx]，从图 4.16 可知，该 imul 指令执行后，得到 R[eax]=0x0002 2b40，eflags 中低 12 位为 0x202，即生成的 OF 和 CF 标志位都为 0，表明 eax 中的乘积未发生溢出，由图 4.16 中下划线标出的 eax 和 edx 的内容可知，该指令实现的是 4 × 35 536=142 144，确实未发生溢出；最后一条 mov 指令用于将 ax 寄存器的内容存入变量 z 的地址中，z 的机器数为 R[ax]=0x2b40。

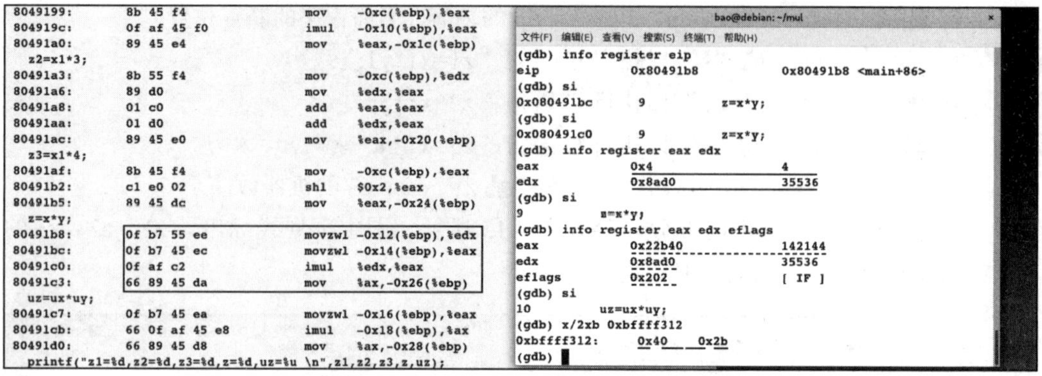

```
8049199:     8b 45 f4           mov    -0xc(%ebp),%eax
804919c:     0f af 45 f0        imul   -0x10(%ebp),%eax
80491a0:     89 45 e4           mov    %eax,-0x1c(%ebp)
   z2=x1*3;
80491a3:     8b 55 f4           mov    -0xc(%ebp),%edx
80491a6:     89 d0              mov    %edx,%eax
80491a8:     01 c0              add    %eax,%eax
80491aa:     01 d0              add    %edx,%eax
80491ac:     89 45 e0           mov    %eax,-0x20(%ebp)
   z3=x1*4;
80491af:     8b 45 f4           mov    -0xc(%ebp),%eax
80491b2:     c1 e0 02           shl    $0x2,%eax
80491b5:     89 45 dc           mov    %eax,-0x24(%ebp)
   z=x*y;
80491b8:     0f b7 55 ee        movzwl -0x12(%ebp),%edx
80491bc:     0f b7 45 ec        movzwl -0x14(%ebp),%eax
80491c0:     0f af c2           imul   %edx,%eax
80491c3:     66 89 45 da        mov    %ax,-0x26(%ebp)
   uz=ux*uy;
80491c7:     0f b7 45 ea        movzwl -0x16(%ebp),%eax
80491cb:     66 0f af 45 e8     imul   -0x18(%ebp),%ax
80491d0:     66 89 45 d8        mov    %ax,-0x28(%ebp)
   printf("z1=%d,z2=%d,z3=%d,uz=%u \n",z1,z2,z3,z,uz);
```

```
(gdb) info register eip
eip            0x80491b8           0x80491b8 <main+86>
(gdb) si
0x080491bc      9           z=x*y;
(gdb) si
0x080491c0      9           z=x*y;
(gdb) info register eax edx
eax            0x4                 4
edx            0x8ad0              35536
(gdb) si
 8           z=x*y;
(gdb) info register eax edx eflags
eax            0x22b40             142144
edx            0x8ad0              35536
eflags         0x202               [ IF ]
(gdb) si
10          uz=ux*uy;
(gdb) x/2xb 0xbffff312
0xbffff312:     0x40    0x2b
(gdb)
```

图 4.16 步骤 4 操作后各窗口中的部分内容

在 C 语言源程序文件 mul.c 中，变量 x=−30 000、y=4，表达式 x*y 的结果应是 −120 000，即指令"imul %edx,%eax"的执行结果应是 R[eax]=0xfffe 2b40，但是，因为将 x 的 16 位机器数 0x8ad0 送入寄存器 edx 时采用的是零扩展，所以 edx 中的被乘数的真值并不是 −300 000，而是 35 536，这使得指令"imul %edx,%eax"执行得到的在 eax 中的乘积机器数为 0x0002 2b40，对应真值为 142 144，而不是 −120 000。显然，如果将 x 和 y 存入 edx 和 eax 时采用的是符号扩展，则执行指令"imul %edx,%eax"后得到 R[eax]=0xfffe 2b40，使得在 eax 中可以得到正确的 x*y 的结果。

因为乘积 z 是 short 型数据，所以最终还要通过"mov %ax, -0x26(%ebp)"指令对 eax 寄存器中的数据进行截断，而仅将 ax 中的内容存入变量 z 的地址中。从上面的分析结果可以看出，不管对相乘的两个数进行零扩展还是符号扩展，得到 z 的机器数都是 0x2b40。因此，这里虽然 x 和 y 都是带符号整数，但编译器采用了零扩展传送指令 movzwl。其原因是，乘积 z 只取低 16 位，乘数 x 和 y 的高 16 位（即 edx 和 eax 寄存器中的高 16 位内容）不会影响 z 的结果。但是，因为 z 的结果是通过位截断而丢失了乘积高位有效数字而得到的，显然，"z=x*y;"的运算结果发生了溢出，说明 z 的结果（0x2b40）不正确。两个 n 位整数相乘，乘积有 $2n$ 位，如果结果只取乘积的低 n 位，则可能发生溢出。

步骤 5 继续输入 gdb 调试命令，以跟踪 C 语句"uz=ux*uy;"的执行过程。
（1）输入"stepi"或"si"以执行指令"movzwl -0x16(%ebp), %eax"。
（2）输入"info register eax"以查看寄存器 eax 的内容。
（3）输入"stepi"或"si"以执行指令"imul -0x18(%ebp), %ax"。
（4）输入"info register eax eflags"以查看寄存器 eax 和 eflags 的内容。
（5）输入"stepi"或"si"以执行指令"mov %ax, -0x28(%ebp)"。
（6）输入"x/2xb 0xbffff310"以查看变量 uz 的机器数。

上述操作后各窗口中的部分内容如图 4.17 所示。

图 4.17 中用方框标出了 C 语句"uz=ux*uy;"的机器级指令序列。其中，第一条 movzwl 指令用于将两字节的整型变量 ux 零扩展后存入 eax 中；第二条"imul -0x18(%ebp), %ax"指令是带符号整数乘运算指令，其功能为 R[ax] ← M[R[ebp]-0x18] × R[ax]，此处，地址 R[ebp]-0x18=0xbfff f338-0x18=0xbfff f320 开始的两个字节为变量 uy 的机器数。

从图 4.17 可以看出，该指令执行后，ax 寄存器中的内容为 0xd4c0，eflags 中低 12 位为 0xa87，即生成的 OF 和 CF 标志位都为 1，表明乘运算结果发生溢出，由图 4.17 中下划线标出的 eax 中的内容和值可知，该指令实现的是 30 000×4=54 464，显然该运算结果发生了溢出；因此，最后一条 mov 指令将 ax 中发生溢出的结果存入 uz 地址中，导致 uz 中的乘积结果不正确。

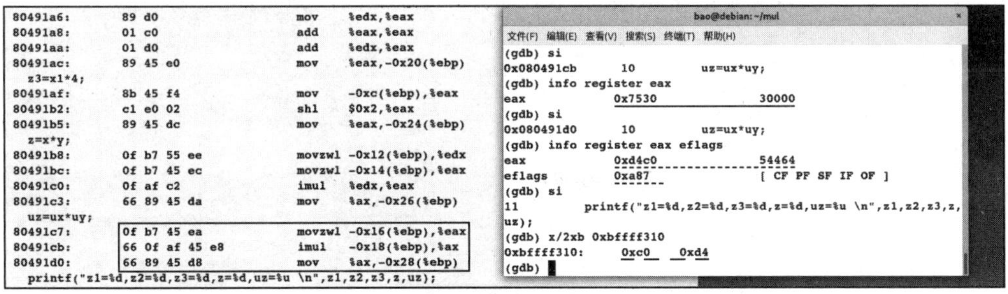

图 4.17　步骤 5 操作后各窗口中的部分内容

根据 mul.c 中的 C 语句代码可知，ux*uy 为两个无符号整数乘运算，但对应的乘运算指令却是带符号整数乘指令 imul。为什么此处未采用无符号整数乘指令 mul，而是用了带符号整数乘指令呢？在主教材 4.4.4 节中提到，带符号整数乘运算可以采用无符号整数乘法器（对应无符号整数乘指令）实现，只要最终取 $2n$ 位乘积中的低 n 位即可。同样，无符号整数乘运算可以采用带符号整数乘法器（对应带符号整数乘指令）实现，只要最终取 $2n$ 位乘积中的低 n 位即可。

步骤 6　继续输入 gdb 调试命令，以输出程序执行结果并退出 gdb 调试过程。

（1）输入 "continue" 或 "c" 以继续执行随后的 C 语句，从而输出程序执行结果。

（2）输入 "quit"，以退出 gdb 调试过程。

上述操作后，"终端" 窗口中的部分内容如图 4.18 所示。

图 4.18　步骤 6 操作后 "终端" 窗口中的部分内容

在 C 语言程序中，两个 n 位整数相乘，结果只保留 $2n$ 位乘积中的低 n 位，因此可能会发生溢出。虽然 IA-32 架构中乘运算指令会生成 OF 和 CF 标志位，有些情况下可以用乘法指令产生的标志位来判断是否溢出，但编译器通常不会判断结果是否溢出，而且，也不是所有情况下都可以依据标志位准确判断溢出，例如，以上步骤 4 提到的 C 语句 "z=x*y;" 的情况，虽然标志位确定没有溢出，但实际上发生了溢出。为了使 C 语言程序能够得到可靠的乘运算结果，程序员必须在 C 语言源程序中增加判断乘运算结果是否溢出的语句。

五、实验报告

本实验报告中的主要内容包括但不限于以下几个方面。

1. 本实验中提到，对于整型变量与整型常数之间的乘运算，可以通过加减指令或移位指令实现。对于两个整型变量之间的乘运算，如果编译器也将其转换为通过加减指令和移位指令来实现，那么转换得到的机器级代码应该是什么结构？这种方式与直接转换为一条整数乘运算指令的方式相比，哪种方式所用的执行时间更长？为什么？

2. 针对以下①～③中给出的程序及其调试执行结果，回答相应问题。

① 给定 C 语言程序文件 mul2.c 如下：

```
#include "stdio.h"
void main()
{   short x=-30000, y=4;
    int iz;
    unsigned short ux=30000, uy=4;
    unsigned uiz;
    iz=x*y;
    uiz=ux*uy;
    printf("iz=%d, uiz=%u \n", iz, uiz);
}
```

② 程序 mul2.c 的可执行文件对应的部分反汇编代码如下：

```
......
      iz=x*y;
804918b:    0f bf 55 f6           movswl -0xa(%ebp), %edx
804918f:    0f bf 45 f4           movswl -0xc(%ebp), %eax
8049193:    0f af c2              imul   %edx, %eax
8049196:    89 45 ec              mov    %eax, -0x14(%ebp)
      uiz=ux*uy;
8049199:    0f b7 55 f2           movzwl -0xe(%ebp), %edx
804919d:    0f b7 45 f0           movzwl -0x10(%ebp), %eax
80491a1:    0f af c2              imul   %edx, %eax
80491a4:    89 45 e8              mov    %eax, -0x18(%ebp)
......
```

③ 部分调试信息如下：

```
(gdb) info register ebp
ebp            0xbffff338
(gdb) x/2xw 0xbffff320
0xbffff320:    0x0001d4c0    0xfffe2b40
(gdb) info register eip
eip            0x80491a7
(gdb)
```

回答以下问题：

（1）变量 x、y 和 iz 所分配的存储地址分别是什么？iz 的机器数和真值分别是什么？iz 的输出结果是否正确？你是如何判断结果是否正确的？

（2）与 mul.c 中 C 语句 "z=x*y;" 的机器级代码相比，实现 C 语句 "iz=x*y;" 的机器级代码有何不同？若 "iz=x*y;" 的机器级代码中开始两条指令改用 movzwl，则 iz 的输出值是否会发生改变？若 mul.c 中 C 语句 "z=x*y;" 的机器级代码中开始两条指令改用 movswl，则最终 z 的输出值是否会发生改变？

（3）变量 ux、uy 和 uiz 所分配的存储地址分别是什么？uiz 的机器数和真值分别是什么？iz 的输出结果是否正确？你是如何判断结果是否正确的？

（4）C 语句"uiz=ux*uy;"的机器级代码中开始两条指令能否改用 movswl？为什么？C 语句"uiz=ux*uy;"实现的是无符号整数乘运算，为何机器级代码中第 3 条指令可以是带符号整数乘指令 imul？如果改用无符号整数乘运算指令 mul，则对应的机器级指令序列应如何调整（提示：需要查询无符号整数乘运算指令 mul 的相关资料，根据该指令的格式和功能，对其前后相关指令进行调整）？

实验 3 整数除运算

一、实验目的

1. 了解整数除法运算指令的格式及其功能。
2. 理解整数除法运算中的舍入规则。
3. 理解整数除法运算中的溢出原因和判断规则。
4. 理解高级语言程序中的整数除法运算对应的机器级代码。

二、实验要求

给定 C 语言源程序 div.c 的内容如下：

```
#include "stdio.h"
void main() {
    int x=-14, y=4;
    unsigned int ux=14, uy=4, uz;
    int z1, z2, z3, z4;
    z1=x/y;
    z2=x/4;
    uz=ux/uy;
    z3=-2147483648/(-1);
    printf("z1=%d, z2=%d, uz=%u, z3=%d\n", z1, z2, uz, z3);
    z4=x/0;
}
```

编辑生成上述 C 语言源程序，然后对其进行编译转换，以生成可执行文件，并对可执行文件进行调试，根据程序调试结果，完成以下任务或回答以下问题。

（1）根据程序调试结果，填写表 4.6 中指定寄存器或存储单元的内容。

表 4.6 实现除法运算过程中部分相关指令的结果

表达式	执行的部分指令	执行指令后，指定存储单元中的内容	
x/y	mov −0xc(%ebp), %eax	eax:	
	cltd	edx:	
	idivl −0x10(%ebp)	eax:	edx:
x/4	mov −0xc(%ebp), %eax	eax:	
	lea 0x3(%eax), %edx	edx:	
	test %eax, %eax	eax:	
	cmovs %edx, %eax	eax:	
	sar $0x2, %eax	eax:	

(续)

表达式	执行的部分指令	执行指令后,指定存储单元中的内容	
ux/uy	mov −0x14(%ebp), %eax	eax:	
	mov 0x0, %edx	edx:	
	divl −0x18(%ebp)	eax:	edx:
−2147483648/(−1)	movl $0x80000000, −0x28(%ebp)	−0x28(%ebp):	
x/0	mov −0xc(%ebp), %eax	eax:	
	mov $0x0, %ecx	ecx:	
	cltd	edx:	

（2）地址 8049193 处的指令"idivl −0x10(%ebp)"执行时被除数有多少字节？被除数存放在哪些单元中？

（3）地址 80491e4 处的指令"idiv %ecx"执行时被除数有多少字节？被除数存放在哪些单元中？为什么这里的指令助记符 idiv 后无须添加长度后缀 b、w 或 l？

三、实验准备

1.通过文本编辑器编辑生成 C 语言源程序文件 div.c 并将其保存在"~/ICS/div"目录中，或者将已有的 div.c 文件直接复制到"~/ICS/div"目录中。

2.打开"文件管理器"窗口、"文本编辑器"窗口和"终端"窗口，使其平铺于屏幕中，并在"文本编辑器"窗口中打开 div.c 文件。

3.在终端窗口的 shell 命令行状态下进行以下操作。

（1）输入"gcc -no-pie -fno-pic -g div.c -o div"，将 div.c 编译转换为可执行目标文件 div。

（2）输入"objdump -S div > div.txt"，将 div 中的机器代码进行反汇编，并将反汇编结果保存在文件 div.txt 中。

（3）输入"./div"，以启动可执行文件 div 的执行。

上述操作后各窗口中的部分内容如图 4.19 所示。

图 4.19 第 3 步操作后各窗口中的部分内容

从图 4.19 可看出，编译 div 程序时对 C 语句"z4=x/0;"有除数为零的警告信息。执行程序后的输出结果中，当 x=−14 时，执行 C 语句"z2=x/4;"后输出 z2 的结果为整数 −3；执行 C 语句"z3=−2147483648/(−1);"后输出 z3 的结果为 −2 147 483 648；没有输出 z4 的结果，而是报告"浮点数例外"。请思考为何会出现这些结果。

4.进行如下操作，以准备好单步调试的环境。

（1）在"文件管理器"窗口中双击 div.txt 文件图标，以使该文件显示在"文本编辑器"窗口中。

（2）在"文本编辑器"窗口中移动鼠标，以使 main() 函数对应的代码内容能显示出来。

上述操作后各窗口中的部分内容如图 4.20 所示。

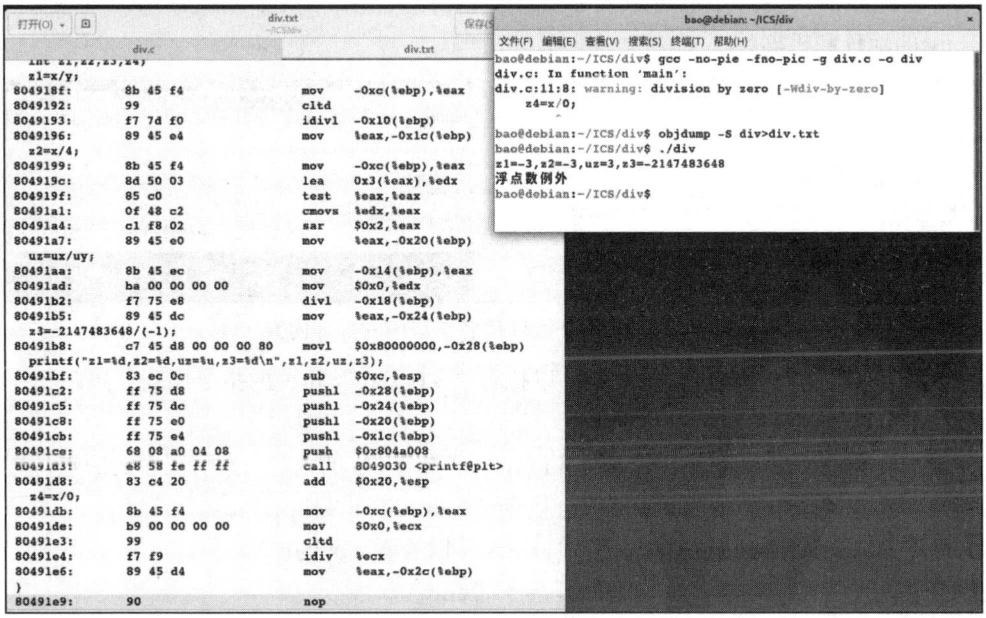

图 4.20　第 4 步操作后各窗口中的部分内容

从图 4.20 中可以看出，C 语言程序中不同的整数除法运算被编译器转换为不同的指令实现，这些指令可能是除法指令，也可能是移位指令，在除法指令或移位指令前还需要其他运算处理。除法运算表达式为什么不直接使用除法指令实现呢？

在计算机系统微架构层，带符号整数除法运算电路与无符号整数除法运算电路不同，因而在 IA-32 指令系统中有专门的带符号整数除法运算指令 idiv 和无符号整数除法运算指令 div，指令助记符后用长度后缀 b、w 或 l 分别表示被除数是 16 位、32 位或 64 位。

四、实验步骤

按如下步骤在终端窗口中输入 gdb 调试操作命令，对可执行文件进行调试。

步骤 1　启动 gdb 调试命令，使程序执行到设置的断点处停下。具体操作如下。

（1）在 shell 命令行提示符下，输入命令"gdb div"，以启动 gdb 命令并加载 div 可执行文件。

（2）在 gdb 调试状态下，输入"break main"或"b main"，以在 main 函数处设置断点。

（3）输入"run"或"r"以启动程序运行，并在设置的断点处停下。

（4）输入"info register eip"或"i r eip"以查看 eip 的内容（当前程序的断点位置）。

步骤 2 继续输入 gdb 调试命令，以查看变量 x、y、ux、uy 的机器数。

（1）输入"step"或"s"以执行 C 语句"int x=-14, y=4;"。

（2）输入"step"或"s"以执行 C 语句"int ux=14, uy=4, uz;"。

（3）输入"info register ebp"或"i r ebp"以查看 ebp 的内容。

（4）输入"x/4xw 0xbfff260"以查看变量 x、y、ux、uy 的机器数。

上述操作后各窗口中的部分内容如图 4.21 所示。图中的下划线标出了变量 x、y、ux、uy 的地址和机器数。

图 4.21 步骤 2 操作后各窗口中的部分内容

步骤 3 继续输入 gdb 调试命令，以执行"z1=x/y;"相关的指令序列，跟踪指令执行过程中寄存器或存储单元的内容。

（1）输入"info register eip"或"i r eip"以查看 eip 的内容（当前程序的断点位置）。

（2）输入"stepi"或"si"以执行指令"mov -0xc(%ebp), %eax"。

（3）输入"info register eax"或"i r eax"以查看 eax 的内容。

（4）输入"stepi"或"si"以执行指令"cltd"。

（5）输入"info register edx"或"i r edx"以查看 edx 的内容。

（6）输入"stepi"或"si"以执行指令"idivl -0x10(%ebp)"。

（7）输入"info register eax edx"或"i r eax edx"以查看 eax 和 edx 的内容。

（8）输入"stepi"或"si"以执行指令"mov %eax, -0x1c(%ebp)"。

（9）输入"x/1xw 0xbfff25c"以查看变量 z1 的机器数。

上述操作后各窗口中的部分内容如图 4.22 所示。

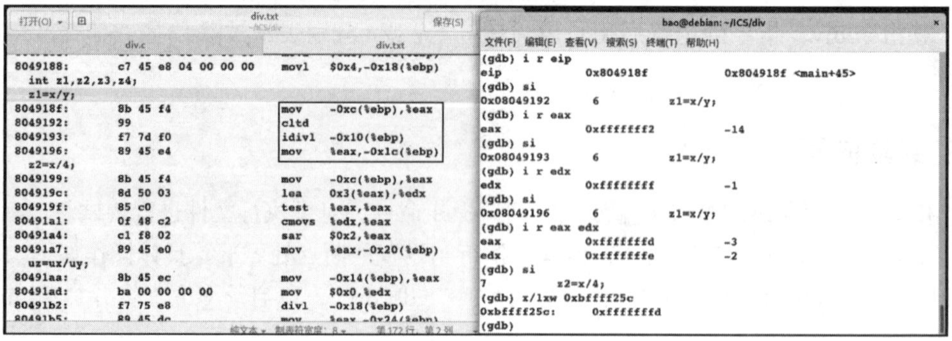

图 4.22 步骤 3 操作后各窗口中的部分内容

图 4.22 中用方框标出了实现 C 语句"z1=x/y;"的机器级指令序列。其中，指令"mov -0xc(%ebp), %eax"用于将四字节的整型变量 x 存入 eax 中。cltd 指令的功能是将 eax 中的 32 位整数符号扩展为 64 位，高 32 位用 eax 中的符号位填充并被保存到 edx，

也就是说，若 eax 中二进制序列最高位为 0，则 cltd 指令将把 edx 置为 32 个 0，相反，如果 eax 中二进制序列最高位为 1，则 cltd 指令将会填充 edx 为 32 个 1。cltd 指令常用来根据 eax 中存放的 32 位被除数扩展为 64 位被除数。"idivl −0x10(%ebp)"是带符号整数除指令，64 位被除数隐含在 edx-eax 寄存器中，除数在地址 −0x10(%ebp) 处，执行除运算后，商在 eax 中，余数在 edx 中。"mov %eax, −0x1c(%ebp)"指令用于将 eax 中的内容存入地址 −0x1c(%ebp) 处，将上述 idivl 除法指令得到的商传送给变量 z1，z1 的地址为 −0x1c(%ebp)。

初始时，R[eax]=0xffff fff2。eax 中的符号位为 1，因此，执行 cltd 指令后，R[edx]=0xffff ffff，idivl 指令实现 0xffff ffff ffff fff2 对 0x0000 0004 的补码除运算，将商 0xffff fffd 送入 eax 中，将余数 0xffff fffe 送入 edx 中。最后将商传给变量 z1，z1 的机器数为 0xffff fffd，值为 −3。

步骤 4 继续输入 gdb 调试命令，以执行"z2=x/4;"相关的指令序列，跟踪指令执行过程中寄存器或存储单元的内容。

（1）输入"info register eip"或"i r eip"以查看 eip 的内容（当前程序的断点位置）。

（2）输入"stepi"或"si"以执行指令"mov −0xc(%ebp), %eax"。

（3）输入"info register eax"或"i r eax"以查看 eax 的内容。

（4）输入"stepi"或"si"以执行指令"lea 0x3(%eax), %edx"。

（5）输入"info register edx"或"i r edx"以查看 edx 的内容。

（6）输入"stepi"或"si"以执行指令"test %eax, %eax"。

（7）输入"info register eax eflags"或"i r eax eflags"以查看 eax 和 eflags 的内容。

（8）输入"stepi"或"si"以执行指令"cmovs %edx, %eax"。

（9）输入"info register eax"或"i r eax"以查看 eax 的内容。

（10）输入"stepi"或"si"以执行指令"sar $0x2, %eax"。

（11）输入"info register eax"或"i r eax"以查看 eax 的内容。

（12）输入"stepi"或"si"以执行指令"mov %eax, −0x20(%ebp)"。

（13）输入"x/1xw 0xbffff258"以查看变量 z2 的机器数。

上述操作后各窗口中的部分内容如图 4.23 所示。

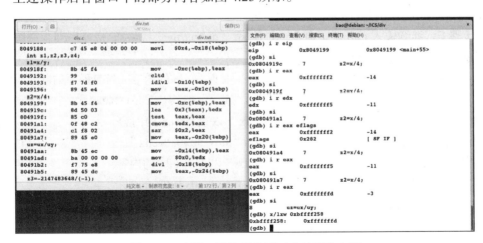

图 4.23　步骤 4 操作后各窗口中的部分内容

主教材 4.6 节中提到，编译器在处理一个整型变量与一个 2 的幂的整数相除时，通常采用右移运算来实现。带符号整数除法采用算术右移方式，无符号整数除法采用逻辑右移方式。

对于两个整数相除，要求其结果也是整数。在不能整除时，其商采用朝 0 方向舍入方式，即截断方式。例如，14/4=3，-14/4=-3，即正数商取比自身小的最接近整数，负数商取比自身大的最接近整数。对于无符号整数，采用逻辑右移时，高位补 0，低位移出，移位后得到的商的值与直接相除得到的商一致，例如，0000 1110B >>2=0000 0011B=3。对于带符号整数，采用算术右移时，高位补符号位，低位移出。当符号位为 0 时，移位方式得到的商与直接相除得到的商一致；当符号位为 1 时，若低位移出的不是全 0，说明不能整除，此时若右移时直接丢弃移出的位，则得到的商是向 $-\infty$ 方向舍入，例如，-14 的 8 位补码为 1111 0010，1111 0010B >>2=1111 1100B，1111 1100B 对应的真值为 -4，即 -14/4=-4。

对于带符号整数 x，编译器处理 $x/2^k$ 形式的除法时，为避免商朝 $-\infty$ 方向舍入，需要测试 x 是否为负数，若 x 为负数，则商为 $(x+2^k-1)>>k$。

图 4.23 中用方框标出了实现 C 语句 "z2=x/4;" 的机器级指令序列。其中，指令 "mov -0xc(%ebp),%eax" 用于将四字节的整型变量 x 存入 eax 中。指令 "lea 0x3(%eax),%edx" 的功能是将 $x+(2^2-1)$ 存入 edx。指令 "test %eax,%eax" 的功能是检测 x 是否为负数，更新标志位。指令 "cmovs %edx,%eax" 根据 SF 标志位实现数据传送，若 x 为负数，则将 edx 的内容送入 eax。这两条指令用于判断 x 是否为负数，若 x 为负数，则将修正后的 edx 内容送入 eax。指令 "sar $0x2,%eax" 实现将 eax 内容算术右移两位。

综上，前 5 条指令实现的功能如下：当 $x \geqslant 0$ 时，eax 中为 x>>2；当 x<0 时，eax 中为 $(x+2^2-1)>>2$。最后一条指令 "mov %eax,-0x20(%ebp)" 用于将 eax 中的内容存入地址 -0x20(%ebp) 处，将 x/4 的结果赋给变量 z2，z2 的地址为 -0x20(%ebp)。

初始时，R[eax]=0xffff fff2，执行 lea 指令后 R[edx]=R[eax]+3=0xffff fff5。由于 eax 中符号位为 1，即 SF=1（eflags 中低 12 位为 0x282，验证确认 SF 为 1），所以执行 test 和 cmovs 两条指令后，R[eax]=R[edx]=0xffff fff5。sar 指令执行后 R[eax] 算术右移 2 位得到 R[eax]= 0xffff fffd，即地址 0x20(%ebp) 处 z2 的机器数为 0xffff fffd。

步骤 5 继续输入 gdb 调试命令，以执行 "uz=ux/uy;" 相关的指令序列，跟踪指令执行过程中寄存器或存储单元中的内容。

（1）输入 "info register eip" 或 "i r eip" 以查看 eip 的内容（当前程序的断点位置）。

（2）输入 "stepi" 或 "si" 以执行指令 "mov -0x14(%ebp),%eax"。

（3）输入 "info register eax" 或 "i r eax" 以查看 eax 的内容。

（4）输入 "stepi" 或 "si" 以执行指令 "mov $0x0,%edx"。

（5）输入 "info register edx" 或 "i r edx" 以查看 edx 的内容。

（6）输入 "stepi" 或 "si" 以执行指令 "divl -0x18(%ebp)"。

（7）输入 "info register eax edx" 或 "i r eax edx" 以查看 eax 和 edx 的内容。

（8）输入 "stepi" 或 "si" 以执行指令 "mov %eax,-0x24(%ebp)"。

（9）输入 "x/1xw 0xbffff254" 以查看变量 uz 的机器数。

上述操作后各窗口中的部分内容如图 4.24 所示。

图 4.24　步骤 5 操作后各窗口中的部分内容

图 4.24 中用方框标出了实现 C 语句 "uz=ux/uy;" 的机器级指令序列。因为 ux、uy 为无符号整数，所以 32 位被除数扩展为 64 位时高位补 0，采用无符号整数的除法指令 divl，64 位被除数在 edx-eax 中，将商送入 eax 中，将余数送入 edx 中。

初始时 R[eax]=0x0000 000e，R[edx]-0x0000 0000。divl 指令实现 0x0000 0000 0000 000e 对 0x0000 0004 的除法运算，将商 0x0000 0003 送入 eax 中，将余数 0x0000 0002 送入 edx 中。最后将商传给变量 uz，uz 的机器数为 0x0000 0003，值为 3。

步骤 6　继续输入 gdb 调试命令，以执行 "z3=-2147483648/(-1);" 相关的指令序列，跟踪指令执行过程中存储单元的内容。

（1）输入 "info register eip" 或 "i r eip" 以查看 eip 的内容（当前程序的断点位置）。

（2）输入 "stepi" 或 "si" 以执行指令 "movl $0x80000000, -0x28(%ebp)"。

（3）输入 "x/1xw 0xbffff250" 以查看变量 z3 的机器数。

上述操作后各窗口中的部分内容如图 4.25 所示。

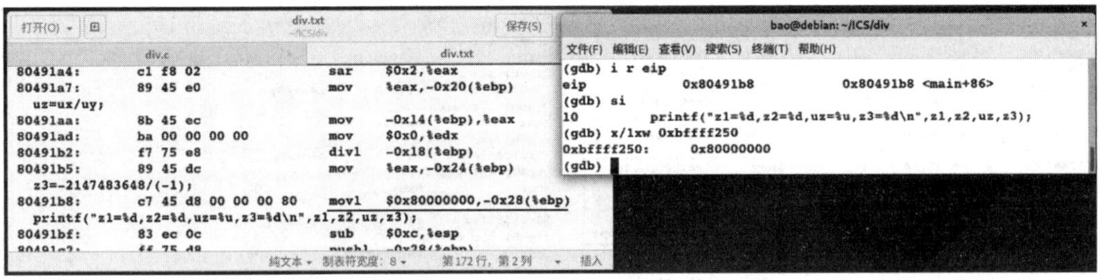

图 4.25　步骤 6 操作后各窗口中的部分内容

编译器计算出 -2147483648/(-1) 的机器数为 0x8000 0000，因此，直接将 0x8000 0000 作为运算结果，通过指令 "movl $0x80000000, -0x28(%ebp)"，将 0x8000 0000 存入变量 z3 所在的地址 -0x28(%ebp) 处。

步骤 7　继续输入 gdb 调试命令，以执行输出语句，查看 z1、z2、uz 和 z3 的值。

（1）输入 "info register eip" 或 "i r eip" 以查看 eip 的内容（当前程序的断点位置）。

（2）输入 "next" 以执行 C 语句 "printf("z1=%d, z2=%d, uz=%u, z3=%d\n", z1, z2, uz, z3);"。

上述操作后各窗口中的部分内容如图 4.26 所示。

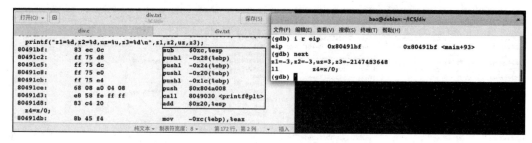

图 4.26　步骤 7 操作后各窗口中的部分内容

图 4.26 的方框中标出的是函数调用语句"printf("z1=%d, z2=%d, uz=%u, z3=%d\n", z1, z2, uz, z3);"对应的指令序列，用"next"命令直接执行。z3 的机器数为 0x8000 0000，用 %d 格式串输出时作为补码转换为真值 −2 147 483 648。

步骤 8　继续输入 gdb 调试命令，以执行"z4=x/0;"相关的指令序列，跟踪指令执行过程中寄存器中的内容。

（1）输入"info register eip"或"i r eip"以查看 eip 的内容（当前程序的断点位置）。

（2）输入"stepi"或"si"以执行指令"mov −0xc(%ebp), %eax"。

（3）输入"info register eax"或"i r eax"以查看 eax 的内容。

（4）输入"stepi"或"si"以执行指令"mov $0x0, %ecx"。

（5）输入"info register ecx"或"i r ecx"以查看 ecx 的内容。

（6）输入"stepi"或"si"以执行指令"cltd"。

（7）输入"info register edx"或"i r edx"以查看 edx 的内容。

（8）输入"stepi"或"si"以执行指令"idiv %ecx"。

上述操作后各窗口中的部分内容如图 4.27 所示。

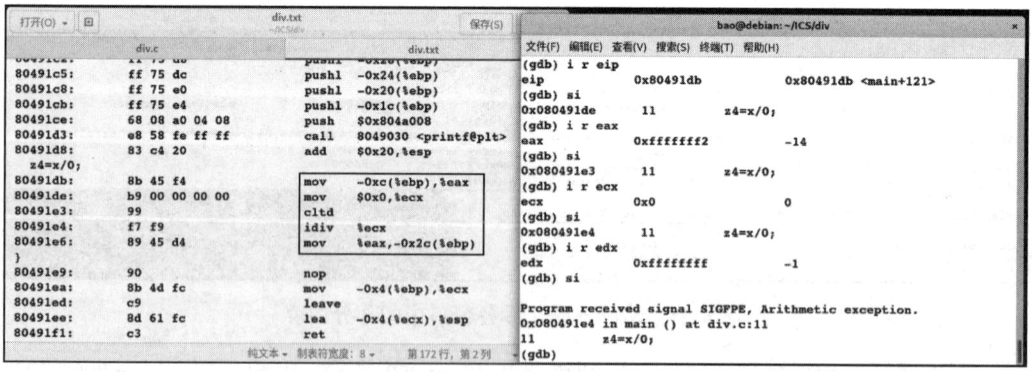

图 4.27　步骤 8 操作后各窗口中的部分内容

图 4.27 的方框中是 C 语句"z4=x/0;"对应的指令序列。在 Intel x86+Linux 系统中，除法错对应 0 号异常，转相应异常处理函数 do_divide_error() 执行，在内核态执行该函数时，会向发生异常的用户进程发送信号 SIGFPE，从而使用户进程转到相应的浮点异常信号处理程序执行，默认情况下，该信号处理程序输出信息"Program received signal SIGFPE, Arithmetic exception"。

五、实验报告

本实验报告中的主要内容包括但不限于以下几个方面。

1. 本实验中提到,编译器在处理一个整型变量与一个 2 的幂的整数相除时,通常采用右移指令实现,这种方式与直接转换为一条整数除运算指令的方式相比,哪种方式所用的执行时间更长?为什么?

2. 给定 C 语言程序文件 div2.c 和 div3.c 如下:

```
/* div2.c */
#include "stdio.h"
void main()
{   int x=-2147483648, y=-1, z;
    z=x/y;
    printf("z=%d\n", z);
}
/* div3.c */
#include "stdio.h"
void main()
{   int x=-2147483648, z;
    z=x/(-1);
    printf("z=%d\n", z);
}
```

回答以下问题或完成以下任务。

(1) 执行上述两个程序,其输出结果是否相同?

(2) 调试并执行上述两个程序,从机器级代码层面分析并解释两个程序的执行结果。

3. 假设 x 为一个 int 型变量,请编写计算 x/8 的 C 语言程序 div8.c,要求不能使用除法运算、乘法运算、模运算、比较运算、循环语句和条件语句,可以使用右移、加法以及任何按位运算。对可执行文件进行调试执行,以查看每一步的执行情况和程序输出结果。要求将整个调试过程截图并分析执行情况和输出结果。

实验 4 浮点数运算

一、实验目的

1. 了解浮点数处理指令的格式及其功能。
2. 理解浮点数运算中的大数吃小数现象。
3. 理解 C 语言程序中整数除运算和浮点数除运算的差别。

二、实验要求

给定 C 语言源程序 floatcal.c 的内容如下:

```
#include "stdio.h"
void main()
{   int i=9;
```

```
    float x1=1e20, x2=-1e20, x3=2, f1, f2;
    float y1, y2;
    f1=x1+(x2+x3);
    f2=(x1+x2)+x3;
    y1=i/4;
    y2=i/4.0;
    printf("f1=%f\nf2=%f\n", f1, f2);
    printf("y1=%f\ny2=%f\n", y1, y2);
}
```

编辑生成上述 C 语言源程序，然后对其进行编译转换，以生成可执行文件，并对可执行文件进行调试，根据程序调试结果，填写表 4.7 中各变量或表达式的机器数（用十六进制表示）。

表 4.7 浮点型变量和浮点运算表达式的机器数

变量	机器数	变量	机器数	表达式	机器数
i		f1		x2+x3	
x1		f2		x1+(x2+x3)	
x2		y1		x1+x2	
x3		y2		(x1+x2)+x3	

三、实验准备

1. 通过"文本编辑器"编辑生成 C 语言源程序文件 floatcal.c 并将其保存在主目录下的 floatcal 目录中，或者将已有的 floatcal.c 文件直接复制到主目录下的 floatcal 目录中。

2. 打开"文件"窗口、"文本编辑器"窗口和"终端"窗口，使其平铺于屏幕中，并在"文本编辑器"窗口中打开 floatcal.c 文件。

3. 在"终端"窗口中进行以下操作。

（1）在 shell 命令行状态下，输入"cd floatcal"，以设置"~/floatcal"为当前目录。

（2）输入"gcc -no-pie -fno-pic -g floatcal.c -o floatcal"，将 floatcal.c 编译转换为可执行目标文件 floatcal。

（3）输入"objdump -S floatcal > floatcal.txt"，将 floatcal 中的机器代码进行反汇编，并将反汇编结果保存在文件 floatcal.txt 中。

（4）输入"./floatcal"，以启动可执行文件 floatcal 的执行。

上述操作后"终端"窗口中的内容如图 4.28 所示。

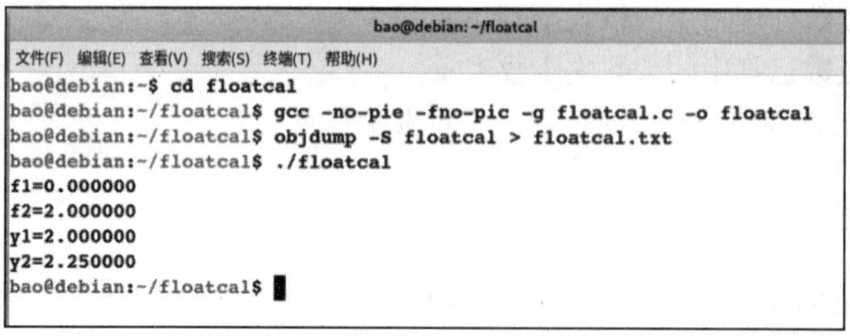

```
                        bao@debian: ~/floatcal
文件(F) 编辑(E) 查看(V) 搜索(S) 终端(T) 帮助(H)
bao@debian:~$ cd floatcal
bao@debian:~/floatcal$ gcc -no-pie -fno-pic -g floatcal.c -o floatcal
bao@debian:~/floatcal$ objdump -S floatcal > floatcal.txt
bao@debian:~/floatcal$ ./floatcal
f1=0.000000
f2=2.000000
y1=2.000000
y2=2.250000
bao@debian:~/floatcal$
```

图 4.28 第 3 步操作后"终端"窗口中的内容

根据 floatcal.c 中的 C 语句" f1=x1+(x2+x3);"和" f2=(x1+x2)+x3;"，预期变量 f1

和 f2 的输出值应相同，但是，从图 4.28 所示的程序执行结果看，变量 f1 和 f2 的实际输出值不同。

同样，根据 floatcal.c 中的 C 语句“ y1=i/4;”和“ y2=i/4.0;”，预期变量 y1 和 y2 的输出值应相同，但是，从图 4.28 所示的程序执行结果看，变量 y1 和 y2 的实际输出值也不同。

为什么计算机中浮点数运算会出现上述两种情况呢？

4. 进行如下操作，以准备好单步调试的环境。

（1）在“文件”窗口中双击 floatcal.txt 文件图标，使该文件显示在“文本编辑器”窗口中。

（2）在“文本编辑器”窗口中移动鼠标，使 main() 函数对应的代码内容能显示出来。

上述操作后“文本编辑器”窗口中的部分内容如图 4.29 所示。

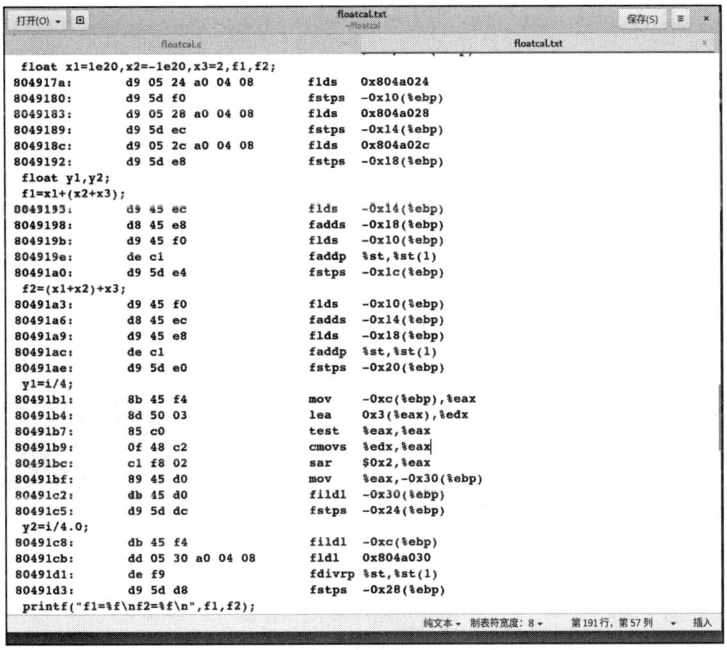


```
 float x1=1e20,x2=-1e20,x3=2,f1,f2;
804917a:      d9 05 24 a0 04 08      flds   0x804a024
8049180:      d9 5d f0               fstps  -0x10(%ebp)
8049183:      d9 05 28 a0 04 08      flds   0x804a028
8049189:      d9 5d ec               fstps  -0x14(%ebp)
804918c:      d9 05 2c a0 04 08      flds   0x804a02c
8049192:      d9 5d e8               fstps  -0x18(%ebp)
 float y1,y2;
 f1=x1+(x2+x3);
8049195:      d9 45 ec               flds   -0x14(%ebp)
8049198:      d8 45 e8               fadds  -0x18(%ebp)
804919b:      d9 45 f0               flds   -0x10(%ebp)
804919e:      de c1                  faddp  %st,%st(1)
80491a0:      d9 5d e4               fstps  -0x1c(%ebp)
 f2=(x1+x2)+x3;
80491a3:      d9 45 f0               flds   -0x10(%ebp)
80491a6:      d8 45 ec               fadds  -0x14(%ebp)
80491a9:      d9 45 e8               flds   -0x18(%ebp)
80491ac:      de c1                  faddp  %st,%st(1)
80491ae:      d9 5d e0               fstps  -0x20(%ebp)
 y1=i/4;
80491b1:      8b 45 f4               mov    -0xc(%ebp),%eax
80491b4:      8d 50 03               lea    0x3(%eax),%edx
80491b7:      85 c0                  test   %eax,%eax
80491b9:      0f 48 c2               cmovs  %edx,%eax
80491bc:      c1 f8 02               sar    $0x2,%eax
80491bf:      89 45 d0               mov    %eax,-0x30(%ebp)
80491c2:      db 45 d0               fildl  -0x30(%ebp)
80491c5:      d9 5d dc               fstps  -0x24(%ebp)
 y2=i/4.0;
80491c8:      db 45 f4               fildl  -0xc(%ebp)
80491cb:      dd 05 30 a0 04 08      fldl   0x804a030
80491d1:      de f9                  fdivrp %st,%st(1)
80491d3:      d9 5d d8               fstps  -0x28(%ebp)
 printf("f1=%f\nf2=%f\n",f1,f2);
```

图 4.29　第 4 步操作后“文本编辑器”窗口中的部分内容

在第 3 章的实验 2 中提到，IA-32 架构平台下，GCC 默认生成 x87 浮点指令集代码。在图 4.29 中，flds 和 fildl 为 x87 浮点数装入指令，fstps 为浮点数存储指令，fadds、faddp、fdivrp 等属于浮点数运算指令。

对于 x87 浮点处理架构，浮点寄存器栈 ST(0)~ST(7) 中每个浮点寄存器有 80 位。80 位的浮点数格式由 1 位符号、15 位阶码和 64 位尾数组成，因而浮点数中的有效位数大于 float 型和 double 型浮点数中的有效精度位数。

flds、fildl 指令用于将存储单元中的 32 位或 64 位数据压入栈顶 ST(0)，fstps 指令用于将栈顶 ST(0) 中的数据转换为等值的 float 型或 double 型数据并存储到 32 位或 64 位存储单元中。因为 ST(0) 的位数比 32 或 64 都大，所以，数据在存储单元和浮点寄存器之间进行数据传送的过程中可能会发生精度损失。

fadds、faddp、fdivrp 等浮点数运算指令是将数据从浮点寄存器栈中取出，直接以 80 位浮点数格式送入浮点运算部件进行运算，运算结果还是保存在栈顶 ST(0) 中。

四、实验步骤

按如下步骤在"终端"窗口中输入 gdb 调试操作命令，对可执行文件进行调试。

步骤 1 启动 gdb 调试命令，使程序执行到设置的断点处停下。具体操作如下。

（1）在 shell 命令行提示符下，输入命令"gdb floatcal"，以启动 gdb 命令并加载 floatcal 可执行文件。

（2）在 gdb 调试状态下，输入"break main"或"b main"，以在 main 函数处设置断点。

（3）输入"run"或"r"以启动程序运行，并在设置的断点处停下。

（4）输入"info register eip"或"i r eip"以查看 eip 的内容（当前程序的断点位置）。

步骤 2 继续输入 gdb 调试命令，以查看变量 i、x1、x2、x3 的机器数。

（1）输入"step"或"s"以执行 C 语句"i=9;"。

（2）输入"step"或"s"以执行 C 语句"x1=1e20, x2=-1e20, x3=2;"。

（3）输入"info register ebp"或"i r ebp"以查看 ebp 的内容。

（4）输入"x/4xw 0xbffff300"以查看变量 i、x1、x2、x3 的机器数。

上述操作后各窗口中的部分内容如图 4.30 所示。图中的下划线标出了变量 i、x1、x2、x3 的地址和机器数。

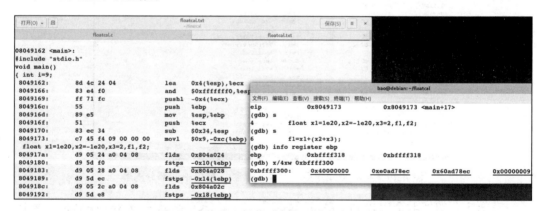

图 4.30 步骤 2 操作后各窗口中的部分内容

步骤 3 继续输入 gdb 调试命令，以跟踪 C 赋值语句"f1=x1+(x2+x3);"的执行并查看变量 f1 的机器数。

（1）输入"stepi"或"si"以执行指令"flds -0x14(%ebp)"。

（2）输入"info all-register st0"以查看 ST(0) 寄存器的内容。

（3）输入"stepi"或"si"以执行指令"fadds -0x18(%ebp)"。

（4）输入"info all-register st0"以查看 ST(0) 寄存器的内容。

（5）输入"stepi"或"si"以执行指令"flds -0x10(%ebp)"。

（6）输入"info all-register st0 st1"以查看 ST(0) 和 ST(1) 寄存器的内容。

（7）输入"stepi"或"si"以执行指令"faddp %st,%st(1)"。
（8）输入"info all-register st0 st1"以查看 ST(0) 和 ST(1) 寄存器的内容。
（9）输入"stepi"或"si"以执行指令"fstps –0x1c(%ebp)"。
（10）输入"x/1xw 0xbffff2fc"以查看变量 f1 的机器数。
上述操作后各窗口中的部分内容如图 4.31 所示。

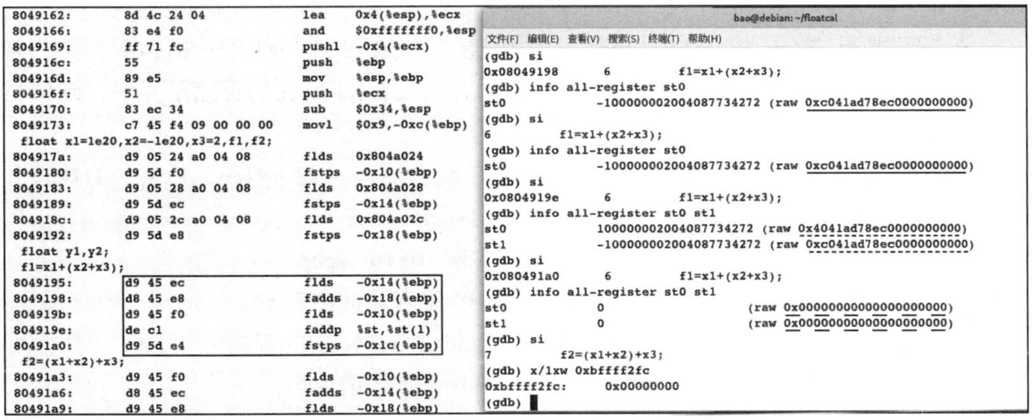

图 4.31 步骤 3 操作后各窗口中的部分内容

图 4.31 中用方框标出了 C 语句"f1=x1+(x2+x3);"对应的 5 条机器级指令序列。

第一条指令"flds –0x14(%ebp)"的功能为 R[st0] ← M[R[ebp]–0x14]，该指令执行后，浮点寄存器栈顶 ST(0) 中的内容为变量 x2 对应的 80 位浮点格式机器数。从图 4.31 可看出，执行完变量 x2 的初始化赋值语句"x2=–1e20;"后，在其所分配的存储单元中的机器数为 0xe0ad 78ec。从图 4.31 可知，通过指令"flds –0x14(%ebp)"将该机器数装入 ST(0) 后，该机器数被转换成 80 位浮点格式机器数 0xc041 ad78 ec00 0000 0000。

第 2 条指令"fadds –0x18(%ebp)"的功能为 R[st0] ← M[R[ebp]–0x18]+R[st0]。x87 浮点运算部件处理的浮点数为 80 位浮点格式，因此该指令执行时，先将地址 R[ebp]–0x18=0xbfff f318–0x18=0xbfff f300 开始的 4 个存储单元中变量 x3 的机器数 0x4000 0000 转换为 80 位格式的浮点数后，与 ST(0) 内容相加。执行该指令后，ST(0) 内容为计算 x2+x3 后得到的 80 位浮点格式机器数。图 4.31 中的下划实线标出了执行该指令前、后 ST(0) 中的机器数，可以看出这两个机器数完全相同，ST(0) 没有变化，即 x2+x3 等于 x2。

做浮点数加运算时首先要对阶，取大的阶码，小阶码的尾数右移。这里，x2 和 x3 的阶码分别为 66 和 1，因此 x3 的尾数需要右移。由于 x2 和 x3 的阶码差为 66–1=65，所以 x3 的尾数需要右移 65 位。因为 65>64，所以 x3 的尾数右移时移出了 80 位浮点格式的 64 位尾数范围，导致对阶后 x3 的尾数为 0，因此 x2+x3 等于 x2。这就是浮点数加减运算中的大数吃小数现象，大数是指阶码大的数。

第 3 条指令"flds –0x18(%ebp)"的功能为 R[st0] ← M[R[ebp]–0x18]。浮点寄存器采用栈结构，执行该指令时，新装入的数据压栈作为栈顶 ST(0) 的内容，而原 ST(0) 内容作为次栈顶 ST(1) 的内容。因此，ST(0) 和 ST(1) 中的内容分别为变量 x1 和表达式 x2+x3 的机器数，图 4.31 中用下划短虚线标出了这些机器数。

第 4 条指令"faddp %st, %st(1)"的功能为 R[st0] ← R[st0]+R[st1]。执行该指令时,弹出栈顶 ST(0) 和次栈顶 ST(1) 中的内容,并把它们送入浮点数加法器中进行运算,再将结果压入栈顶 ST(0)。执行该指令后,ST(1) 中的内容被清空(即全 0),ST(0) 中的内容为 x1+(x2+x3),因为 x1 和 x2+x3 两个加数的机器数仅符号位不同,所以相加结果为 0。图 4.31 中用下划长虚线标出了执行该浮点加法指令后 ST(0) 和 ST(1) 中的机器数,都是全 0。

第 5 条指令"fstps -0x1c(%ebp)"的功能为 M[R[ebp]-0x1c] ← R[st0],用于将 ST(0) 中 80 位格式的浮点数转换为 32 位格式后存入变量 f1 所在的存储单元中,f1 的机器数为全 0。

步骤 4 继续输入 gdb 调试命令,以跟踪 C 赋值语句"f2=(x1+x2)+x3;"的执行并查看变量 f2 的机器数。

(1)输入"stepi"或"si"以执行指令"flds -0x10(%ebp)"。
(2)输入"info all-register st0"以查看 ST(0) 寄存器的内容。
(3)输入"stepi"或"si"以执行指令"fadds -0x14(%ebp)"。
(4)输入"info all-register st0"以查看 ST(0) 寄存器的内容。
(5)输入"stepi"或"si"以执行指令"flds -0x18(%ebp)"。
(6)输入"info all-register st0 st1"以查看 ST(0) 和 ST(1) 寄存器的内容。
(7)输入"stepi"或"si"以执行指令"faddp %st, %st(1)"。
(8)输入"info all-register st0 st1"以查看 ST(0) 和 ST(1) 寄存器的内容。
(9)输入"stepi"或"si"以执行指令"fstps -0x20(%ebp)"。
(10)输入"x/1xw 0xbffff2f8"以查看变量 f2 的机器数。

上述操作后各窗口中的部分内容如图 4.32 所示。

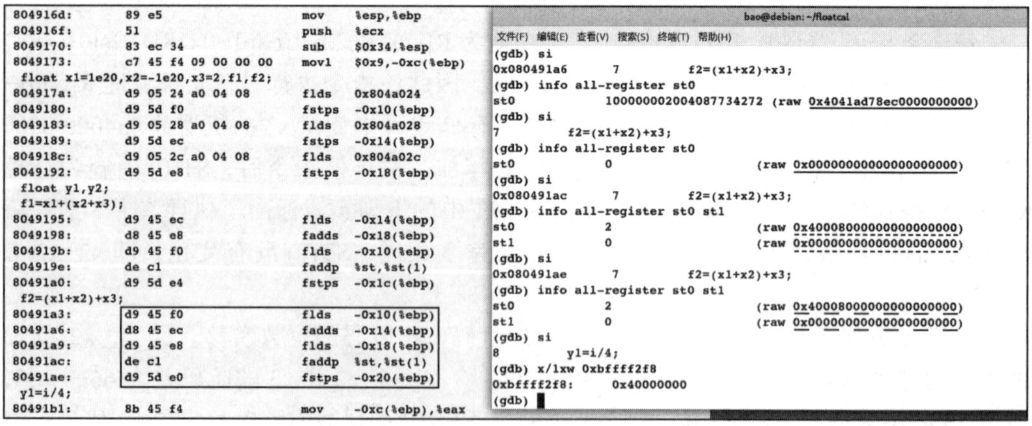

图 4.32 步骤 4 操作后各窗口中的部分内容

图 4.32 中用方框标出了 C 语句"f2=(x1+x2)+x3;"对应的 5 条机器级指令序列。从对应的指令序列来看,它与"f1=x1+(x2+x3);"的指令序列基本相同。x1 和 x2 的绝对值相同而符号相反,因而第 2 条浮点加指令 fadds 执行后,ST(0) 中的内容为 0;第 4 条浮点加指令 faddp 执行后,存放在 ST(0) 中的结果为 x3 对应的 80 位浮点格式机器数 0x4000 8000 0000 0000 0000;第 5 条指令 fstps 将 ST(0) 中的 80 位浮点格式机器数转换

为 32 位浮点格式机器数 0x4000 0000 后，存入 f2 所在的存储单元中。

从上述步骤 3 和步骤 4 得到的结果来看，f1 和 f2 的值并不相同，即计算机中的浮点运算并不满足结合律：(x1+x2)+x3=x1+(x2+x3)。其原因是，浮点加减运算中存在大数吃小数的现象。

步骤 5 继续输入 gdb 调试命令，以跟踪 C 赋值语句 "y1=i/4;" 和 "y2=i/4.0;" 的执行并查看变量 y1 和 y2 的机器数。

（1）输入 "step" 或 "s" 以执行 C 语句 "y1=i/4;"。

（2）输入 "step" 或 "s" 以执行 C 语句 "y2=i/4.0;"。

（3）输入 "x/2xw 0xbffff2f0" 以查看变量 y1、y2 的机器数。

上述操作后各窗口中的部分内容如图 4.33 所示。

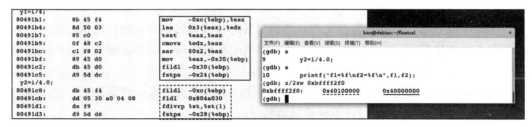

图 4.33　步骤 5 操作后各窗口中的部分内容

图 4.33 中用实线方框标出了 C 语句 "y1=i/4;" 对应的机器级代码，其中并没有除法指令，而有一条算术右移指令 "sar $0x2, %eax"，由此可见，编译器将运算 i/4 转换为算术右移两位的操作。主教材 4.6 节中提到，对于带符号整型变量除以 2 的幂的运算，在进行算术右移前，需要根据被除数 x 的符号进行如下校正：若 $x<0$，则先将 x 加上偏移量 (2^k-1)，然后再右移 k 位。因此，这里通过指令 "lea 0x3(%eax), %edx" 将被除数 i 加 3，再通过指令 "test %eax, %eax" 和 "cmovs %edx, %eax" 实现当 i 为负数时将 i+3 送 eax。该赋值语句 "=" 号右边表达式的结果为带符号整数，赋值给一个 float 型变量时，需要通过 fildl 指令将带符号整数等值转换为 80 位格式浮点数并送入 ST(0)，最后通过 fstps 指令将 ST(0) 中的浮点数转换为 32 位格式浮点数后，存入 y2 所在的地址处。

图 4.33 中用虚线方框标出了 C 语句 "y2=i/4.0;" 对应的机器级代码，编译器将常量 4.0 作为浮点数处理，因而将运算 i/4.0 作为浮点数除运算，用浮点除法指令 fdivrp 实现。编译器对浮点型常量的处理方式与整型常量不同，整型常量通常直接作为指令中的立即数字段，如 i/4 中的整型常量 4 被转换为右移的位数 2 而直接作为指令 sar 中的立即数字段 "$0x2"，而浮点型常量通常存放在只读数据区的存储单元中，如 i/4.0 中的浮点型常量 4.0 被转换为机器数存放在地址 0x804a030 处，通过指令 "fldl 0x804a030" 将 4.0 对应的机器数装入 ST(0) 作为随后的除法指令 "fdivrp %st, %st(1)" 中的被除数。

图 4.33 中用下划实线标出了 y1 的机器数，用下划虚线标出了 y2 的机器数。根据上述分析可知，对 y1 和 y2 赋值的两条 C 语句对应的机器级代码完全不同，因而得到的机器数也不一样。

步骤 6 继续输入 gdb 调试命令，以输出程序执行结果并退出 gdb 调试过程。

（1）输入 "continue" 或 "c" 以继续执行随后的 C 语句，从而输出程序执行结果。

（2）输入"quit"，以退出 gdb 调试过程。

五、实验报告

本实验报告中的主要内容包括但不限于以下几个方面。

1. 给定以下 C 语言程序：

```
#include "stdio.h"
void main()
{    float f=1e20;
     double d=1e20;
     printf("f=%f\n", f);
     printf("d=%f\n", d);
}
```

编辑生成上述 C 语言源程序文件，然后对其进行编译转换，以生成可执行文件，并对可执行文件进行调试，以查看各变量的存储情况和程序输出结果。要求将整个调试过程截图，并根据调试结果回答以下问题。

（1）变量 f 的 32 位浮点格式机器数和 80 位浮点格式机器数分别是什么？变量 d 的 64 位浮点格式机器数和 80 位浮点格式机器数分别是什么？

（2）程序输出的 f 和 d 的值分别是多少？为什么 f 和 d 的输出值不同？要求通过对 f 和 d 两个变量的机器数估算出对应输出值之间的差，以说明和验证程序输出结果的正确性。

2. 给定以下两个 C 语言程序：

```
float1.c
#include "stdio.h"
void main()
{    int i=9;
     float f;
     f=i/0;
     printf("f=%f\n", f);
}
```

```
float2.c
#include "stdio.h"
void main()
{    int i=9;
     float f;
     f=i/0.0;
     printf("f=%f\n", f);
}
```

编辑生成上述两个 C 语言源程序文件，然后对其进行编译转换，以生成可执行文件，并对可执行文件进行调试，以查看各变量的存储情况和程序输出结果。要求将整个调试过程截图，并根据调试结果回答以下问题或完成以下任务。

（1）两个程序的输出结果各是什么？

（2）利用所学知识并自行查询相关资料，对程序执行结果进行解释说明。

第 5 章 程序的机器级表示实验

本章安排 5 个实验，实验 4 和实验 5 为选做实验。前三个实验主要基于 IA-32+Linux 平台以及 GCC 编译驱动程序和 gdb 调试工具等，对 C 语言源程序中的函数调用语句、循环结构和选择结构等各类流程控制语句以及各类复杂数据类型的分配和访问等的机器级代码表示和实现进行实验，以理解 C 语言程序在计算机系统中的底层实现机制，从而深刻理解高级语言程序、语言处理工具和环境、操作系统、指令集架构（ISA）之间的关系。第 4 个实验作为基础级验证性实验部分的综合收官实验，通过对 C 语言程序及其机器级代码中缓冲区溢出漏洞的调试分析，以及利用缓冲区溢出漏洞进行模拟攻击的过程分析，将数据的表示、数据的运算和程序的机器级表示等内容贯穿起来，以进一步巩固对主教材相关内容的理解。第 5 个实验为 64 位架构平台上的实验，需要配置基于 x86-64 架构的 Ubuntu（64 位）Linux 系统，在此基础上进行 x86-64 架构机器级表示实验。

实验 1 过程调用的实现和栈帧结构

一、实验目的

1. 理解 C 语言程序中的函数调用语句所对应的机器级代码表示。
2. 理解实现过程调用时涉及的调用约定机制。
3. 理解栈和栈帧的概念并掌握 IA-32+Linux 平台中的栈帧结构。
4. 深刻理解过程调用中的按值传递参数和按地址传递参数之间的差别。

二、实验要求

给定 C 语言源程序 swap.c 的内容如下：

```
#include <stdio.h>
int swap(int *x, int *y)
{   int t=*x;
    *x=*y;
    *y=t;
}
void main()
{   int a=15, b=22;
    swap(&a, &b);
    printf("a=%d\tb=%d\n", a, b);
}
```

编辑生成上述 C 语言源程序，然后对其进行编译转换，以生成可执行文件，对可执行文件进行调试执行，根据查看到的程序执行过程中栈帧内容的变化，画出下列指令执行前或后的栈帧结构。

（1）main 过程中调用 swap() 的 call 指令执行前 main 过程的栈帧结构。
（2）main 过程中调用 swap() 的 call 指令执行后 main 过程的栈帧结构。
（3）swap 过程中 leave 指令执行前 main 过程和 swap 过程的栈帧结构。
（4）swap 过程中 leave 指令执行后 main 过程和 swap 过程的栈帧结构。
（5）swap 过程中 ret 指令执行后 main 过程的栈帧结构。

三、实验准备

1.通过文本编辑器编辑生成 C 语言源程序文件 swap.c 并将其保存在主目录下的 swap 目录中，或者将已有的 swap.c 文件直接复制到主目录下的 swap 目录中。

2.打开"文件"窗口、"文本编辑器"窗口和"终端"窗口，使其平铺于屏幕中，并在"文本编辑器"窗口中打开 swap.c 文件。

3.在"终端"窗口中进行以下操作。
（1）在 shell 命令行状态下，输入"cd swap"，以设置"~/swap"为当前目录。
（2）输入" gcc -no-pie -fno-pic -g swap.c -o swap"，将 swap.c 编译转换为可执行目标文件 swap。
（3）输入" objdump -S swap > swap.txt"，将 swap 中的机器代码进行反汇编，并将反汇编结果保存在文件 swap.txt 中。
（4）输入"./swap"以启动可执行文件 swap 的执行。

上述操作后各窗口中的内容如图 5.1 所示。

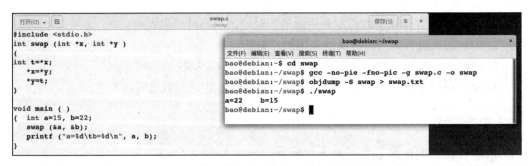

图 5.1 第 3 步操作后各窗口中的部分内容

4.进行如下操作，以准备好单步调试的环境。
（1）在"文件"窗口中双击 swap.txt 文件图标，使该文件显示在"文本编辑器"窗口中。
（2）在"文本编辑器"窗口中移动鼠标，使 main() 函数对应的代码内容能显示出来。

四、实验步骤

按如下步骤在"终端"窗口中输入 gdb 调试操作命令，对可执行文件进行调试。

步骤 1 启动 gdb 调试命令，使程序执行到设置的断点处停下。具体操作如下。

（1）在 shell 命令行提示符下，输入命令"gdb swap"，以启动 gdb 命令并加载 swap 可执行文件。

（2）在 gdb 调试状态下，输入"break main"或"b main"，以在 main 函数处设置断点。

（3）输入"run"或"r"以启动程序运行，并在设置的断点处停下。

（4）输入"info register eip"以查看 eip 的内容（当前程序的断点位置）。

步骤 2　继续输入 gdb 调试命令，以查看 main 过程的栈帧内容。

（1）输入"step"或"s"以执行 C 语句"a=15, b=22;"。

（2）输入"info register ebp esp"以查看 ebp 和 esp 的内容。

（3）输入"x/7xw 0xbfff320"以查看 main 过程的栈帧。

上述操作后各窗口中的部分内容如图 5.2 所示。图中的下划线标出了变量 a 和 b 的地址和机器数。

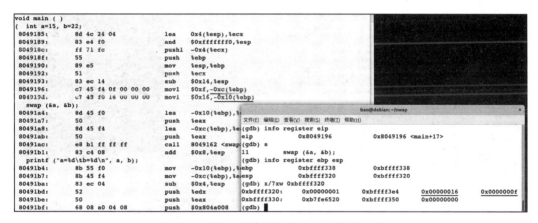

图 5.2　步骤 2 操作后各窗口中的部分内容

在主教材 6.1.1 节中提到，高级语言程序中的函数调用或子程序调用统称为过程调用。每个过程都有自己的栈区，称为栈帧（stack frame），每个可执行文件对应的存储空间中都有一个栈，栈由若干栈帧组成。在 IA-32+Linux 平台下，每个栈帧用专门的帧指针寄存器 ebp 指定起始位置（即栈帧基地址），用栈指针寄存器 esp 指定当前栈顶位置。因而，当前栈帧的范围在帧指针 ebp 和栈指针 esp 指向的区域之间。当前栈帧包含的字节数可用 R[ebp]−R[esp]+4 计算得到。从图 5.2 可看出，R[ebp]−R[esp]+4=0xbfff f338−0xbfff f320+4=28。因此，可用命令"x/28xb 0xbfff320"显示当前栈帧内容，若按四字节单位显示，则使用命令"x/7xw 0xbfff320"。

过程执行时，由于不断有数据入栈，所以栈顶指针会动态移动，而栈帧基地址固定不变。因此，一个过程内对栈中信息的访问大多通过 ebp 寄存器进行，即 ebp 通常作为基址寄存器使用。这一点在前面章节的实验中都有体现，这些实验给出的 C 语言程序中局部变量的寻址方式都是"基址 R[ebp] 加位移"寻址方式。栈从高地址向低地址增长，栈帧基地址是栈帧所有存储单元中最大的地址，因此，位于栈帧中的局部变量的地址都是类似于图 5.2 中用下划线标出的"−0xc(%ebp)"和"−0x10(%ebp)"这种形式，括号前面的位移量总是负数。本实验中，局部变量 a 和 b 的地址分别为 −0xc(%ebp)、

−0x10(%ebp)。使用命令"x/7xw 0xbfff320"显示的 7 个四字节数据中，下划线处标出的地址 0xbfff f328 和 0xbfff f32c 中的内容分别是变量 b 和 a 的机器数。

步骤 3 继续输入 gdb 调试命令，以查看 main 调用 swap 时参数入栈后的栈帧内容。

（1）输入"stepi"或"si"以执行指令"lea −0x10(%ebp), %eax"。
（2）输入"stepi"或"si"以执行指令"push %eax"。
（3）输入"stepi"或"si"以执行指令"lea −0xc(%ebp), %eax"。
（4）输入"stepi"或"si"以执行指令"push %eax"。
（5）输入"info register ebp esp"以查看 ebp 和 esp 的内容。
（6）输入"x/9xw 0xbffff318"以查看 main 过程的栈帧内容。

上述操作后各窗口中的部分内容如图 5.3 所示。图中用方框标出了所执行的指令，用下划线标出了 a 和 b 的地址、机器数以及 main 过程传递给 swap 过程的参数。

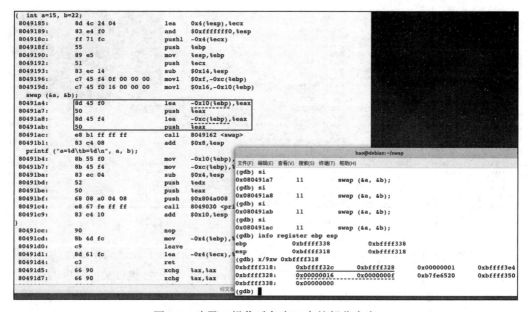

图 5.3　步骤 3 操作后各窗口中的部分内容

步骤 3 调试执行的是 main 过程中的函数调用语句"swap(&a, &b);"所对应的机器级代码中 call 指令之前的 4 条指令，这几条指令主要完成将入口参数 &a 和 &b 压栈，以传送给被调用过程 swap 使用。参数传送时按照从右向左的顺序从高地址向低地址方向压栈，因此参数 &b 先于 &a 压栈，即 &b 所在的地址大于 &a 所在的地址。指令"lea −0x10(%ebp),%eax"和"push %eax"用于 &b 入栈，指令"lea −0xc(%ebp),%eax"和"push %eax"用于 &a 入栈。

lea 为地址传送指令，"lea −0x10(%ebp), %eax"的功能是 R[eax] ← R[ebp]−0x10，因此执行该指令后，变量 b 的地址 −0x10(%ebp) 被送入 eax 中，即 R[eax]=0xbfff f338−0x10=0xbfff f328。push 为压栈指令，用于将指定内容送入当前栈顶的下一个位置处并修改栈顶指针，"push %eax"的功能是 R[esp] ← R[esp]−4, M[R[esp]] ← R[eax]。执行该指令后，esp 所指位置下移，即 esp 中的内容减 4，eax 中的 &b 入栈。同理，后面两条

指令也会使 esp 中的内容减 4，并将 &a=0xbfff f32c 压栈。对比图 5.2 和图 5.3 可看出，执行方框中的 4 条指令前后，ebp 中的内容没变，而 esp 中的内容减了 8，这是因为执行了两条 push 指令。

当前栈帧中共有 R[ebp]-R[esp]+4=0xbfff f338-0xbfff f318+4=36 字节信息，用命令"x/9xw 0xbfff f318"可显示当前栈帧的内容，其中，图 5.3 中下划实线标出的栈顶和次栈顶中的信息是传递给 swap 过程的参数 &a 和 &b，参数按地址传递。参数入栈后的 main 过程的栈帧结构如图 5.4 所示。

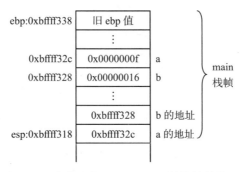

图 5.4　参数入栈后 main 过程的栈帧结构

步骤 4　继续输入 gdb 调试命令，以执行 call 指令，从 main 跳转到 swap 过程。
（1）输入"stepi"或"si"以执行指令"call 8049162<swap>"。
（2）输入"info register eip ebp esp"以查看 eip、ebp 和 esp 的内容。
（3）输入"x/10xw 0xbffff314"以查看 main 过程的栈帧内容。

上述操作后各窗口中的部分内容如图 5.5 所示。图中用方框标出了所执行的 call 指令，下划实线标出了从 swap 过程返回 main 的返回地址，下划虚线标出了被调用过程 swap 的首地址。

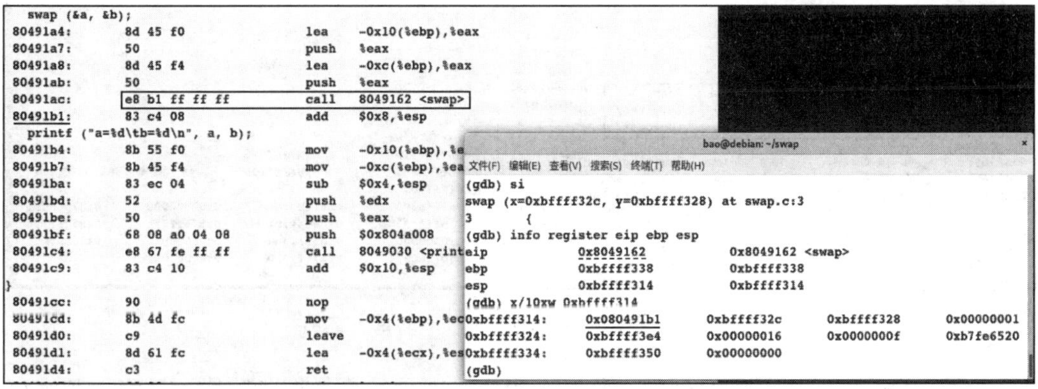

图 5.5　步骤 4 操作后各窗口中的部分内容

方框中标出的"call 8049162 <swap>"是过程调用指令，其功能为 R[esp] ← R[esp]-4，M[R[esp]] ← R[eip]+0x5，R[eip] ← swap 首址（即 0x8049162）。执行该指令时，先将栈顶下移 4 字节，将 call 指令下一条指令的地址（即返回地址）入栈，然后把 swap 过程首地址送至 eip 使程序跳转到被调用过程 swap 执行。

由图 5.5 可知，执行 call 指令后，栈顶存放的是 call 指令的下一条指令 " add $0x8, %esp"的地址 0x0804 91b1。R[eip]=0x0804 9162，查看 swap.txt 文档确定 0x0804 9162 是 swap 过程的首地址。执行 call 指令后 main 过程的栈帧结构如图 5.6 所示。

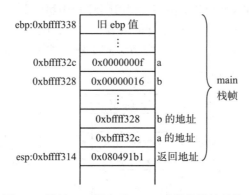

图 5.6 执行 call 指令后 main 过程的栈帧结构

步骤 5 继续输入 gdb 调试命令，以执行 swap 过程准备阶段包含的指令。
（1）输入 "stepi" 或 "si" 以执行指令 "push %ebp"。
（2）输入 "stepi" 或 "si" 以执行指令 "mov %esp, %ebp"。
（3）输入 "stepi" 或 "si" 以执行指令 "sub $0x10, %esp"。
（4）输入 "info register ebp esp" 以查看 ebp 和 esp 的内容。
（5）输入 "x/15xw 0xbffff300" 以查看 main 和 swap 过程的栈帧内容。

上述操作后各窗口中的部分内容如图 5.7 所示。方框中标出了执行的指令，下划线标出了 main 过程的栈帧基地址，即在 swap 的栈帧基地址 0xbfff f310 处存放的 main 过程中 ebp 的旧值。

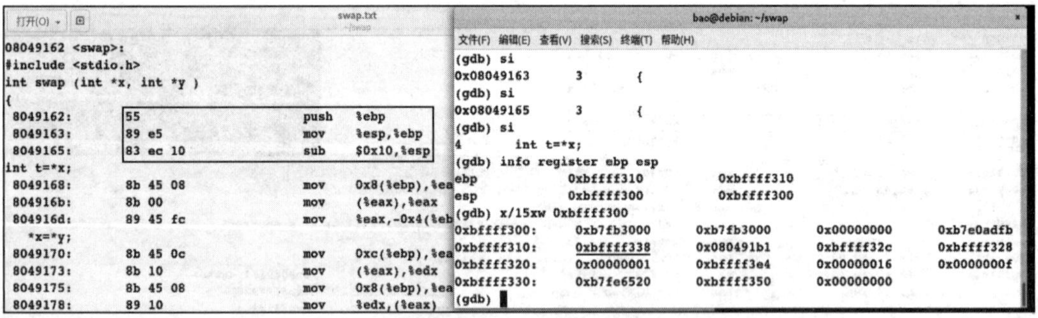

图 5.7 步骤 5 操作后各窗口中的部分内容

正如主教材 6.1.1 节中提到的，每个过程由三部分组成：准备阶段、过程体和结束阶段。准备阶段的主要工作包括保存调用过程的现场并为自己的非静态局部变量（即自动变量）分配空间，为此需要先生成本过程的栈帧。图 5.7 中用方框标出的三条指令是生成本过程栈帧的基本指令。其中，第 1 条指令 "push %ebp" 用于将 main 过程中的 ebp 旧值保存到栈顶；第 2 条指令 "mov %esp, %ebp" 用于将当前栈顶指针 esp 中的内容赋给 ebp，使 ebp 指向 swap 过程的栈帧起始处；第 3 条指令 "sub $0x10, %esp" 的功能为 R[esp] ← R[esp]−0x10，使栈顶下移 16 字节，执行该指令后，swap 过程的初始栈帧已形成，如图 5.8 所示。

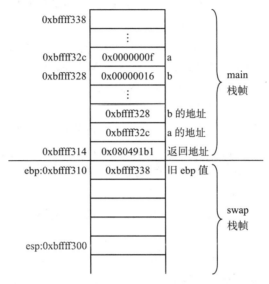

图 5.8　swap 过程体执行前 main 和 swap 的栈帧结构

步骤 6　继续输入 gdb 调试命令，以执行 swap 过程体。
（1）输入"step"或"s"以执行 C 语句"t=*x;"。
（2）输入"step"或"s"以执行 C 语句"*x=*y;"。
（3）输入"step"或"s"以执行 C 语句"*y=t;"。
（4）输入"info register ebp esp"以查看 ebp 和 esp 的内容。
（5）输入"x/15xw 0xbffff300"以查看 main 和 swap 过程的栈帧内容。

上述操作后各窗口中的部分内容如图 5.9 所示。方框中标出了执行的指令，下划线标出了 main 过程中变量 a 和 b 的机器数。

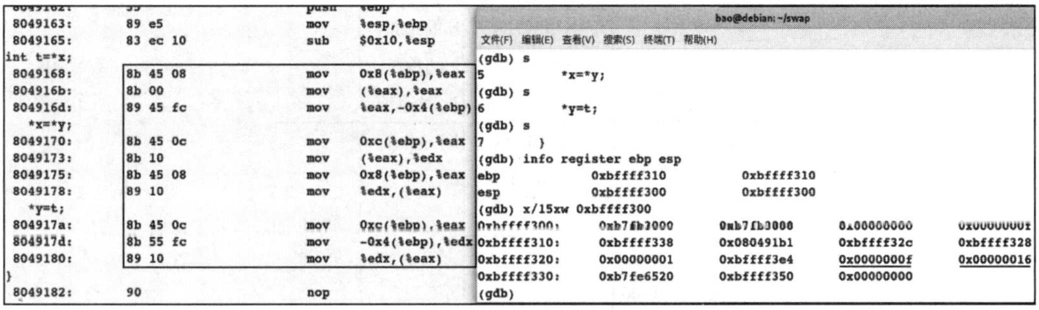

图 5.9　步骤 6 操作后各窗口中的部分内容

由 swap 函数原型 swap(int *x, int *y) 可知，其入口参数 x 和 y 都是指针型参数。swap 函数体中第 1 条 C 语句"int t=*x;"要求取出参数 x 所指的存储单元内容并把它赋给 t，那么，在 swap 过程体中如何访问 main 过程传递来的参数呢？

主教材 6.1.1 节中提到，i386 System V ABI 规定，栈帧中参数按 4 字节对齐，因此入口参数的地址通常都是4的倍数，参数1的地址总是R[ebp]+8，参数2的地址总是R[ebp]+12，参数3的地址总是R[ebp]+16，以此类推。

因此，C语句"int t=*x;"对应的第1条指令"mov 0x8(%ebp), %eax"中源操作数地址0x8(%ebp)处存放的是参数1对应的实参&a，即变量a的地址，该指令执行后，eax中存放的是0xbfff f32c，即R[eax]=M[R[ebp]+8]=M[0xbfff f318]=0xbfff f32c。第2条指令"mov (%eax), %eax"的功能为R[eax] ← M[R[eax]]，其中，源操作数采用寄存器间接寻址方式，用于实现C语言中的"取内容"运算。该指令用于读取eax所指向的0xbfff f32c单元中变量a的机器数0x0000 000f，再送入eax。综上可知，通过前两条mov指令，在swap过程中通过传入的实参&a访问了main中的变量a，再将a的机器数取到了eax中。最后一条指令"mov %eax, -0x4(%ebp)"将eax中a的机器数传送到变量t所在的地址-0x4(%ebp)处，即t的机器数为0x0000 000f。

同样，后面两条C语句"*x=*y;"和"*y=t;"对应的指令序列中，0xc(%ebp)表示第2个入口参数y的地址，即地址R[ebp]+12中存放的是第2个实参&b，即b的地址0xbfff f328。

C语句"*x=*y;"对应的4条mov指令实现将main中变量b的机器数0x0000 0016传送到变量a所在的地址0xbfff f32c处。

C语句"*y=t;"对应的3条mov指令实现将swap中变量t的机器数0x0000 000f传送到变量b所在的地址0xbfff f328处。

综上所述，执行swap过程体后，便交换了main中变量a和b的值，swap过程体执行后main和swap的栈帧结构如图5.10所示，与图5.8对照可知，变量a和b所在的地址0xbfff f32c和0xbfff f328中的内容进行了交换。

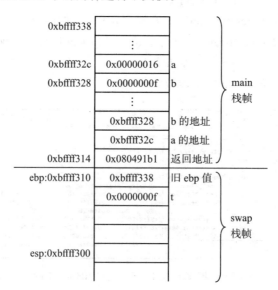

图5.10 swap过程体执行后main和swap的栈帧结构

步骤7 继续输入gdb调试命令，以执行swap结束阶段的指令。

（1）输入"stepi"或"si"以执行指令"nop"。

（2）输入"stepi"或"si"以执行指令"leave"。

（3）输入"info register ebp esp"以查看 ebp 和 esp 的内容。
（4）输入"x/10xw 0xbffff314"以查看 main 过程的栈帧内容。

上述操作后各窗口中的部分内容如图 5.11 所示。方框中标出了执行的指令。

```
804916d:     89 45 fc        mov    %eax,-0x4(%ebp)
*x=*y;
8049170:     8b 45 0c        mov    0xc(%ebp),%eax
8049173:     8b 10           mov    (%eax),%edx
8049175:     8b 45 08        mov    0x8(%ebp),%eax
8049178:     89 10           mov    %edx,(%eax)
*y=t;
804917a:     8b 45 0c        mov    0xc(%ebp),%eax
804917d:     8b 55 fc        mov    -0x4(%ebp),%edx
8049180:     89 10           mov    %edx,(%eax)
}
8049182:     90              nop
8049183:     c9              leave
8049184:     c3              ret
```

```
(gdb) si
0x08049183      7       }
(gdb) si
0x08049184      7       }
(gdb) info register ebp esp
ebp             0xbffff338      0xbffff338
esp             0xbffff314      0xbffff314
(gdb) x/10xw 0xbffff314
0xbffff314:   0x080491b1   0xbffff32c   0xbffff328   0x00000001
0xbffff324:   0xbffff3e4   0x0000000f   0x00000016   0xb7fe6520
0xbffff334:   0xbffff350   0x00000000
(gdb)
```

图 5.11 步骤 7 操作后各窗口中的部分内容

nop 为空操作指令。leave 指令相当于"movl %ebp, %esp"和"pop %ebp"两条指令，第一条指令使 esp 指向 swap 栈帧的起始地址，第二条指令使 ebp 恢复为 main 中的旧值并使 esp 指向返回地址处，从而使 swap 的栈帧空间被收回。此时栈帧结构如图 5.12 所示。

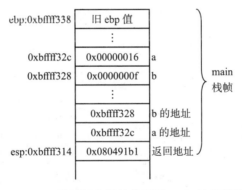

图 5.12 swap 的栈帧空间被收回后 main 的栈帧结构

步骤 8 继续输入 gdb 调试命令，以执行 ret 指令，程序的执行返回到 main 过程。
（1）输入"stepi"或"si"以执行指令"ret"。
（2）输入"info register eip ebp esp"以查看 eip、ebp 和 esp 的内容。
（3）输入"x/9xw 0xbffff318"以查看 main 过程的栈帧内容。

上述操作后各窗口中的部分内容如图 5.13 所示。方框中标出了执行的指令。

ret 指令的功能为 R[eip] ← M[R[esp]], R[esp] ← R[esp]+4，通过执行 ret 指令从被调用过程返回调用过程执行。对比图 5.12 中的栈顶信息和图 5.13 中查看到的 eip 内容，可以看到，栈顶处的返回地址被弹出并送到 eip 中，从而使程序的执行从 swap 返回 main。ret 指令执行后 main 过程的栈帧结构如图 5.14 所示。

步骤 9 继续输入 gdb 调试命令，以执行 add 指令。
（1）输入"stepi"或"si"以执行指令"add $0x8, %esp"。
（2）输入"info register ebp esp"以查看 ebp 和 esp 的内容。
（3）输入"x/7xw 0xbffff320"以查看 main 过程的栈帧内容。

```
804916d:    89 45 fc          mov    %eax,-0x4(%ebp)
  *x=*y;
8049170:    8b 45 0c          mov    0xc(%ebp),%eax
8049173:    8b 10             mov    (%eax),%edx
8049175:    8b 45 08          mov    0x8(%ebp),%eax
8049178:    89 10             mov    %edx,(%eax)
  *y=t;
804917a:    8b 45 0c          mov    0xc(%ebp),%eax
804917d:    8b 55 fc          mov    -0x4(%ebp),%edx
8049180:    89 10             mov    %edx,(%eax)
}
8049182:    90                nop
8049183:    c9                leave
8049184:    c3                ret
```

```
(gdb) si
0x080491b1 in main () at swap.c:11
11          swap (&a, &b);
(gdb) info register eip ebp esp
eip    0x80491b1    0x80491b1 <main+44>
ebp    0xbffff338   0xbffff338
esp    0xbffff318   0xbffff318
(gdb) x/9xw 0xbffff318
0xbffff318:  0xbffff32c  0xbffff328  0x00000001  0xbffff3e4
0xbffff328:  0x0000000f  0x00000016  0xb7fe6520  0xbffff350
0xbffff338:  0x00000000
(gdb)
```

图 5.13　步骤 8 操作后各窗口中的部分内容

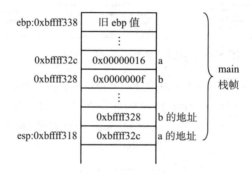

图 5.14　ret 指令执行后 main 过程的栈帧结构

上述操作后的各窗口中的部分内容如图 5.15 所示。方框中标出了执行的指令。

```
804918f:    55                    push   %ebp
8049190:    89 e5                 mov    %esp,%ebp
8049192:    51                    push   %ecx
8049193:    83 ec 14              sub    $0x14,%esp
8049196:    c7 45 f4 0f 00 00 00  movl   $0xf,-0xc(%ebp)
804919d:    c7 45 f0 16 00 00 00  movl   $0x16,-0x10(%ebp)
  swap (&a, &b);
80491a4:    8d 45 f0              lea    -0x10(%ebp),%eax
80491a7:    50                    push   %eax
80491a8:    8d 45 f4              lea    -0xc(%ebp),%eax
80491ab:    50                    push   %eax
80491ac:    e8 b1 ff ff ff        call   8049162 <swap>
80491b1:    83 c4 08              add    $0x8,%esp
  printf ("a=%d\tb=%d\n", a, b);
80491b4:    8b 55 f0              mov    -0x10(%ebp),%edx
```

```
0xbffff318:  0xbffff32c  0xbffff328  0x00000001  0xbffff3e4
0xbffff328:  0x0000000f  0x00000016  0xb7fe6520  0xbffff350
0xbffff338:  0x00000000
(gdb) si
12          printf ("a=%d\tb=%d\n", a, b);
(gdb) info register ebp esp
ebp    0xbffff338   0xbffff338
esp    0xbffff320   0xbffff320
(gdb) x/7xw 0xbffff320
0xbffff320:  0x00000001  0xbffff3e4  0x0000000f  0x00000016
0xbffff330:  0xb7fe6520  0xbffff350  0x00000000
(gdb)
```

图 5.15　步骤 9 操作后各窗口中的部分内容

指令"add $0x8, %esp"的功能为 R[esp] ← R[esp]+8，该指令执行后，栈顶上移了 8 字节，这 8 字节中存放的是调用 swap 时传入的实参。该 add 指令执行后 main 过程的栈帧结构如图 5.16 所示。

步骤 10　继续输入 gdb 调试命令，以输出程序执行结果并退出 gdb 调试过程。

（1）输入"continue"或"c"以继续执行随后的 C 语句，从而输出程序执行结果。

（2）输入"quit"，以退出 gdb 调试过程。

程序的一次调试执行到此结束，程序的输出结果如图 5.1 所示，从图 5.1 可看出，程序通过调用 swap() 函数实现了对变量 a 和 b 值的交换。

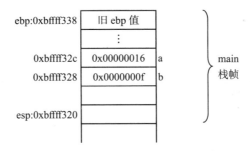

图 5.16 add 指令执行后 main 过程的栈帧结构

五、实验报告

本实验报告中的主要内容包括但不限于以下几个方面。

1. 给定以下 C 语言程序：

```
#include "stdio.h"
int swap(int x, int y)
{   int t=x;
    x=y;
    y=t;
}
void main()
{   int a=15, b=22;
    swap (a, b);
    printf ("a=%d\tb=%d\n", a, b);
}
```

编辑生成上述 C 语言源程序文件，然后对其进行编译转换，以生成可执行文件，并对可执行文件进行调试，以查看各变量的存储情况和程序输出结果，要求将整个调试过程截图，根据调试结果回答以下问题或完成以下任务。

（1）画出调用 swap 过程（即执行 call 指令）前后 main 的栈帧结构。

（2）画出 swap 过程体执行前后 main 和 swap 的栈帧结构。

（3）画出从 swap 返回到 main（即执行 ret 指令）前后 main 的栈帧结构。

（4）与 swap.c 的反汇编代码和执行过程中的栈帧内容进行对比，分析过程调用的入口参数按地址传递和按值传递两种方式的差异。

2. 给定以下 C 语言程序：

```
#include "stdio.h"
void add(int a, int b, int *c)
{   *c=a+b;
}
void main()
{   int x=4, y=2, z=10;
    add(x, y, &z);
    printf("z=%d\n", z);
}
```

编辑生成上述 C 语言源程序文件，然后对其进行编译转换，以生成可执行文件，并对可执行文件进行调试，以查看各变量的存储情况和程序输出结果，根据调试结果画出调用 add 过程前后 main 过程的栈帧结构，并对 add 过程对应的机器级代码结构进行分析。

实验 2　流程控制语句的实现

一、实验目的

1. 理解 C 语言程序中的流程控制语句所对应的机器级代码表示。
2. 理解调用 scanf 函数和 printf 函数时所对应的机器级代码表示。
3. 理解字符串在可执行文件中的存放，以及字符串作为过程调用时的参数传递。
4. 能在可执行文件的反汇编代码中找到 switch 的跳转表，理解 switch 语句的执行流程。

二、实验要求

给定 C 语言源程序 switch.c 的内容如下：

```
#include "stdio.h"
void main() {
    int a, b, c, result;
    scanf("%d %d %d", &a, &b, &c);
    switch(a) {
    case 15:
        c=b&0x0f;
    case 10:
        result=c+50;
        break;
    case 12:
    case 17:
        result=b+50;
        break;
    case 14:
        result=b;
        break;
    default:
        result=a;
    }
    printf("result=%d\n", result);
}
```

编辑生成上述 C 语言源程序，然后对其进行编译转换，以生成可执行文件，并对可执行文件进行调试，根据程序调试结果，查看反汇编代码，填写表 5.1 和表 5.2 中的相关内容。

表 5.1　字符串常量的首地址和内容

	首地址	字符串内容（十六进制表示）
"%d %d %d"		
"result=%d\n"		

表 5.2 switch 跳转表的表项地址及其跳转地址

表项地址	跳转地址		表项地址	跳转地址
a=10		a=14		
a=11		a=15		
a=12		a=16		
a=13		a=17		

三、实验准备

1.通过文本编辑器编辑生成 C 语言源程序文件 switch.c，并将其保存在 "~/ICS/switch"目录中，或者将已有的 switch.c 文件直接复制到 "~/ICS/switch"目录。

2.打开"文件管理器"窗口、"文本编辑器"窗口和"终端"窗口，使其平铺于屏幕中，并在"文本编辑器"窗口中打开 switch.c 文件。

3.在终端窗口的 shell 命令行状态下进行以下操作。

（1）输入 " gcc -no-pie -fno-pic -g switch.c -o switch"，将 switch.c 编译转换为可执行目标文件 switch。

（2）输入 "objdump -S -D switch > switch.txt"，将 switch 中的机器代码进行反汇编，并将反汇编结果保存在文件 switch.txt 中。

（3）输入 "./switch"，以启动可执行文件 switch 的执行。

（4）输入 a、b、c 的值，例如，输入 "15 4 6"，程序输出 "result=59"。

可重复执行第 3 步和第 4 步的操作，输入不同的 a、b 和 c 的组合，观察程序的输出值。

上述操作后各窗口中的部分内容如图 5.17 所示。

图 5.17 第 3 步操作后各窗口中的部分内容

4.进行如下操作，以准备好单步调试的环境。

（1）在"文件管理器"窗口中双击 switch.txt 文件图标，使该文件显示在"文本编辑器"窗口中。

（2）在"文本编辑器"窗口中移动鼠标，使 main() 函数对应的代码内容能显示出来。

四、实验步骤

按如下步骤在"终端"窗口中输入 gdb 调试操作命令，对可执行文件进行调试。

步骤 1 启动 gdb 调试命令，使程序执行到设置的断点处停下。具体操作如下。

（1）在 shell 命令行提示符下，输入命令"gdb switch"，以启动 gdb 命令并加载 switch 可执行文件。

（2）在 gdb 调试状态下，输入"break main"或"b main"，以在 main 函数处设置断点。

（3）输入"run"或"r"以启动程序运行，并在设置的断点处停下。

（4）输入"info register eip"或"i r eip"以查看 eip 的内容（当前程序的断点位置）。

步骤 2 继续输入 gdb 调试命令，以执行 C 语句"scanf ("%d %d %d", &a, &b, &c);"。

（1）分别输入 7 次"stepi"或"si"以执行连续的 7 条指令。

（2）输入"x/4xw $esp"以查看当前栈顶 4 个四字节单元的内容，即 4 条 push 指令压入栈中的 4 个参数，分别为格式串"%d %d %d"的地址以及 &a、&b、&c。

（3）输入"next"以继续执行函数调用语句"scanf("%d %d %d", &a, &b, &c);"，在执行中等待用户输入变量 a、b 和 c 的值，如输入"10 5 9"，则 a、b 和 c 分别为 10、5 和 9。

（4）输入"stepi"或"si"以执行指令"add $0x10,%esp"，回收栈帧中 16 字节的参数空间。

（5）输入"x/3xw 0xbffff250"以查看参数 a、b 和 c 的机器数，由第 2 步操作的结果可知，&c、&b 和 &a 的地址分别为 0xbfff f250、0xbfff f254 和 0xbfff f258，因此，命令"x/3xw 0xbffff250"显示的结果从左到右分别是 c、b 和 a 的机器数。

上述操作后各窗口中的部分内容如图 5.18 所示。图中的方框标出了 C 语句"scanf("%d %d %d",&a,&b,&c);"对应的机器级指令序列，下划线标出了 a、b、c 的地址和机器数。

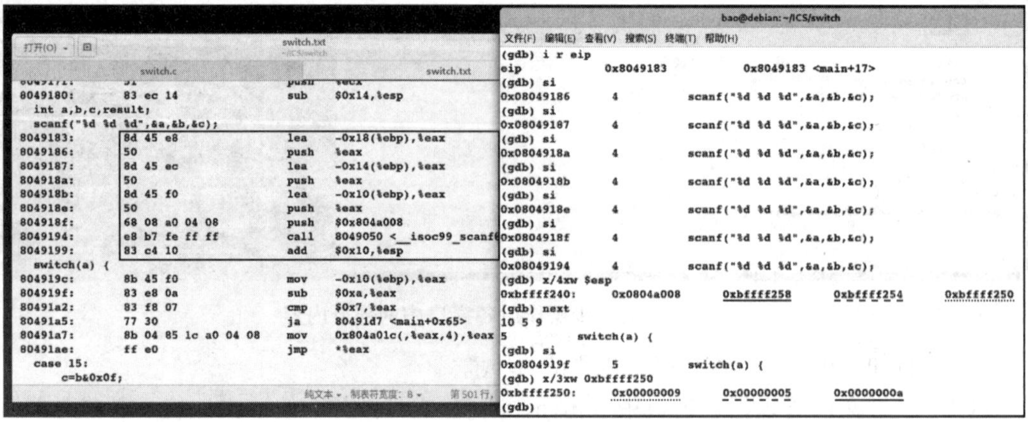

图 5.18 步骤 2 操作后各窗口中的部分内容

scanf() 是 C 语言 I/O 标准库函数，在图 5.18 中用方框标出的指令序列中，4 条

push 指令分别将 scanf() 函数的 4 个实参压入栈中，入栈顺序先右后左。指令"lea −0x18(%ebp),%eax"和"push %eax"将变量 c 的地址 −0x18(%ebp) 压栈；指令"lea −0x14(%ebp),%eax"和"push %eax"将变量 b 的地址 −0x14(%ebp) 压栈；指令"lea −0x10(%ebp),%eax"和"push %eax"将变量 a 的地址 −0x10(%ebp) 压栈。

指令"push $0x804a008"的源操作数采用立即数寻址方式，将立即数 0x0804 a008 压栈，立即数 0x0804 a008 是字符串"%d %d %d"的首地址。字符串作为参数传递时，压入栈中的不是字符串，而是字符串首地址。字符串存放在可执行文件的只读数据节（.rodata）。在 switch.txt 文件中找到地址 0x0804 a008 处的内容，如图 5.19 中下划线处所示，地址 0x0804 a008 开始的 9 个字节中存放的就是"%d %d %d"的 ASCII 码，字符串以"00"结束。25H、64H 和 20H 分别是字符 %、d 和空格的 ASCII 码。

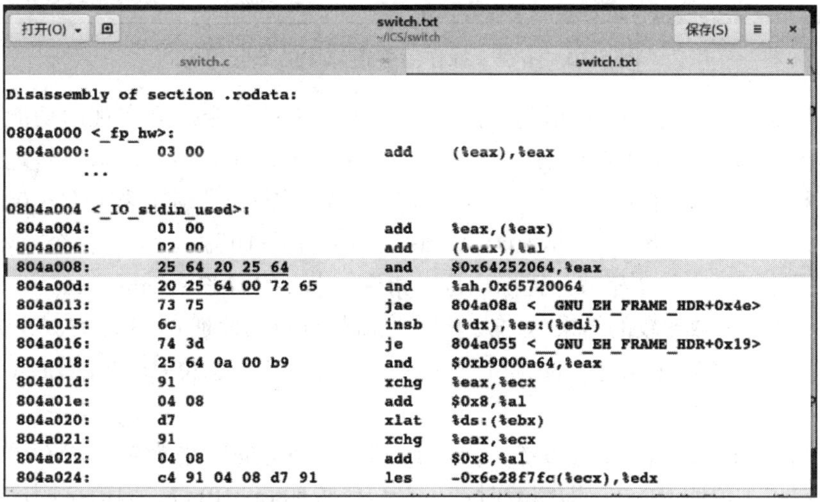

图 5.19 字符串"%d %d %d"所在的存储区

步骤 3 继续输入 gdb 调试命令，以执行 C 语句"switch(a)"对应的部分指令，实现基于 a 的值的跳转。

（1）输入"info register eip"或"i r eip"以查看 eip 的内容（当前程序的断点位置）。

（2）输入"stepi"或"si"以执行指令"mov −0x10(%ebp),%eax"。

（3）输入"stepi"或"si"以执行指令"sub $0xa,%eax"，实现 a−10 并将其送入 eax。

（4）输入"stepi"或"si"以执行指令"cmp $0x7,%eax"，将 a−10 与 7 比较，置标志位。

（5）输入"info register eflags"或"i r eflags"以查看执行 cmp 指令后的标志位值。

（6）输入"stepi"或"si"以执行指令"ja 80491d7 <main+0x65>"。

（7）输入"stepi"或"si"以执行指令"mov 0x804a01c(,%eax,4),%eax"。

（8）输入"info register eax"或"i r eax"以查看 eax 的内容。

（9）输入"stepi"或"si"以执行指令"jmp *%eax"。

（10）输入"info register eip"或"i r eip"以查看 eip 的内容（jmp 指令跳转后的位置）。

上述操作后各窗口中的部分内容如图 5.20 所示。图中用方框标出了所执行的指令，下划线标出了当 a=10 时 jmp 指令跳转执行的目的语句。

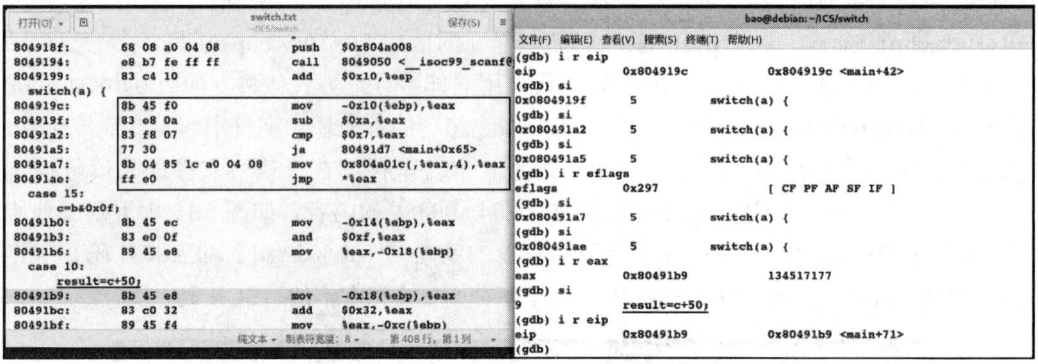

图 5.20　步骤 3 操作后各窗口中的部分内容

从步骤 3 开始执行 switch 语句，图 5.20 中方框内的指令序列实现的功能如下：若 a−10>7，则直接跳转到 default 分支执行，否则从 switch 跳转表中获取跳转地址，以跳转到指定的 case 分支执行。指令"mov −0x10(%ebp),%eax"实现将地址 −0x10(%ebp) 处的变量 a 送入 eax，指令"sub $0xa,%eax"实现将 a−10 送入 eax，指令"cmp $0x7,%eax"实现将 a−10 与 7 相减并置标志位。指令"ja 80491d7 <main+0x65>"的含义如下：若按无符号整数比较的结果为"大于"，则跳转到目的地址 0x0804 91d7 处的 default 分支执行，否则按顺序执行。按无符号整数比较时，若标志位 CF=0 且 ZF=0，则说明 (a−10)>7。

如图 5.20 所示，当 a=10、b=5、c=9 时，操作（5）的结果为标志寄存器 eflage 低 12 位为 0x297，说明 CF=1，即相减时产生借位，说明 (a−10)<7，因而按顺序执行下一条指令"mov 0x804a01c(,%eax,4),%eax"，其源操作数采用"基址＋比例变址"寻址方式，实现的功能为 R[eax] ← M[0x0804a01c+R[eax]×4]，其中。0x0804 a01c 是 switch 跳转表首地址，eax 中的 a−10 是跳转表的索引值，跳转表中的每一项分别是变量 a 取值为 10~17（即 a−10 取值为 0~7）时对应的跳转地址，每个地址占 4 字节，故跳转表中每一项的偏移量为 R[eax]×4。因此，该指令实际上是从首址为 0x0804 a01c 的跳转表中取出索引值（a−10）所对应的跳转地址并送 eax。最后一条指令"jmp *%eax"中的跳转目的地址采用寄存器间接寻址方式，实现无条件跳转到 eax 的内容所指定的地址处执行。由图 5.20 所示操作（case10）的结果可知，此时，跳转到分支"case 10:"的第一条 C 语句"result=c+50;"处执行，其断点为 0x0804 91b9。

在 switch.txt 文件中找到地址 0x0804 a01c，该地址处开始的内容就是 switch 跳转表，整理相关内容后，可得如表 5.3 所示的跳转表内容，其中的跳转地址以小端方式存储。例如，当 a=15 时，a−10=5，由表 5.3 可知，从地址 0x0804 a01c+5×4=0x0804 a030 处获取的跳转地址为 0x0804 91b0，该地址处的指令对应分支"case 15:"处的 C 语句。

表 5.3　switch 语句的跳转表

索引值 a−10	表项地址	内容（小端方式）	跳转地址	对应的 switch 分支
0	0x804a01c	b9 91 04 08	0x080491b9	case 10
1	0x804a020	d7 91 04 08	0x080491d7	default
2	0x804a024	c4 91 04 08	0x080491c4	case 12
3	0x804a028	d7 91 04 08	0x080491d7	default
4	0x804a02c	cf 91 04 08	0x080491cf	case 14
5	0x804a030	b0 91 04 08	0x080491b0	case 15
6	0x804a034	d7 91 04 08	0x080491d7	default
7	0x804a038	c4 91 04 08	0x080491c4	case 17（与 case12 相同）

步骤 4　继续输入 gdb 调试命令，以执行"case 10:"分支处的指令序列。

（1）输入"stepi"或"si"以执行指令"mov −0x18(%ebp), %eax"。
（2）输入"info register eax"或"i r eax"以查看 eax 的内容。
（3）输入"stepi"或"si"以执行指令"add $0x32, %eax"。
（4）输入"info register eax"或"i r eax"以查看 eax 的内容。
（5）输入"stepi"或"si"以执行指令"mov %eax, −0xc(%ebp)"。
（6）输入"info register ebp"或"i r ebp"以查看 ebp 的内容。
（7）输入"x/1xw 0xbffff25c"以查看 −0xc(%ebp) 的内容。
（8）输入"stepi"或"si"以执行指令"jmp 80491dd <main+0x6b>"。
（9）输入"info register eip"或"i r eip"以查看 eip 的内容（jmp 指令跳转后的位置）。

上述操作后各窗口中的部分内容如图 5.21 所示。图中用方框标出了所执行的"case 10:"分支处的指令序列，下划实线标出了变量 result 的地址，下划虚线标出了 jmp 指令跳转后的位置。

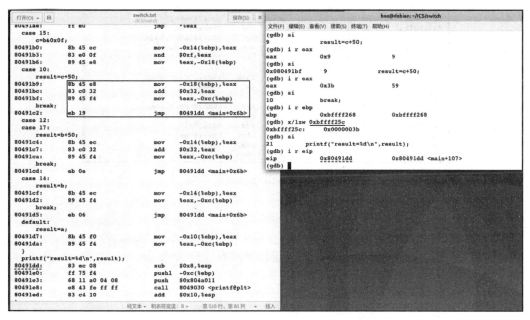

图 5.21　步骤 4 操作后各窗口中的部分内容

步骤 4 是基于 a=10、b=5、c=9 的执行结果，对于其他输入情况，执行步骤类似。C 语句"break;"对应一条 jmp 指令，可直接跳出 switch 语句。

步骤 5 继续输入 gdb 调试命令，以执行 printf 函数调用，结束程序调试。

（1）输入"next"以执行 C 语句"printf("result=%d\n", result);"。

（2）输入"quit"，以退出 gdb 调试过程。

上述操作后窗口中的部分内容如图 5.22 所示。方框中标出了调用 printf() 函数的指令序列，下划线标出了变量 result 的输出值。

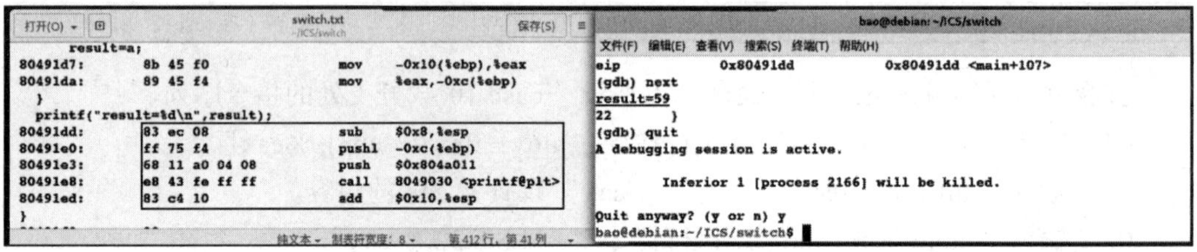

图 5.22 步骤 5 操作后各窗口中的部分内容

C 语句" printf("result=%d\n", result);"中的 printf() 函数有两个参数，分别是字符串和变量 result。图 5.22 中方框标出的对应指令序列中有两条 push 指令，分别用于将实参压栈。指令"pushl −0xc(%ebp)"将 result 的值压栈，指令"push $0x804a011"将立即数 0x0804 a011 压栈，0x0804 a011 是字符串 "result=%d\n" 的首地址。如图 5.23 中下划线处所示，switch.txt 文件中地址 0x0804 a011 开始的 10 个字节"72 65 73 75 6c 74 3d 25 64 0a"是字符串 "result=%d\n" 中各字符的 ASCII 码，字符串以"00"结束。

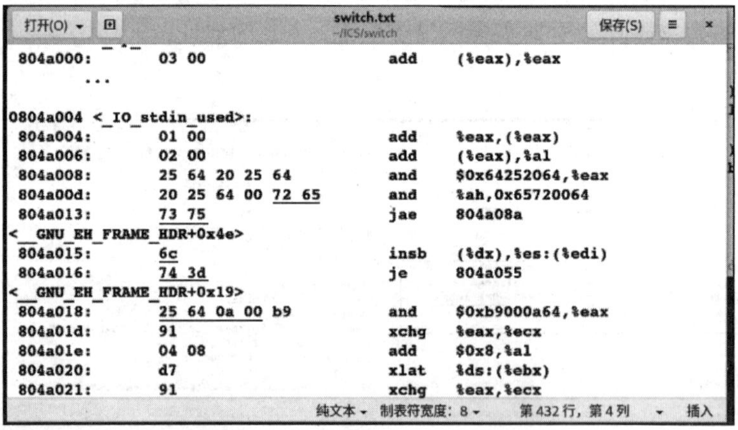

图 5.23 "result=%d\n" 的存储

五、实验报告

本实验报告中的主要内容包括但不限于以下内容。

给定以下 C 语言程序 ifa.c：

```
#include "stdio.h"
```

```c
void main() {
    int a, b, c;
    scanf("%d %d", &a, &b);
    if (a>0 && b>0)
        c=a+b;
    else
        c=a-b;
    printf("c=%d\n", c);
}
```

其部分反汇编代码如下:

```
       scanf("%d %d", &a, &b);
8049183:   83 ec 04              sub      $ 0x4,%esp
8049186:   8d 45 ec              lea      -0x14(%ebp),%eax
8049189:   50                    push     %eax
804918a:   8d 45 f0              lea      -0x10(%ebp),%eax
804918d:   50                    push     %eax
804918e:   68 08 a0 04 08        push     $0x804a008
8049193:   e8 b8 fe ff ff        call     8049050 <__isoc99_scanf@plt>
8049198:   83 c4 10              add      $0x10,%esp
       if (a>0 && b>0)
804919b:   8b 45 f0              mov      -0x10(%ebp),%eax
804919e:   85 c0                 test     %eax,%eax
80491a0:   7e 14                 jle      80491b6 <main+0x44>
80491a2:   8b 45 ec              mov      -0x14(%ebp),%eax
80491a5:   85 c0                 test     %eax,%eax
80491a7:   7e 0d                 jle      80491b6 <main+0x44>
       c=a+b;
80491a9:   8b 55 f0              mov      -0x10(%ebp),%edx
80491ac:   8b 45 ec              mov      -0x14(%ebp),%eax
80491af:   01 d0                 add      %edx,%eax
80491b1:   89 45 f4              mov      %eax,-0xc(%ebp)
80491b4:   eb 0d                 jmp      80491c3 <main+0x51>
       else
           c=a-b;
80491b6:   8b 55 f0              mov      -0x10(%ebp),%edx
80491b9:   8b 45 ec              mov      -0x14(%ebp),%eax
80491bc:   29 c2                 sub      %eax,%edx
80491be:   89 d0                 mov      %edx,%eax
80491c0:   89 45 f4              mov      %eax,-0xc(%ebp)
       printf("c=%d\n", c);
80491c3:   83 ec 08              sub      $0x8,%esp
80491c6:   ff 75 f4              pushl    -0xc(%ebp)
80491c9:   68 0e a0 04 08        push     $0x804a00e
80491ce:   e8 5d fe ff ff        call     8049030 <printf@plt>
80491d3:   83 c4 10              add      $0x10,%esp
```

编辑生成上述 C 语言源程序文件, 然后对其进行编译转换, 以生成可执行文件, 并对可执行文件进行调试, 查看 C 语句所对应的机器级代码表示, 要求将整个调试过程截图, 根据调试结果回答以下问题或完成以下任务。

(1) 为什么 ifa.c 中只有一个 if 语句, 而其反汇编代码中有两条条件转移指令? 这两条条件转移指令一定都会执行吗? 什么情况下只会执行其中一条条件转移指令?

(2) 下列是 gdb 调试中的部分操作命令及其结果:

```
(gdb) x/6xb 0x804a008
0x804a008: 0x25    0x64    0x20    0x25    0x64    0x00
(gdb) x/6xb 0x804a00e
0x804a00e: 0x63    0x3d    0x25    0x64    0x0a    0x00
```

解释这两条命令的作用，以及命令输出内容的含义。

（3）执行地址 0x8049193 处的 call 指令前，已知 R[ebp]=0xbfff f268，R[esp]=0xbfff f240，执行命令 "x/3xw $esp" 后显示的内容是什么？

实验 3　复杂数据类型的分配和访问

一、实验目的

1. 理解 C 语言程序中的 for 语句所对应的机器级代码表示。
2. 理解数组在存储空间的存放和访问。
3. 理解数组元素和指针变量相关的表达式对应的机器级代码及其计算方法。

二、实验要求

给定 C 语言源程序 array.c 的内容如下：

```
#include <stdio.h>
void main()
{    int i, buf[8] = {10, 20, 30, 40, 50, 60, 70, 80}, sum=0;
     for (i=0; i<8; i++)
         sum+=buf[i];
     printf("sum=%d\n", sum);
}
```

编辑生成上述 C 语言源程序，然后对其进行编译转换，以生成可执行文件，并对可执行文件进行调试，根据程序调试过程，理解数组元素的存储和访问。

三、实验准备

1. 通过文本编辑器编辑生成 C 语言源程序文件 array.c，并将其保存在 "~/ICS/array" 目录中，或者将已有的 array.c 文件直接复制到 "~/ICS/array" 目录下。

2. 打开 "文件管理器" 窗口、"文本编辑器" 窗口和 "终端" 窗口，使其平铺于屏幕中，并在 "文本编辑器" 窗口中打开 array.c 文件。

3. 在 "终端" 窗口的 shell 命令行状态下进行以下操作。

（1）输入 "gcc -no-pie -fno-pic -g array.c -o array"，将 array.c 编译转换为可执行目标文件 array。

（2）输入 "objdump -S array > array.txt"，将 array 中的机器代码进行反汇编，并将反汇编结果保存在文件 array.txt 中。

（3）输入 "./array"，以启动可执行文件 array 的执行。

上述操作后各窗口中的部分内容如图 5.24 所示。

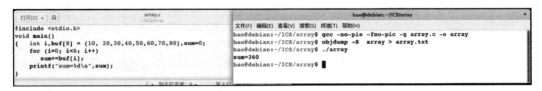

图 5.24 第 3 步操作后各窗口中的部分内容

4. 进行如下操作，以准备好单步调试的环境。

（1）在"文件管理器"窗口中双击 array.txt 文件图标，使该文件显示在文本编辑器窗口中。

（2）在"文本编辑器"窗口中移动鼠标，使 main() 函数对应的代码内容能显示出来。

四、实验步骤

按如下步骤在终端窗口中输入 gdb 调试操作命令，对可执行文件进行调试。

步骤 1 启动 gdb 调试命令，使程序执行到设置的断点处停下。具体操作如下。

（1）在 shell 命令行提示符下，输入命令"gdb array"，以启动 gdb 命令并加载 array 可执行文件。

（2）在 gdb 调试状态下，输入"break main"或"b main"，以在 main 函数处设置断点。

（3）输入"run"或"r"以启动程序运行，并在设置的断点处停下。

步骤 2 继续输入 gdb 调试命令，以执行 C 语句"scanf("%d %d %d", &a, &b, &c);"。

（1）输入"info register eip"或"i r eip"以查看 eip 的内容（当前程序的断点位置）。

（2）输入"step"或"s"以执行 C 语句"buf[8] = {10, 20, 30, 40, 50, 60, 70, 80}, sum=0;"。

（3）输入"info register ebp esp"或"i r ebp esp"以查看 ebp 和 esp 的内容。

（4）输入"x/9xw 0xbffff238"以查看数组 buf 和变量 sum 的地址和机器数。

上述操作后各窗口中的部分内容如图 5.25 所示。图中方框标出了 C 语句"buf[8] = {10, 20, 30, 40, 50, 60, 70, 80}, sum=0;"对应的机器级指令序列，下划实线标出了 buf[0] 的机器数，下划虚线标出了 buf[0] 的地址。

图 5.25 的方框中所有 movl 指令的源操作数都采用立即数寻址方式，目的操作数都采用"基址加位移"寻址方式，根据指令中的立即数、位移量以及 gdb 操作命令的执行结果，可画出数组 buf 和变量 sum 在栈帧中的存储情况，如图 5.26 所示。

数组元素总是依次从小地址向大地址方向存放，各函数内部的非静态局部数组总是分配在自己的栈帧中。如图 5.26 所示，main 函数的 int 类型局部数组 buf 被分配在 main 过程栈帧中且 &buf[i+1]=&buf[i]+4。

步骤 3 继续输入 gdb 调试命令，以执行 for 语句对应的指令序列。

（1）输入"stepi"或"si"以执行指令"movl $0x0, −0xc(%ebp)"。

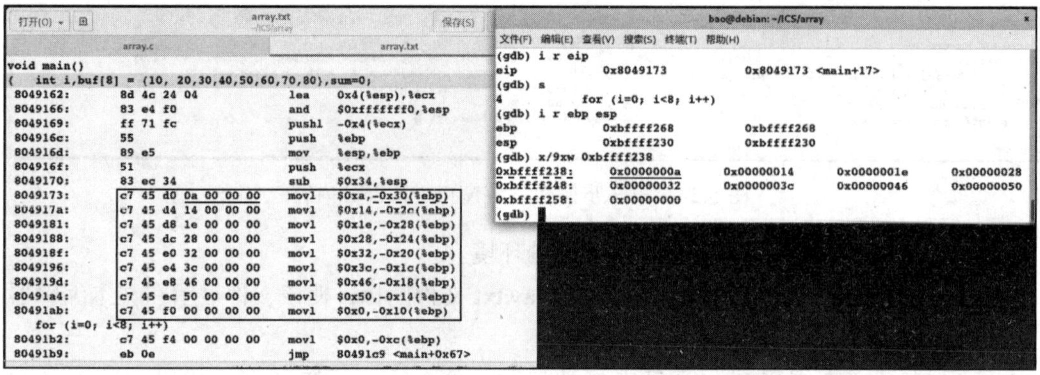

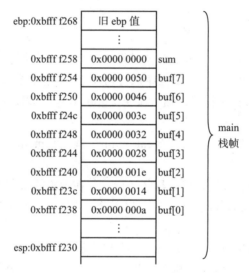

图 5.25　步骤 2 操作后各窗口中的部分内容

图 5.26　buf 和 sum 在栈帧中的存储情况

（2）输入"stepi"或"si"以执行指令"jmp 80491c9 <main+0x67>"。

（3）输入"info register eip"或"i r eip"以查看 jmp 指令的目的跳转地址。

（4）输入"stepi"或"si"以执行指令"cmpl $0x7, -0xc(%ebp)"。

（5）输入"info register eflags"或"i r eflags"以查看执行 cmpl 指令后的标志位。

（6）输入"stepi"或"si"以执行指令"jle 80491bb <main+0x59>"。

（7）输入"info register eip"或"i r eip"以查看 jle 指令执行后所跳转的位置。

上述操作后各窗口中的部分内容如图 5.27 所示。图中用方框标出了所执行的指令，下划实线标出了 jmp 指令跳转的目的地址，下划虚线标出了 jle 指令跳转的目的地址。

for 循环语句对应的机器级指令序列中，首先需要对循环变量 i 进行初始化，再检测 for 循环的条件是否满足，当循环条件满足时，转去执行循环体。图 5.27 的方框中标出的第一条指令"movl $0x0, -0xc(%ebp)"实现对循环变量 i 的初始化，变量 i 的地址为 -0xc(%ebp)；指令"jmp 80491c9 <main+0x67>"无条件跳转去执行指令"cmpl $0x7, -0xc(%ebp)"和"jle 80491bb <main+0x59>"，这两条指令用于判定是否 i ≤ 7（即 i<8），从执行 cmpl 指令后的 eflags 值为 0x297 可知，OF=0 且 SF=1，即 OF ≠ SF，说

明 i<8，因而执行指令 jle 后程序跳转到目标地址 0x0804 91bb，以进入 for 循环体内去执行。

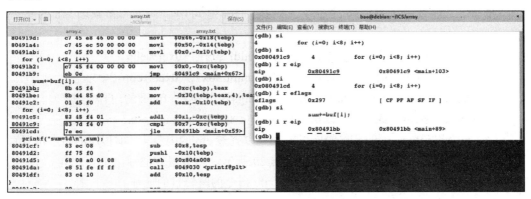

图 5.27　步骤 3 操作后各窗口中的部分内容

步骤 4　继续输入 gdb 调试命令，以执行 C 语句"sum+=buf[i];"。

（1）输入"stepi"或"si"以执行指令"mov -0xc(%ebp), %eax"。
（2）输入"info register eax"或"i r eax"以查看 eax 的内容。
（3）输入"stepi"或"si"以执行指令"mov -0x30(%ebp, %eax, 4), %eax"。
（4）输入"info register eax"或"i r eax"以查看 eax 的内容。
（5）输入"stepi"或"si"以执行指令"add %eax, -0x10(%ebp)"。
（6）输入"info register eip"或"i r eip"以查看 eip 的内容（当前程序的断点位置）。

上述操作后各窗口中的部分内容如图 5.28 所示。图中用方框标出了 C 语句"sum+=buf[i];"对应的指令序列。

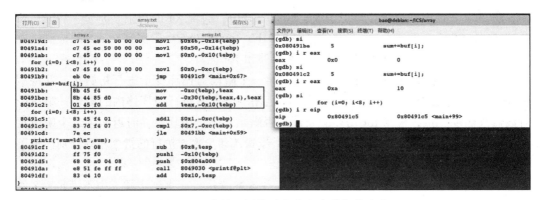

图 5.28　步骤 4 操作后各窗口中的部分内容

图 5.28 中方框内第一条指令"mov -0xc(%ebp), %eax"的功能是将 i 的机器数送入 eax；指令"mov -0x30(%ebp, %eax, 4), %eax"的源操作数采用了"基址加位移加比例变址"寻址方式，指令的功能是将 buf[i] 送入 eax。数组元素地址由数组首地址与数组元素的下标值进行计算得到，buf[i] 的地址为 R[ebp]-0x30+R[eax]×4=R[ebp]-0x30+i×4，其中，R[ebp]-0x30=0xbfff f268-0x30=0xbfff f238 是数组 buf 的首地址，i×4（比例变址）是 buf[i] 相对于 buf 首地址的位移量。指令"add %eax, -0x10(%ebp)"实现 M[R[ebp]-0x10] ← M[R[ebp]-0x10]+R[eax]，其中，R[ebp]-0x10=0xbfff f268-0x10=0xbfff f258 是局

部变量 sum 的地址，eax 中存放的是 buf[i]。因此，以上 3 条指令实现了"sum+=buf[i];"的功能。

步骤 5 继续输入 gdb 调试命令，以执行 for 语句中"i++;"和判断 i<8 的指令序列。

（1）输入"stepi"或"si"以执行指令"addl $0x1, -0xc(%ebp)"。

（2）输入"stepi"或"si"以执行指令"cmpl $0x7, -0xc(%ebp)"。

（3）输入"info register eflags"或"i r eflags"以查看 eflags 的内容。

（4）输入"stepi"或"si"以执行指令"jle 80491bb <main+0x59>"。

（5）输入"info register eip"或"i r eip"以查看 eip 的内容（当前程序的断点位置）。

上述操作后各窗口中的部分内容如图 5.29 所示。图中用方框标出了 C 语句"i++;"和"i<8;"对应的指令序列，下划线标出了 jle 指令的跳转目的地址。

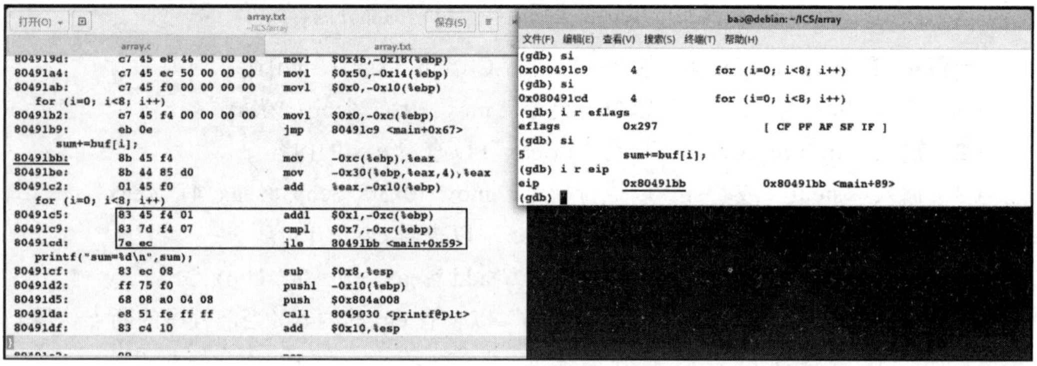

图 5.29 步骤 5 操作后各窗口中的部分内容

图 5.29 方框中的指令"addl $0x1, -0xc(%ebp)"实现 for 语句中"i++;"功能；指令"cmpl $0x7, -0xc(%ebp)"和"jle 80491bb <main+0x59>"实现对 i<8 的检测，并在满足 i<8 时跳转到 for 循环体内执行，否则跳出 for 循环。

for 循环语句的执行可分成三个阶段：第一个阶段对循环变量进行初始化，并检测 for 循环的条件是否满足；第二个阶段在满足循环条件时执行循环体内的语句；第三个阶段修改循环变量，检测 for 循环的条件是否满足，满足循环条件时返回第二个阶段再次执行循环体，否则退出 for 循环。步骤 3、步骤 4 和步骤 5 执行的指令序列分别体现了 for 语句的这三个阶段。

单步调试过程中，需要返回步骤 4 和步骤 5 继续执行，直到步骤 5 中不满足 i<8 的循环执行条件时退出 for 循环，即步骤 5 中操作（5）显示 eip 内容为 0x0804 91cf 时表示退出 for 循环。

步骤 6 继续输入 gdb 调试命令，以执行 printf() 函数，结束程序调试。

（1）输入"next"以执行 C 语句"printf("sum=%d\n", sum);"。

（2）输入"quit"，以退出 gdb 调试过程。

上述操作后窗口中的部分内容如图 5.30 所示。方框中标出了调用 printf() 函数的指令序列。

图 5.30　步骤 6 操作后各窗口中的部分内容

五、实验报告

本实验报告中的主要内容包括但不限于以下几个方面。

1. 若 array.c 程序中 buf 数组元素修改为 short 类型，数组 buf 的首地址为 0xbfff f238，则 buf[6] 的存储地址是多少？

2. 给定 C 语言程序 ptr.c 如下：

```
#include <stdio.h>
void main()
{   int i, buf[8] = {10, 20, 30, 40, 50, 60, 70, 80}, sum=0;
    int *ptr=&buf[0];
    for (i=0; i<8; i++)
        sum+=*(ptr+i);
    printf("sum=%d\n", sum);
}
```

编辑生成上述 C 语言源程序文件，然后对其进行编译转换，以生成可执行文件，并对可执行文件进行调试，查看 C 语句所对应的机器级代码表示，要求将整个调试过程截图，根据调试结果回答以下问题或完成以下任务。

（1）ptr.c 程序的执行结果是多少？

（2）C 语句 "sum+=*(ptr+i);" 对应的机器级指令序列如下：

```
80491c1:    8b 45 f4                mov    -0xc(%ebp), %eax
80491c4:    8d 14 85 00 00 00 00    lea    0x0(, %eax, 4), %edx
80491cb:    8b 45 ec                mov    -0x14(%ebp), %eax
80491ce:    01 d0                   add    %edx, %eax
80491d0:    8b 00                   mov    (%eax), %eax
80491d2:    01 45 f0                add    %eax, -0x10(%ebp)
```

已知上述指令中地址 -0xc(%ebp)、-0x14(%ebp)、-0x10(%ebp) 和 -0x34(%ebp) 分别是变量 i、ptr、sum 和 buf[0] 所分配的存储地址，R[ebp]=0xbfff f268。填写表 5.4 中的内容，以给出 i=2 时上述各条指令执行的目的操作数的内容（用十六进制表示）以及目的操作数的含义。

表 5.4 "sum+=*(ptr+i);" 对应指令序列中指令的执行结果

指令	指令执行后目的操作数的内容	目的操作数的含义
mov −0xc(%ebp), %eax	eax:	
lea 0x0(,%eax, 4), %edx	edx:	
mov −0x14(%ebp), %eax	eax:	
add %edx, %eax	eax:	
mov (%eax), %eax	eax:	
add %eax, −0x10(%ebp)	−0x10(%ebp):	

*实验 4 缓冲区溢出攻击

一、实验目的

1. 理解缓冲区溢出引起的原因。
2. 理解缓冲区溢出攻击的基本原理。
3. 深刻理解过程调用中过程栈帧结构的变化与相关指令之间的关系。
4. 了解通过 execve() 函数加载并启动程序执行的过程。

二、实验要求

给定 C 语言程序 a.c 的内容如下:

```
#include "stdio.h"
#include "string.h"
char code[]= "0123456789abcdef";
int main()
{   char *arg[3];
    arg[0]="./b";
    arg[1]=code;
    arg[2]=NULL;
    execve(arg[0], arg, NULL);
    return 0;
}
```

给定 C 语言程序 b.c 的内容如下:

```
#include "stdio.h"
#include "string.h"
void outputs(char *str)
{   char buffer[16];
    strcpy(buffer, str);
    printf("%s\n", buffer);
}
void hacker(void)
{   printf("being hacked\n");
}
int main(int argc, char *argv[])
{   outputs(argv[1]);
    printf("yes\n");
    return 0;
}
```

编辑生成上述 C 语言源程序，然后对其进行编译转换，以生成可执行文件，对可执行文件进行调试执行，并完成下列任务。

（1）文件 a.c 对应的程序执行流程如图 5.31a 所示，观察程序执行的输出内容，画出函数 outputs() 中函数调用语句"strcpy(buffer, str);"执行后程序 b 对应进程的用户栈的栈帧结构。

（2）修改文件 a.c 中数组 code 的内容并保存为 a1.c，使得 a1.c 对应程序的执行流程如图 5.31b 所示，观察程序执行的输出内容，画出函数 outputs() 中函数调用语句"strcpy(buffer, str);"执行后程序 b 对应进程的用户栈的栈帧结构。

（3）修改文件 a.c 中数组 code 的内容并保存为 a2.c，使得 a2.c 对应程序的执行流程如图 5.31c 所示，观察程序执行的输出内容，画出函数 outputs() 中函数调用语句"strcpy(buffer, str);"执行后程序 b 对应进程的用户栈的栈帧结构。

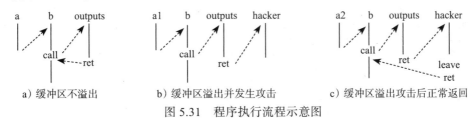

图 5.31　程序执行流程示意图

三、缓冲区不溢出实验——实验准备

首先通过以下操作过程进行实验准备工作。

1. 通过文本编辑器编辑生成 C 语言源程序文件 a.c 和 b.c，并将文件保存在主目录下的 hacker 目录中，或者将已有的 a.c 和 b.c 文件直接复制到主目录下的 hacker 目录中。

2. 打开"文件"窗口、"文本编辑器"窗口和"终端"窗口，使其平铺于屏幕中，并在"文本编辑器"窗口中打开 a.c 和 b.c 文件。

3. 在终端窗口中进行以下操作。

（1）在 shell 命令行状态下，输入"cd hacker"，以设置"~/hacker"为当前目录。

（2）输入"gcc -no-pie -fno-pic -g a.c -o a"，将 a.c 编译转换为可执行目标文件 a。

（3）输入"gcc -no-pie -fno-pic -g b.c -o b"，将 b.c 编译转换为可执行目标文件 b。

（4）输入"objdump -S a > a.txt"，将 a 中的机器代码进行反汇编，并将反汇编结果保存在文件 a.txt 中。

（5）输入"objdump -S b > b.txt"，将 b 中的机器代码进行反汇编，并将反汇编结果保存在文件 b.txt 中。

（6）输入"./a"，以启动可执行文件 a 的执行。

上述操作后各窗口中的部分内容如图 5.32 所示。图中的方框标出了最终执行结果。

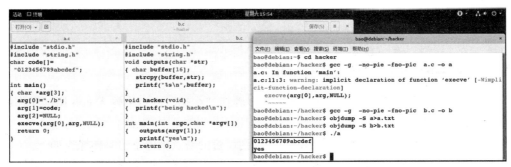

图 5.32　第 3 步操作后各窗口中的部分内容

4. 为单步调试执行准备好环境。在"文件"窗口中双击 a.txt 和 b.txt 文件，使文件内容显示在"文本编辑器"窗口中。其中，b.txt 文件中部分代码如下：

```
08049172 <outputs>:
#include "stdio.h"
#include "string.h"
void outputs(char *str)
{   char buffer[16];
8049172:55              push    %ebp
8049173:89 e5           mov     %esp,%ebp
8049175:83 ec 18 sub            $0x18,%esp
    strcpy(buffer,str);
8049178:83 ec 08 sub            $0x8,%esp
804917b:ff 75 08 pushl          0x8(%ebp)
804917e:8d 45 e8 lea             -0x18(%ebp),%eax
8049181:50              push    %eax
8049182:e8 a9 fe ff ff call     8049030 <strcpy@plt>
8049187:83 c4 10        add     $0x10,%esp
    printf("%s\n",buffer);
       ...
}
8049199:         90     nop
804919a:         c9     leave
804919b:         c3     ret

0804919c <hacker>:
void hacker(void)
{   printf("being hacked\n");
    ...
}
    ...

080491b5 <main>:
int main(int argc,char *argv[])
{   outputs(argv[1]);
    ...
80491c8:     8b 40 04         mov     0x4(%eax),%eax
80491cb:     83 c0 04         add     $0x4,%eax
80491ce:     8b 00            mov     (%eax),%eax
80491d0:     83 ec 0c         sub     $0xc,%esp
80491d3:     50               push    %eax
80491d4:     e8 99 ff ff ff   call    8049172 <outputs>
80491d9:     83 c4 10         add     $0x10,%esp
    printf("yes\n");
    ...
}
    ...
```

四、缓冲区不溢出实验——实验步骤

在上述调试执行环境准备好后，按如下步骤在"终端"窗口中输入 gdb 调试操作命令，对可执行文件进行调试执行。

步骤 1 启动 gdb 调试命令，使程序执行到设置的断点处停下。具体操作如下。

（1）在 shell 命令行提示符下，输入命令"gdb a"，以启动 gdb 命令并加载可执行文件 a。

（2）在 gdb 调试状态下，输入"break main"或"b main"，以在 main 函数处设置断点。

（3）在 gdb 调试状态下，输入"break outputs"或"b outputs"，以在 outputs 函数处设置断点。

（4）输入"run"或"r"以启动程序 a 运行，并在设置的断点处停下。

（5）输入"info register eip"以查看 eip 的内容（当前程序的断点位置）。

步骤2 继续输入 gdb 调试命令，以查看可执行文件 b 中执行函数调用语句 "strcpy(buffer, str);"后栈帧中的内容。

（1）输入"step"或"s"以执行 C 语句"arg[0]="./b";"。

（2）输入"step"或"s"以执行 C 语句"arg[1]=code;"。

（3）输入"step"或"s"以执行 C 语句"arg[2]=NULL;"。

（4）输入"next"或"n"以执行 C 语句"execve(arg[0], arg, NULL);"，从而启动可执行文件 b 执行，文件 b.c 中的 main() 函数起始处为新断点。

（5）输入"info register eip ebp esp"以查看当前 eip、ebp 和 esp 的内容。

（6）输入"step"或"s"以执行 C 语句"outputs(argv[1]);"，文件 b.c 中的 outputs() 函数为新断点。

（7）输入"info register eip"以查看 eip 的内容，确定新的断点地址。

（8）输入"next"或"n"以执行 C 语句"strcpy(buffer,str);"。

（9）输入"info register ebp esp"以查看当前 ebp 和 esp 的内容。

（10）输入"x/15xw 0xbffffe20"以查看可执行文件 b 中过程 main 和过程 outputs 的栈帧内容。

（11）输入"continue"或"c"命令，以继续执行后续的 C 语句。

（12）输入"quit"，以退出 gdb 调试过程。

上述操作完成一次调试执行过程，最终程序输出结果如图 5.32 中"终端"窗口内的方框处所示。

上述操作过程对应的"终端"窗口中的部分内容如图 5.33 所示，图中下划线标出了 buffer[16] 中的内容。从图 5.33 可看出，在执行了可执行文件 a 中对数组 arg[3] 的 3 个数组元素分别赋值的语句和 C 语句"execve(arg[0], arg, NULL);"后，再执行"next"命令，此时输出信息"process 2890 is executing new program: /home/bao/hacker/b"，说明当前已转至可执行文件 b 执行，其断点 1 在"main(argc=2, argv=0xbfffff04) at b.c: 12"，即文件 b.c 中第 12 行的"{outputs(argv[1]);"处，此处为 b.c 中 main() 函数的起始处。根据此时"info register eip ebp esp"命令所显示的 eip 的内容 0x0804 91c8，再对照实验准备阶段显示的 b.txt 的内容，可以推断出，从 0x0804 91c8 开始的一段机器级代码对应函数调用语句"outputs(argv[1]);"。

此时已从可执行文件 a 跳转到可执行文件 b 执行。显然，这种跳转并不是通过过程调用实现的，而是通过上述第 4 步执行"next"调试命令启动了函数调用语句 "execve(arg[0], arg, NULL);"的执行而实现的。

主教材 8.1.4 节中提到，在 UNIX/Linux 系统中，可通过调用 execve() 函数在当前进程的上下文中加载并运行一个新程序。其函数原型为"int execve(char *filename, char *argv[], *envp[]);",用来加载并运行可执行目标文件 filename,可带参数列表 argv 和环境变量列表 envp 作为入口参数。根据本实验文件 a.c 中的 C 语句 "execve(arg[0], arg, NULL);"可知,这里启动加载的可执行文件为实参 arg[0]="./b" 所指出的 "/home/bao/hacker/b",根据第 2 个实参 arg 的定义可知,这里 execve 函数启动执行的命令行为 "./b 0123456789abcdef"。

```
bao@debian: ~/hacker
文件(F) 编辑(E) 查看(V) 搜索(S) 终端(T) 帮助(H)
(gdb) s
9            arg[1]=code;
(gdb) s
10           arg[2]=NULL;
(gdb) s
11           execve(arg[0],arg,NULL);
(gdb) next
process 2890 is executing new program: /home/bao/hacker/b

Breakpoint 1, main (argc=2, argv=0xbfffff04) at b.c:12
12       {   outputs(argv[1]);
(gdb) info register eip ebp esp
eip            0x80491c8         0x80491c8 <main+19>
ebp            0xbffffe58        0xbffffe58
esp            0xbffffe50        0xbffffe50
(gdb) s

Breakpoint 2, outputs (str=0xbfffffe7 "0123456789abcdef") at b.c:5
5            strcpy(buffer,str);
(gdb) info register eip
eip            0x8049178         0x8049178 <outputs+6>
(gdb) next
6            printf("%s\n",buffer);
(gdb) info register ebp esp
ebp            0xbffffe38        0xbffffe38
esp            0xbffffe20        0xbffffe20
(gdb) x/15xw 0xbffffe20
0xbffffe20:    0x33323130    0x37363534    0x62613938    0x66656463
0xbffffe30:    0xb7fb3300    0x00040000    0xbffffe58    0x080491d9
0xbffffe40:    0xbfffffe7    0xbfffff04    0xbfffff10    0x0804921b
0xbffffe50:    0xb7fe6520    0xbffffe70    0x00000000
(gdb)
```

图 5.33 步骤 2 操作后"终端"窗口中的部分内容

函数调用语句 "execve(arg[0], arg, NULL);"正常执行后,将直接跳转到被启动的程序 ./b 中 main() 函数执行,并将 arg 和 NULL 分别作为参数 argv 和 envp 的实参传递给 main() 函数,根据图 5.33 中显示的断点 1 在 "main(argc=2, argv=0xbfffff04) at b.c:12"可知,此处 b.c 中 main() 函数的参数 argc 对应的实参为 2,参数 argv 对应的实参为地址 0xbfff ff04,说明被 execve() 函数启动执行的命令行存放在地址 0xbfff ff04 处,命令行中字符串个数为 2。

当执行步骤 2 的操作(6),用 "step" 跟踪 C 语句 "outputs(argv[1]);"进入被调用过程 outputs 的起始处时,断点 2 设置在 "outputs(str=0xbfffffe7 "0123456789abcdef") at b.c:5",该断点处的 R[eip]=0x0804 9178。此时,命令行中第 2 个字符串 "0123456789abcdef"的地址 0xbfff ffe7 已作为传递给调用过程 outputs 的实参,存入了调用过程 main 的栈帧中,因而在后续 outputs 过程执行时,可通过地址 ebp+8 来访问该参数 str。

当执行步骤 2 的操作(8),用 "next" 跟踪 C 语句 "strcpy(buffer,str);"执行时,并不会进入被调用过程 strcpy 中执行,因此,根据文件 b.txt 的内容可知,该操作结束时已执行完 outputs 过程中 0x0804 9187 处的指令。对照文件 b.txt 的内容可知,在执行 C

语句"strcpy(buffer, str);"对应的机器级代码过程中,outputs 过程中 0x0804 917b 处的指令"pushl 0x8(%ebp)"实现将地址 0x8(%ebp) 中的 str 对应实参 0xbfff ffe7 入栈;地址 0x0804 917e 和 0x0804 9181 处的"lea −0x18(%ebp), %eax"和"push %eax"实现将 buffer 对应实参入栈,因此,局部数组 buffer 的起始地址为 −0x18(%ebp),从图 5.33 可知,R[ebp]=0xbfff fe38,故 buffer 的起始地址为 R[ebp]−0x18=0xbfff fe20。参数从右向左依次入栈进行参数传递后,通过指令"call 8049030 <strcpy@plt>"调用 strcpy 过程,实现将参数 str 所指向的字符串复制到 buffer 数组中。因为 str 所指向的字符串"0123456789abcdef"共有 16 个字符,而 buffer 数组也正好有 16 字节,所以执行 strcpy 过程进行字符串复制过程中不会发生缓冲区溢出,从而使程序能正常返回到 outputs 中的 C 语句"printf("%s\n", buffer);"执行。从图 5.33 中下划线标出的结果可知,strcpy 过程已将字符串"0123456789abcdef"复制到 buffer 数组中。

在执行完 outputs 过程中的 ret 指令后,程序返回到 b.c 中的调用过程 main 执行,从而执行 C 语句"printf("yes\n");"。程序整个执行流程如图 5.31a 所示。

图 5.34 给出了通过执行函数调用语句"execve(arg[0], arg, NULL);"所启动的可执行文件 b 对应进程的用户栈中的栈帧结构。

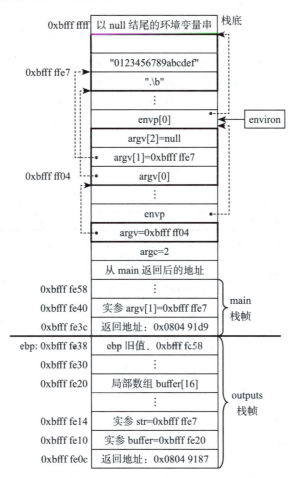

图 5.34 程序 b 对应进程的用户栈中的栈帧结构示意

五、缓冲区溢出攻击实验——实验准备

在上述缓冲区不溢出实验中，strcpy 过程实现字符串复制时，源字符串"0123456789abcdef"共有 16 个字符，正好复制到 buffer 数组的 16 字节中，因此，在字符串复制过程中，没有将信息覆盖到 buffer 数组以外的空间，因而没有破坏如图 5.34 所示的在 main 栈帧和 outputs 栈帧交界区的 ebp 旧值和返回地址，从而能通过"leave"指令恢复 ebp 的旧值 0xbfff fe58，并在执行 ret 指令时，将栈顶 0xbfff fe3c 处的返回地址 0x0804 91d9 弹出送入 eip，以正常返回到 main 过程执行。

若想利用缓冲区溢出来调出 hacker() 函数执行攻击，则只要将从 b.txt 中查到的 hacker 过程的首地址 0x0804 919c 填入地址 0xbfff fe3c 处即可。可通过重新构造函数调用语句"strcpy(buffer, str);"中复制的源字符串，使得源字符串的长度足够长，不仅覆盖 buffer 数组，还要覆盖到 0xbfff fe3c 处，并且使返回地址改为 0x0804 919c。

基于上述思路，将文件 a.c 中的字符串 code 定义如下，并将修改后的文件保存为 a1.c。

```
char code[]="0123456789abcdef"
            "abcdabcd"         // 不能为空格
            "\x58\xfe\xff\xbf" //ebp 旧值
            "\x9c\x91\x04\x08"; //hacker 首址作为 outputs 的返回地址
```

这里，在 code 中的地址以十六进制形式表示，IA-32 为小端方式，因此表示地址的 4 个字节采用倒序方式。根据对上述缓冲区不溢出实验过程的分析可知，由 a1.c 文件中"execve(arg[0], arg, NULL);"所启动的可执行文件 b 对应进程，在执行完"strcpy(buffer, str);"对应的机器级代码而使断点处于 C 语句"printf("%s\n", buffer);"起始处时，过程 main 和 outputs 的栈帧状态应该如图 5.35 所示，程序整个执行流程如图 5.31b 所示。

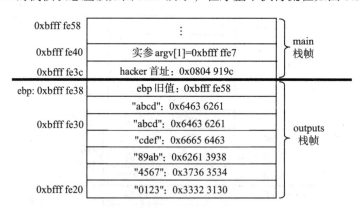

图 5.35 a1.c 所启动的程序 b 对应进程的栈帧状态示意

首先通过以下操作过程进行实验准备工作。

1. 将 a1.c 和 b.c 文件存放在主目录下的 hacker 目录中。
2. 在"文本编辑器"窗口中打开 a1.c 和 b.c 文件。
3. 在"终端"窗口中输入命令"sudo sysctl -w kernel.randomize_va_space=0"，以关闭栈随机化功能。
4. 若"终端"窗口中出现图 5.36a 中的内容，说明命令执行成功，可跳过第 4 步；

若出现图 5.36b 中的内容"×××不在 sudoers 文件中",则进行以下操作。

a)命令执行成功的情况

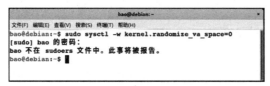

b)命令执行不成功的情况

图 5.36　执行"sudo sysctl -w kernel.randomize_va_space=0"的可能结果

（1）输入命令"su root"以进入超级用户模式。此时,系统会让输入用户密码。

（2）输入命令"chmod u+w /etc/sudoers"以添加文件写权限。

（3）输入命令"vi /etc/sudoers",编辑 /etc/sudoers 文件。首先,按 insert 键,进入插入模式；找到行 root ALL=(ALL:ALL) ALL,在下面添加"××× ALL=(ALL:ALL) ALL"（这里 ××× 是用户名）,如图 5.37 所示,其中用户名为 bao；然后按一下 Esc 键,再输入":wq",按回车键后,保存文件并退出。

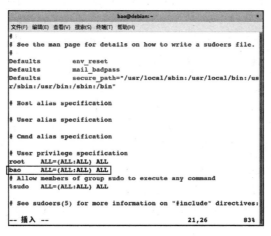

图 5.37　编辑 /etc/sudoers 文件的操作示意

（4）输入命令"chmod u w /etc/sudoers",以撤销文件的写权限。

（5）关闭终端后,再打开终端,输入命令"sudo sysctl -w kernel.randomize_va_space=0"后即会成功执行命令。

上述操作步骤对应的"终端"窗口内容如图 5.38 所示。

5. 在"终端"窗口输入以下命令。

（1）cd hacker：设置"~/ hacker"为当前路径。

（2）gcc -g -fno-stack-protector -z execstack -no-pie -fno-pic a1.c -o a1：以"关闭栈溢出检测、支持栈段可执行"方式生成可执行文件 a1。

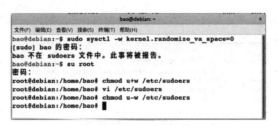

图 5.38 第 4 步操作后的"终端"窗口内容

（3）gcc -g -fno-stack-protector -z execstack -no-pie -fno-pic b.c -o b：以"关闭栈溢出检测、支持栈段可执行"方式生成可执行文件 b。

（4）objdump -S a1>a1.txt：生成 a1 的反汇编代码并保存在 a1.txt 中。

（5）objdump -S b>b.txt：生成 b 的反汇编代码并保存在 b.txt 中。

6. 单步调试执行 a1 以启动 b 的加载并执行，查看可执行文件 b 对应进程中 main 栈帧基地址，以判断是否需要更新 code 的定义。因为将 a.c 修改为 a1.c 时，code 的定义是按照在 a 和 b 执行过程中查看到的 outputs 栈帧中存放的 ebp 旧值来定义的，实际上在 a1 和 b 执行时，b 对应进程中 main 栈帧基地址可能发生变化，故需通过以下操作步骤进行确认。

（1）在 shell 命令行提示符下，输入命令"gdb a1"，以启动 gdb 命令并加载可执行文件 a1。

（2）在 gdb 调试状态下，输入"break main"或"b main"，以在 main 函数处设置断点。

（3）输入"run"或"r"，以启动 a1 运行并在设置的断点处停下。

（4）输入"step"或"s"以执行 C 语句"arg[0]="./b";"。

（5）输入"step"或"s"以执行 C 语句"arg[1]=code;"。

（6）输入"step"或"s"以执行 C 语句"arg[2]=NULL;"。

（7）输入"next"或"n"以执行 C 语句"execve(arg[0], arg, NULL);"，从而启动可执行文件 b 执行，文件 b.c 中的 main() 函数起始处为新断点。

（8）输入"info register eip ebp esp"以查看当前 eip、ebp 和 esp 的内容。

（9）输入"quit"或"q"，退出调试状态。

上述操作后各窗口中的部分内容如图 5.39 所示。下划线标出了当前断点和 b 对应进程中的 main 栈帧基地址。

从图 5.39 可知，在 a1 和 b 执行时，b 对应进程中 main 栈帧基地址为 0xbfff fe48，而不是原来 a 和 b 执行时的 0xbfff fe58，因此更新 a1.c 中的 code 定义如下。

```
char code[]="0123456789abcdef"
            "abcdabcd"              // 不能为空格
            "\x48\xfe\xff\xbf"      // 更新 main 的栈帧基地址
            "\x9c\x91\x04\x08";     // hacker 首地址作为 outputs 的返回地址
```

7. 重新将 a1.c 编译转换为可执行文件 a1，再反汇编生成 a1.txt 文件。在"终端"窗口输入以下命令。

（1）gcc -g -fno-stack-protector -z execstack -no-pie -fno-pic a1.c -o a1：以"关闭栈

溢出检测、支持栈段可执行"方式生成可执行文件 a1。

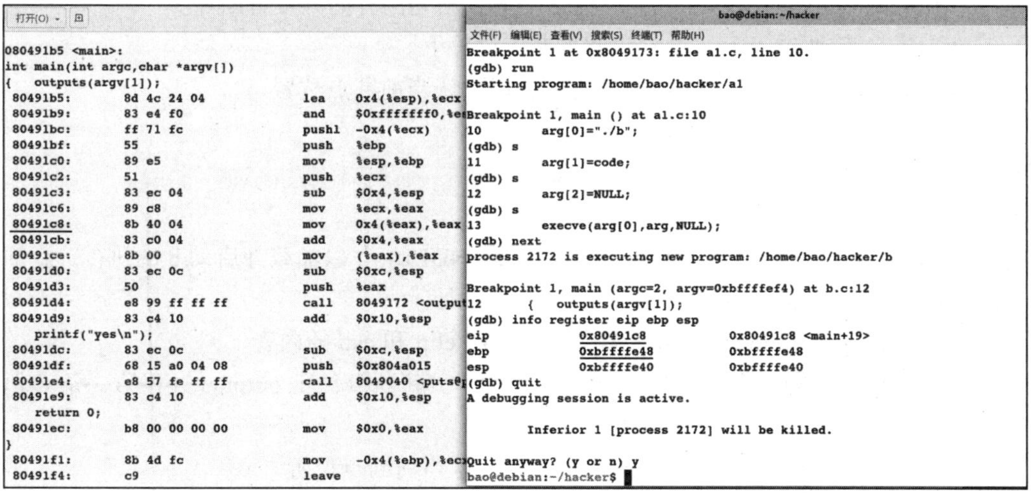

图 5.39　第 6 步操作后各窗口中的部分内容

（2）objdump -S a1>a1.txt：生成 a1 的反汇编代码并保存在 a1.txt 中。

（3）./a1：运行可执行文件 a1。

上述操作后各窗口中的部分内容如图 5.40 所示。

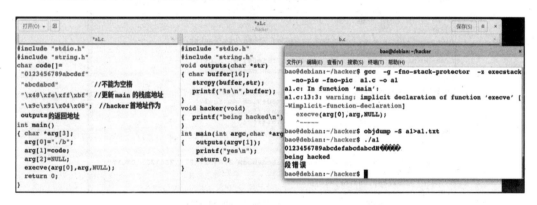

图 5.40　第 7 步操作后各窗口中的部分内容

从图 5.40 可看出，执行 "./a1" 后程序输出了 code 中的字符串，然后输出 "being hacked" 后，又输出提示信息：段错误。显然，程序利用缓冲区溢出而转入了 hacker() 函数执行，并最终发生了存储保护错。

六、缓冲区溢出实验——实验步骤

下面将通过具体的 gdb 单步调试实践操作，观察在程序执行过程中机器的状态变化，以分析理解程序的执行结果。

步骤 1　输入 gdb 调试命令，调试执行 a1，观察程序执行流程、outputs 栈帧中的内容和从 outputs 过程返回的地址。首先，在 shell 命令行提示符下输入 "gdb a1" 命令，以启动 gdb 调试工具加载 a1 程序进行调试，然后在 gdb 调试环境下，输入以下调试命令。

（1）break main：在 main 过程第一条 C 语句的开始处设置断点。
（2）break outputs：在 outputs 过程第一条 C 语句的开始处设置断点。
（3）run：启动 a1 运行，并在设置的断点处停下。
（4）info register eip：查看 eip 的内容，以确认当前断点位置。
（5）step：执行 C 语句 "arg[0]="./b";"。
（6）step：执行 C 语句 "arg[1]=code;"。
（7）step：执行 C 语句 "arg[2]=NULL;"。
（8）next：执行 C 语句 "execve(arg[0],arg,NULL);" 以加载并启动 b 的执行，新断点位于 b.c 文件中 main 过程第一条 C 语句的起始处。
（9）info register eip ebp esp：查看当前 eip、ebp 和 esp 的内容。
（10）step：执行 C 语句 "outputs(argv[1]);"，新断点位于 outputs 过程第一条 C 语句的起始处。
（11）info register eip：查看 eip 内容，以确认当前断点位置。
（12）next：执行 C 语句 "strcpy(buffer,str);"。
（13）info register ebp esp：查看当前 ebp 和 esp 的内容。
（14）x/15xw 0xbffffe10：查看 b 对应进程中过程 main 和 outputs 的栈帧内容。

上述操作后"终端"窗口中的部分内容如图 5.41 所示。

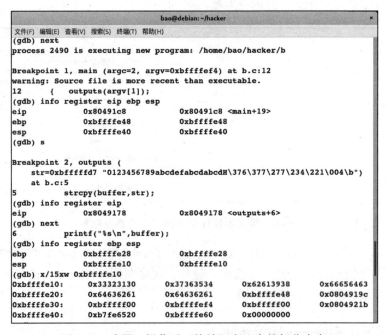

图 5.41　步骤 1 操作后"终端"窗口中的部分内容

因为文件 b.c 没有修改，所以 b.txt 与缓冲区无溢出实验中的内容一致。在完成步骤 1 中第（12）步 "next" 命令操作而单步执行 C 语句 "strcpy(buffer,str);" 后，通过命令 "x/15xw 0xbffffe10" 可查看 b 对应进程中过程 main 和 outputs 的当前栈帧内容。根据图 5.41 中显示的栈帧内容，可画出 b 对应进程中 main 和 outputs 的当前栈帧状态，如图 5.42 所示。

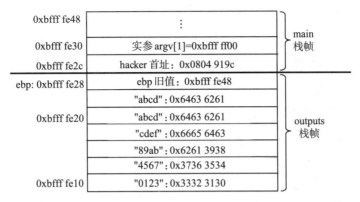

图 5.42 执行"strcpy(buffer,str);"语句后 main 和 outputs 的栈帧状态

步骤 2 继续在 gdb 调试环境下,输入以下调试命令,以观察程序执行流程、hacker 栈帧内容和从 hacker 过程返回的地址。

(1) next:执行 C 语句"printf("%s\n",buffer);"。
(2) stepi:执行指令"nop"。
(3) stepi:执行指令"leave"。
(4) stepi:执行指令"ret"。
(5) info register eip:查看 eip 的内容,以确认进入了 hacker() 函数执行。
(6) next:执行 C 语句"printf("being hacked\n");"。
(7) stepi:执行指令"nop"。
(8) info register eip ebp esp:查看 eip、ebp 和 esp 的内容。
(9) x/4xw 0xbffffe24:查看 hacker 栈帧的内容和返回地址。
(10) stepi:执行指令"leave"。
(11) info register ebp esp:查看 ebp 和 esp 的内容。
(12) stepi:执行指令"ret"。
(13) info register eip:查看 eip 的内容,以确认当前断点位置。

上述操作后"终端"窗口中的部分内容如图 5.43 所示。

从图 5.43 可看出,第(4)步操作执行完 outputs 过程的 ret 指令后,显示出的 eip 内容为 hacker 的首地址 0x0804 919c,说明 outputs 过程结束后并没有返回调用过程 main 执行,而是转入了 hacker 过程执行,从而在第(6)步通过"next"命令完成了 hacker() 函数中 C 语句"printf("being hacked\n");"的执行,在屏幕上显示了"being hacked"。

通过第(8)步查看当前 eip、ebp 和 esp 内容,确认当前断点处 eip 的内容为 hacker 过程中"leave"指令的地址 0x0804 91b3,此时,根据 ebp 和 esp 的内容分别为 0xbfff fe2c 和 0xbfff fe24,用"x/4xw 0xbffffe24"命令查看 hacker 栈帧的内容,如图 5.44 所示。

outputs 中 ret 指令执行时会弹出"返回地址",使栈顶 esp 上移 4 字节空间,由图 5.42 可知,栈顶上移到 0xbfff fe30 处,因而,在执行 outputs 中 ret 指令"返回"到 hacker 过程执行后,在 hacker 过程的准备阶段通过"push %ebp"指令使保存在 ebp 中的旧值 0xbfff fe48 压入 hacker 栈帧基地址 0xbfff fe2c 处,并通过"mov %esp, %ebp"指令将新的栈帧基地址 0xbfff fe2c 送入 ebp,而 main 栈帧和 hacker 栈帧中的其他单元的内容并没有发生改变。

图 5.43 步骤 2 操作后"终端"窗口中的部分内容

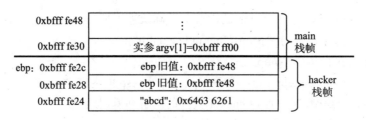

图 5.44 hacker 栈帧中的内容

按照 IA-32 调用约定，当前栈帧基地址上移 4 字节空间中通常是返回地址，从图 5.44 可知，此时 hacker 过程的返回地址为 0xbfff ff00，此地址实际上是所启动执行的命令行中第 1 个参数（字符串）的指针 arvg[1]。此例中，就是指向 code 字符串的指针，其值为地址 0xbfff ff00。

因此，在第（10）步和第（12）步分别执行完 leave 和 ret 指令后，eip 的内容为 0xbfff ff00，说明 ret 指令从栈中取出的返回地址确实是 0xbfff ff00。参考图 5.34 可知，地址 0xbfff ff00 处存放的是命令行参数，而不是指令，是不可执行的区域，因而执行完 hacker 的 ret 指令后，再进一步执行程序就会发生存储保护错，从而出现"段错误"提示信息。

步骤 3 继续输入以下 gdb 调试命令，以结束程序的执行。

（1）continue：继续执行后续语句。

（2）quit：退出 gdb 调试。

上述操作后"终端"窗口中的部分内容如图 5.45 所示。一次程序调试执行结束。

从图 5.45 可看出，执行 hacker 的 ret 指令后，再通过"continue"继续执行程序时，系统报告"program received signal SIGSEGV，Segmentation fault."，说明程序确实发生了存储保护错。

以上由 a1 加载启动 b 执行的流程如图 5.31b 所示。如果想让 hacker 执行结束后能返回 main 正常执行，那应该如何修改程序呢？

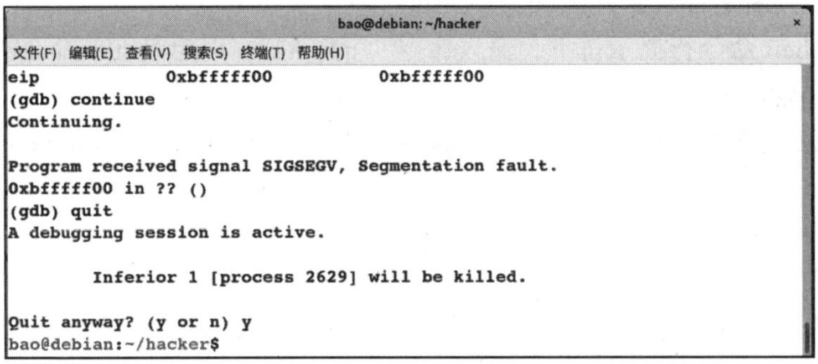

```
bao@debian: ~/hacker
文件(F) 编辑(E) 查看(V) 搜索(S) 终端(T) 帮助(H)
eip            0xbfffff00          0xbfffff00
(gdb) continue
Continuing.

Program received signal SIGSEGV, Segmentation fault.
0xbfffff00 in ?? ()
(gdb) quit
A debugging session is active.

        Inferior 1 [process 2629] will be killed.

Quit anyway? (y or n) y
bao@debian:~/hacker$
```

图 5.45　步骤 3 操作后"终端"窗口中的部分内容

七、缓冲区溢出攻击后正常返回实验

根据上述缓冲区溢出攻击实验执行过程分析可知，从 hacker 返回到 main 的返回地址应存储在地址 0xbfff fe30 处。如果希望程序执行流程如图 5.31c 所示，即从 hacker 过程返回到 main 中地址 0x0804 91d9 处继续执行，那么，只需将 0x0804 91d9 存储到地址 0xbfff fe30 处即可。

由图 5.44 可知，将 code 数组作为 "strcpy(buffer, str)" 中参数 str 的实参填充 buffer 数组时，若设定 code 的内容能正好将 0x0804 91d9 存储到地址 0xbfff fe30 处，则可实现从 hacker 正常返回到 main 执行。因此，修改文件 a.c 中 code 的定义如下，并保存为 a2.c。

```
char code[]="0123456789abcdef"
        "abcdabcd"              // 不能为空格
        "\x48\xfe\xff\xbf"      // main 栈帧基地址
        "\x9c\x91\x04\x08"      // hacker 首地址作为 outputs 的返回地址
        "\xd9\x91\x04\x08";     // 原 outputs 的返回地址，现为 hacker 的返回地址
```

首先，通过以下操作过程进行实验准备工作。

1. 将 a2.c 和 b.c 文件存放在主目录下的 hacker 目录中。

2. 在"文本编辑器"窗口中打开 a2.c 和 b.c 文件。

3. 在"终端"窗口中输入命令 "sudo sysctl -w kernel.randomize_va_space=0"，以关闭栈随机化功能。

4. 在"终端"窗口中输入以下命令。

（1）cd hacker：设置 "~/ hacker" 为当前路径。

（2）gcc -g -fno-stack-protector -z execstack -no-pie -fno-pic a2.c -o a2：以"关闭栈溢出检测、支持栈段可执行"方式生成可执行文件 a2。

（3）gcc -g -fno-stack-protector -z execstack -no-pie -fno-pic b.c -o b：以"关闭栈溢出检测、支持栈段可执行"方式生成可执行文件 b。（若前面实验已生成文件 b，则可不做。）

（4）objdump -S a2>a2.txt：生成 a2 的反汇编代码并保存在 a2.txt 中。

（5）objdump -S b>b.txt：生成 b 的反汇编代码并保存在 b.txt 中。（若前面实验已生

成文件 b.txt，则可不做。）

5. 单步调试执行 a2 以启动 b 的加载并执行，查看可执行文件 b 对应进程中 main 栈帧基地址，以判断是否需要更新 code 的定义。

（1）在 shell 命令行提示符下，输入命令"gdb a2"，以启动 gdb 命令并加载可执行文件 a2 准备单步调试执行。

（2）在 gdb 调试状态下，输入"break main"或"b main"，以在 main 函数处设置断点。

（3）输入"run"或"r"，以启动 a2 运行并在设置的断点处停下。

（4）输入"step"或"s"以执行 C 语句"arg[0]="./b";"。

（5）输入"step"或"s"以执行 C 语句"arg[1]=code;"。

（6）输入"step"或"s"以执行 C 语句"arg[2]=NULL;"。

（7）输入"next"或"n"以执行 C 语句"execve(arg[0], arg, NULL);"，从而启动可执行文件 b 执行，文件 b.c 中的 main() 函数起始处为新断点。

（8）输入"info register eip ebp esp"以查看当前 eip、ebp 和 esp 的内容。

（9）输入"quit"或"q"，退出调试状态。

上述操作后各窗口中的部分内容如图 5.46 所示。下划线标出了当前断点和 b 对应进程中 main 栈帧基地址。

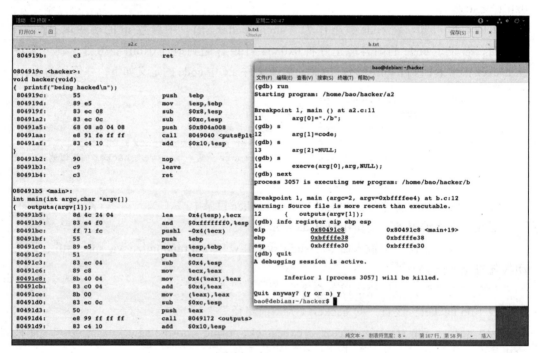

图 5.46　第 5 步操作后各窗口中的部分内容

从图 5.46 可知，在 a2 和 b 执行时，b 对应进程中 main 栈帧基地址为 0xbfff fe38，而不是原来 a1 和 b 执行时的 0xbfff fe48，因此更新 a2.c 中的 code 定义如下。

```
char code[]="0123456789abcdef"
            "abcdabcd"           //不能为空格
```

```
            "\x38\xfe\xff\xbf"     // 更新为 main 栈帧基地址
            "\x9c\x91\x04\x08";    // hacker 首地址作为 outputs 的返回地址
            "\xd9\x91\x04\x08";    // 原 outputs 的返回地址现为 hacker 的返回地址
```

6. 重新将 a2.c 编译转换为可执行文件 a2，再反汇编生成 a2.txt 文件。在 "终端" 窗口中输入以下命令。

（1）gcc -g -fno-stack-protector -z execstack -no-pie -fno-pic a2.c -o a2：以 "关闭栈溢出检测、支持栈段可执行" 方式生成可执行文件 a2。

（2）objdump -S a2>a2.txt：生成 a2 的反汇编代码并保存在 a2.txt 中。

（3）./a2：运行可执行文件 a2。

上述操作后各窗口中的部分内容如图 5.47 所示。

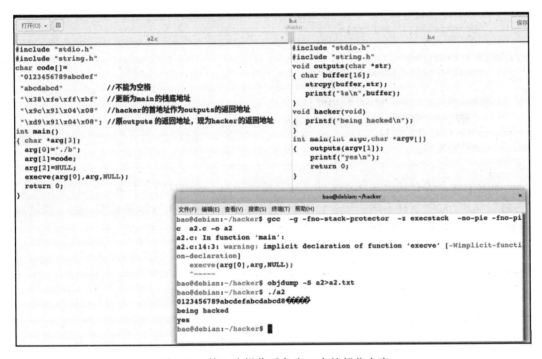

图 5.47　第 6 步操作后各窗口中的部分内容

从图 5.47 可看出，执行 "./a2" 后程序输出了 code 中的字符串，然后输出 "being hacked"，正常返回 main 后，输出 "yes"。程序的执行流程如图 5.31c 所示。

注意，若新开机后执行命令 "./a2"，则每次都要先执行命令 "sudo sysctl -w kernel.randomize_va_space-0"。

通过以上操作准备好调试环境后，可通过具体的 gdb 单步调试操作，观察在程序执行过程中机器的状态变化，以分析理解程序的执行结果。

对于可执行文件 a2 的执行以及由 a2 加载并启动可执行文件 b 的调试执行实验，其调试执行步骤与上述缓冲区溢出攻击实验步骤类似，在此不再赘述。

八、实验报告

本实验报告中的主要内容包括但不限于以下几个方面。

1. 根据给出的文件 b.txt 中 outputs 过程的部分反汇编指令，分析说明为什么在"缓冲区不溢出实验"中步骤 2 的第（9）步查看到的 esp 的内容为 0xbfff fe20？

2. 对于"缓冲区溢出攻击后正常返回实验"，给出你的单步调试执行过程，并根据调试信息，画出执行"strcpy(buffer, str);"后可执行文件 b 对应进程中 main 和 outputs 的当前栈帧状态。

3. 修改文件 b.c 的内容如下：

```c
#include "stdio.h"
#include "string.h"
void outputs(char *str)
{   char buffer[16];
    strncpy(buffer, str, 15);
    buffer[15]='\0';
    printf("%s\n",buffer);
}
void hacker(void)
{   printf("being hacked\n");
}
int main(int argc, char *argv[])
{   outputs(argv[1]);
    printf("yes\n");
    return 0;
}
```

编辑生成上述 C 语言源程序文件，对其编译转换生成可执行文件 b，然后执行"./a""./a1"和"./a2"三种不同的命令，观察不同命令下程序的执行结果是否一致。通过对可执行文件的单步调试信息，分析说明程序执行的结果。

*实验 5　x86-64 架构中程序的机器级表示

一、实验目的

1. 理解 x86-64 指令集架构中 C 语言程序对应的机器级表示。
2. 理解 x86-64 指令集架构中的通用寄存器组结构和常用指令。
3. 理解 x86-64 指令集架构中过程调用的参数传递机制。
4. 理解缓冲区溢出攻击的防范措施。

二、实验要求

给定 C 语言源程序 test64.c 的内容如下：

```c
#include "stdio.h"
void test(char a,char *ap,short b,short *bp,int c,int *cp,long d,long *dp)
{
    *ap+=a; *bp+=b; *cp+=c; *dp+=d;
};
void main()
{
    char a=1;
```

```
        short b=2;
        int   c=3;
        long  d=4;
        test(a, &a, b, &b, c, &c, d, &d);
        printf("%ld\n", a*b+c*d);
}
```

编辑生成上述 C 语言源程序，然后对其进行编译转换，以生成可执行文件，并对可执行文件进行调试，根据程序调试执行过程，理解 x86-64 指令集架构中的通用寄存器结构、过程调用的参数传递机制以及缓冲区溢出攻击的防范措施。

三、实验准备

在 Ubuntu（64 位）Linux 系统中，编辑生成 test64.c 文件，然后使用 gcc 命令将 test64.c 转换为可执行文件 test64 并执行。具体过程如下。

1. 通过文本编辑器编辑生成 C 语言源程序文件 test64.c，并将其保存在 "~/ICS/test64" 目录中，或者将已有的 test64.c 文件直接复制到 "~/ICS/test64" 目录中。

2. 打开"文件管理器"窗口、"文本编辑器"窗口和"终端"窗口，使其平铺于屏幕中，并在"文本编辑器"窗口中打开 test64.c 文件。

3. 在"终端"窗口的 shell 命令行状态下进行以下操作。

（1）输入 "gcc -no-pie -fno-pic -g test64.c -o test64"，以生成可执行文件 test64。

（2）输入 "objdump -S test64> test64.txt"，将 test64 中的机器代码进行反汇编，并将反汇编结果保存在文件 test64.txt 中。

（3）输入 "./test64"，以启动可执行文件 test64 的执行。

上述操作后各窗口中的内容如图 5.48 所示。

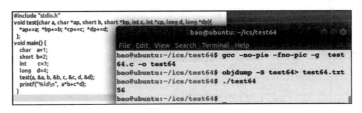

图 5.48　第 3 步操作后各窗口中的内容

4. 进行如下操作，以准备好单步调试的环境。

（1）在"文件管理器"窗口中双击 test64.txt 文件图标，以使该文件显示在"文本编辑器"窗口中。

（2）在"文本编辑器"窗口中移动鼠标，以使 main() 函数对应的代码内容能显示出来。图 5.49 中显示了函数 main() 的部分机器级代码。

从图 5.49 中可看出，不同于 IA-32，首先，在 x86-64 架构中，字长从 32 位变为 64 位，因此地址也从 32 位变为 64 位，如 main 过程的起始地址为 0x0000 0000 0040 05be。其次，x86-64 的通用寄存器位数从 32 位扩展到 64 位，名称也发生了变化。IA-32 中 8 个 32 位通用寄存器 eax、ebx、ecx、edx、ebp、esp、esi 和 edi 对应的 x86-64 中 64 位寄存器分别命名为 rax、rbx、rcx、rdx、rbp、rsp、rsi 和 rdi，新增的 8 个 64 位通用寄存器名称分别为 r8、r9、r10、r11、r12、r13、r14 和 r15。它们可以作为 8 位寄存器（r8b~r15b）、16 位寄存器（r8w~r15w）或 32 位寄存器（r8d~r15d）使用，以访问其中的低 8、低 16 或低 32 位。其他寄存器名称和位数同样也有变化，例如，32 位的 eip 寄存器扩展到 64 位后命名为 rip。

图 5.49　main() 函数的部分机器级代码

四、实验步骤

按如下步骤在"终端"窗口中输入 gdb 调试操作命令，对可执行文件进行调试。

步骤 1　启动 gdb 调试命令，使程序执行到设置的断点处停下。具体操作如下。

（1）在 shell 命令行提示符下，输入命令"gdb test64"，以启动 gdb 命令并加载 test64 可执行文件。

（2）在 gdb 调试状态下，输入"break main"或"b main"，以在 main 函数处设置断点。

（3）输入"run"或"r"以启动程序运行，并在设置的断点处停下。

步骤 2　继续输入 gdb 调试命令，以在栈中填入金丝雀值，实现缓冲区溢出保护。

（1）输入"info register rip"或"i r rip"以查看 rip 的内容（当前程序的点位置）。

（2）输入"stepi"或"si"以执行指令"mov %fs:0x28, %rax"。

（3）输入"stepi"或"si"以执行指令"mov %rax, -0x8(%rbp)"。

（4）输入"info register rax rbp"或"i r rax rbp"以查看 rax 和 rbp 的内容。

（5）输入"x/2xw 0x7fffffffe108"以查看地址 -0x8(%rbp) 处的内容。

（6）输入"stepi"或"si"以执行指令"xor %eax, %eax"。

上述操作后各窗口中的部分内容如图 5.50 所示。图中方框标出了执行的机器级指令序列，下划线标出了设置的金丝雀值。

新的 GCC 版本在产生的代码中加入了一种栈保护者机制，用于检测缓冲区是否越界。如图 5.50 所示，在函数的准备阶段有两条指令"mov %fs:0x28, %rax"和"mov %rax, -0x8(%rbp)"，用于实现在栈帧中地址 -0x8(%rbp) 处填入金丝雀值，金丝雀值由

地址 %fs:0x28 处（段寄存器 fs 所指区域中位移量为 0x28 处）的存储信息确定。金丝雀值每次随机生成，因此攻击者很难猜测出金丝雀值的内容。

图 5.50　步骤 2 操作后各窗口中的部分内容

因为此时 R[rbp]=0x7fff ffff e110，所以地址 -0x8(%rbp) 为 R[rbp]-0x8=0x7fff ffff e110 - 0x8=0x7fff ffff e108。如图 5.50 所示，在地址 0x7fff ffff e108 处填入的金丝雀值为 0x554b 0fe9 c53e fd00。由于金丝雀值是随机生成的，所以每次实验中的金丝雀值未必是 0x554b 0fe9 c53e fd00，可以多调试执行几次，以查看每次的值是否相同。最后，指令"xor %eax,%eax"实现将 eax 寄存器内容清零。

步骤 3　继续输入 gdb 调试命令，以执行 C 语句序列" char a=1; short b=2; int c=3; long d=4,"。

（1）输入"step"或"s"以执行 C 语句"char a=1;"。

（2）输入"step"或"s"以执行 C 语句"short b=2;"。

（3）输入"step"或"s"以执行 C 语句"int c=3;"。

（4）输入"step"或"s"以执行 C 语句"long d=4;"。

（5）输入"x/24xb 0x7fffffffe0f8"以查看当前栈帧中存储的部分信息。

上述操作后各窗口中的部分内容如图 5.51 所示。图中方框标出了执行的机器级指令序列。下划线标出了变量 a、b、c 和 d 的机器数。

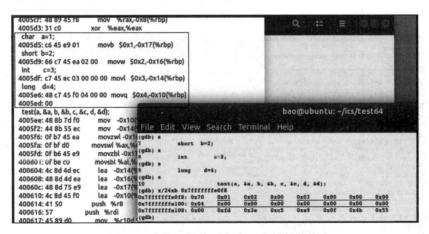

图 5.51　步骤 3 操作后各窗口中的部分内容

在 IA-32 中，long 型整数是 4 字节，而在 x86-64 中，long 型整数是 8 字节，如图 5.51 所示，long 型变量 d 的机器数为 0x0000 0000 0000 0004。从图 5.50 可知，R[rbp]=0x7fff ffff e110，故变量 a、b、c 和 d 的地址分别为 0x7fff ffff e0f9、0x7fff ffff e0fa、0x7fff ffff e0fc 和 0x7fff ffff e100。地址 0x7fff ffff e108 开始的 8 个字节就是金丝雀值。

步骤 4 继续输入 gdb 调试命令，以调用函数 test()。

（1）输入"stepi"或"si"以执行指令"mov −0x10(%rbp), %rdi"。

（2）输入"stepi"或"si"以执行指令"mov −0x14(%rbp), %r10d"。

（3）输入"stepi"或"si"以执行指令"movzwl −0x16(%rbp), %eax"。

（4）输入"stepi"或"si"以执行指令"movswl %ax, %edx"。

（5）输入"stepi"或"si"以执行指令"movzbl −0x17(%rbp), %eax"。

（6）输入"stepi"或"si"以执行指令"movsbl %al, %eax"。

（7）输入"stepi"或"si"以执行指令"lea −0x14(%rbp), %r9"。

（8）输入"stepi"或"si"以执行指令"lea −0x16(%rbp), %rcx"。

（9）输入"stepi"或"si"以执行指令"lea −0x17(%rbp), %rsi"。

（10）输入"stepi"或"si"以执行指令"lea −0x10(%rbp), %r8"。

（11）输入"stepi"或"si"以执行指令"push %r8"。

（12）输入"stepi"或"si"以执行指令"push %rdi"。

（13）输入"stepi"或"si"以执行指令"mov %r10d, %r8d"。

（14）输入"stepi"或"si"以执行指令"mov %eax, %edi"。

（15）输入"info register rdi rsi rdx rcx r8 r9"或"i r rdi rsi rdx rcx r8 r9"以查看 rdi、rsi、rdx、rcx、r8 和 r9 的内容。

（16）输入"x/4xw $rsp"以查看当前栈顶和次栈顶单元内容。

（17）输入"step"或"s"，通过执行指令"callq 400547 <test>"而进入 test 过程，以完成其准备阶段对应指令序列的执行。

上述操作后各窗口中的部分内容如图 5.52 所示。图中方框标出了调用 test 过程对应的指令序列，下划实线标出了调用 test 过程时的前 6 个参数，下划虚线标出了调用 test 过程时的后两个参数。

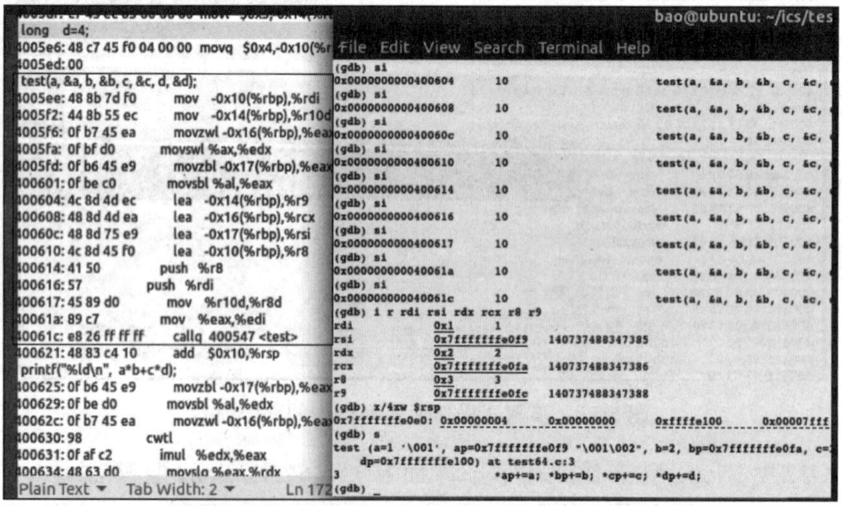

图 5.52 步骤 4 操作后各窗口中的部分内容

x86-64 中通用寄存器个数比 IA-32 多 8 个，为加快程序的执行，x86-64 中采用了通用寄存器传递参数的方式，以减少存取参数时的访存时间。x86-64 中，过程调用时前 6 个参数分别通过 rdi、rsi、rdx、rcx、r8 和 r9 相应宽度寄存器进行传递，第 6 个以后的参数通过栈传递。

在第 4 步中，操作（1）～（6）执行的指令用于将变量 a、b、c 和 d 的机器数分别送入 eax、edx、r10d 和 rdi 中；操作（7）～（10）执行的指令用于将变量 a、b、c 和 d 的地址分别送入 rsi、rcx、r9 和 r8 中；操作（11）和（12）执行的指令用于将 d 的机器数及其地址进行压栈，即 d 和 &d 入栈；操作（13）和（14）执行的指令将 c 和 a 的机器数分别送入 r8d 和 edi。

因此，通过 callq 指令前的一系列操作，test 的前 6 个参数 a、&a、b、&b、c 和 &c 分别存入了 rdi、rsi、rdx、rcx、r8 和 r9 相应宽度寄存器中，后两个参数 d 和 &d 分别在栈顶和次栈顶中。操作（15）和（16）用于查看 test 过程调用前的 8 个参数。

步骤 5 继续输入 gdb 调试命令，以执行 test() 函数。

（1）输入 "info register rip" 或 "i r rip" 以查看 rip 的内容（当前程序的断点位置）。

（2）输入 "step" 或 "s" 以执行 C 语句 "*ap+=a; *bp+=b; *cp+=c; *dp+=d;"。

（3）输入 "step" 或 "s" 以执行 test 过程中恢复阶段所对应的指令序列（包括返回指令）。

上述操作后各窗口中的部分内容如图 5.53 所示。

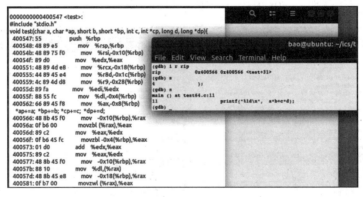

图 5.53　步骤 5 操作后各窗口中的部分内容

步骤 6 继续输入 gdb 调试命令，以执行 printf() 函数。

（1）输入 "info register rip" 或 "i r rip" 以查看 rip 的内容（当前程序的断点位置）。

（2）输入 "next" 以执行 C 语句 "printf("%ld\n", a*b+c*d);"。

上述操作后各窗口中的部分内容如图 5.54 所示。方框标出了调用 printf() 函数对应的指令序列。下划线标出了 printf() 函数输出的结果，为 56。

步骤 7 继续输入 gdb 调试命令，以检查金丝雀值是否被破坏。在未被破坏的情况下，正常结束程序的运行。

（1）输入 "info register rip" 或 "i r rip" 以查看 rip 的内容（当前程序的断点位置）。

（2）输入 "stepi" 或 "si" 以执行空指令 "nop"。

（3）输入 "stepi" 或 "si" 以执行指令 "mov −0x8(%rbp), %rax"。

（4）输入"info register rax"或"i r rax"以查看 rax 的内容。

（5）输入"stepi"或"si"以执行指令"xor %fs:0x28, %rax"。

（6）输入"info register rax"或"i r rax"以查看 rax 的内容。

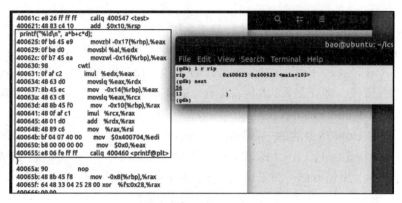

图 5.54　步骤 6 操作后各窗口中的部分内容

（7）输入"stepi"或"si"以执行指令"je 40066f <main+0xb1>"。

（8）输入"info register rip"或"i r rip"以查看 rip 的内容。

（9）输入"quit"，以退出 gdb 调试过程。调试到此结束。

上述操作后各窗口中的部分内容如图 5.55 所示。图中方框标出了所执行的指令序列，下划线标出了从地址 -0x8(%rbp) 中读出的金丝雀值。

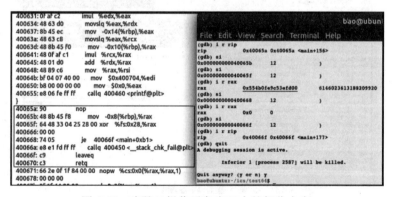

图 5.55　步骤 7 操作后各窗口中的部分内容

根据步骤 2 可知，在 main 过程的准备阶段，地址 -0x8(%rbp) 处填入了金丝雀值。在 main 过程的恢复阶段需要检测该单元的内容是否被破坏，若金丝雀值发生变化，说明发生了缓冲区溢出。指令"mov -0x8(%rbp), %rax"从地址 -0x8(%rbp) 处读出数据并送入 rax 寄存器，若没有出现缓冲区溢出，则 rax 内容应与原始金丝雀值相等。指令"xor %fs:0x28, %rax"用于比较 rax 内容与原始金丝雀值是否相等。若两者相等，则置 rax 为 0 且 ZF=1，否则置 rax 为非 0 且 ZF=0。指令"je 40066f <main+0xb1>"根据 ZF=1 跳转到 0x40066f 地址处执行，程序正常结束，此时表明没有发生缓冲区溢出，即金丝雀值没有被破坏；否则执行指令"callq 400450 <__stack_chk_fail@plt>"以调用栈检测失败函数 __stack_chk_fail()，程序异常中止。

这里，操作（4）显示了从地址 −0x8(%rbp) 处读出的内容（存放在 rax 寄存器中）为 0x554b 0fe9 c53e fd00，显然与步骤 2 中填入的值一致。操作（6）显示指令"xor %fs:0x28,%rax"的执行结果（在 rax 中）为 0，即 rax 内容与原始金丝雀值一致。操作（8）显示指令"je 40066f <main+0xb1>"执行后跳转到 0x40066f 地址处执行，使程序正常结束。

五、实验报告

本实验报告中的主要内容包括但不限于以下内容。

在反汇编代码 test64.txt 中，test 过程的代码如下：

```
0000000000400547 <test>:
void test(char a, char *ap, short b, short *bp, int c, int *cp, long d, long *dp){
  400547:    55                      push   %rbp
  400548:    48 89 e5                mov    %rsp,%rbp
  40054b:    48 89 75 f0             mov    %rsi,-0x10(%rbp)
  40054f:    89 d0                   mov    %edx,%eax
  400551:    48 89 4d e8             mov    %rcx,-0x18(%rbp)
  400555:    44 89 45 e4             mov    %r8d,-0x1c(%rbp)
  400559:    4c 89 4d d8             mov    %r9,0x28(%rbp)
  40055d:    89 fa                   mov    %edi,%edx
  40055f:    88 55 fc                mov    %dl,-0x4(%rbp)
  400562:    66 89 45 f8             mov    %ax,-0x8(%rbp)
    *ap+=a; *bp+=b; *cp+=c; *dp+=d;
  400566:    48 8b 45 f0             mov    -0x10(%rbp),%rax
  40056a:    0f b6 00                movzbl (%rax),%eax
  40056d:    89 c2                   mov    %eax,%edx
  40056f:    0f b6 45 fc             movzbl -0x4(%rbp),%eax
  400573:    01 d0                   add    %edx,%eax
  400575:    89 c2                   mov    %eax,%edx
  400577:    48 8b 45 f0             mov    -0x10(%rbp),%rax
  40057b:    88 10                   mov    %dl,(%rax)
  40057d:    48 8b 45 e8             mov    -0x18(%rbp),%rax
  400581:    0f b7 00                movzwl (%rax),%eax
  400584:    89 c2                   mov    %eax,%edx
  400586:    0f b7 45 f8             movzwl -0x8(%rbp),%eax
  40058a:    01 d0                   add    %edx,%eax
  40058c:    89 c2                   mov    %eax,%edx
  40058e:    48 8b 45 e8             mov    -0x18(%rbp),%rax
  400592:    66 09 10                mov    %dx,(%rax)
  400595:    48 8b 45 d8             mov    -0x28(%rbp),%rax
  400599:    8b 10                   mov    (%rax),%edx
  40059b:    8b 45 e4                mov    -0x1c(%rbp),%eax
  40059e:    01 c2                   add    %eax,%edx
  4005a0:    48 8b 45 d8             mov    -0x28(%rbp),%rax
  4005a4:    89 10                   mov    %edx,(%rax)
  4005a6:    48 8b 45 18             mov    0x18(%rbp),%rax
  4005aa:    48 8b 10                mov    (%rax),%rdx
  4005ad:    48 8b 45 10             mov    0x10(%rbp),%rax
  4005b1:    48 01 c2                add    %rax,%rdx
```

```
    4005b4:        48 8b 45 18          mov     0x18(%rbp), %rax
    4005b8:        48 89 10             mov     %rdx, (%rax)
};
    4005bb:        90                   nop
    4005bc:        5d                   pop     %rbp
    4005bd:        c3                   retq
```

根据调试结果回答以下问题或完成以下任务。

（1）执行 test 过程时，rbp 寄存器的内容是多少？

（2）画出执行 C 语句 "*ap+=a; *bp+=b;*cp+=c; *dp+=d;" 前的当前栈帧内容。

（3）执行地址 40057b 处的指令 "mov %dl, (%rax)" 后，变量 a 的机器数是多少？

（4）地址 4005a6 处的指令 "mov 0x18(%rbp), %rax" 的源操作数寻址方式是什么？为什么位移量是正数？源操作数的内容是什么？

第二部分

模块级分析性实验

第6章　二进制程序分析与逆向工程实验
第7章　程序链接与ELF目标文件实验

第6章 二进制程序分析与逆向工程实验

二进制程序分析与逆向工程实验通过对一组二进制程序的构成与运行逻辑的分析，旨在将理论课程中关于程序的机器级表示的教学内容贯穿起来，使学生加深对其中重要知识点的理解，并进一步巩固和掌握反汇编、跟踪/调试等常用编程技能。

实验过程

（1）在理论课和课程辅助平台发布实验讲义，学生根据实验讲义中的说明下载实验数据。

（2）学生按照实验讲义中给出的实验各阶段的实验目标、实验过程和要求，在课后完成实验并将实验结果保存于文件中。

（3）学生提交实验结果文件至评测程序以进行评分，并回答实验讲义中给出的思考题，复习、巩固理论课中的相应内容。

实验实施与考核方法

本模块实验分为多个阶段，实验考核主要基于学生成功完成的实验阶段的总数，对学生的实验情况进行评价。

（1）实验准备。在实验开始前，教师为参加实验的学生生成实验数据，可以所有学生使用同样的实验数据，也可以为每位学生生成特定于该学生的实验数据（推荐），其中在实验目标程序的数据、指令构成及其地址上，在不同学生之间存在一定程度的差异，以减小抄袭的可能性。生成的实验数据中面向学生的部分连同实验讲义通过网站等形式发布给学生。

（2）实验开展。学生下载实验数据，根据实验讲义中说明的实验环境要求，自行搭建开展实验所需的 Linux 实验平台，也可利用已有的、符合要求的实验基础环境。学生在规定的时限内完成实验的全部或部分阶段后，将各阶段实验结果保存于文件中并提交给实验结果评测程序（可部署于教师计算机或服务器上）。

（3）实验结果评测。教师（或实验服务器脚本）在收到学生提交的实验结果文件后，调用实验结果评测程序并基于生成学生实验数据时保存的评测数据（不发布给学生，例如正确解答等），对学生的实验结果进行测试。根据实验结果能够成功通过的实验阶段数量（可为不同阶段设置不同分数比例），得到学生的总体实验分数。

实验数据组成

本模块实验中，多个阶段的实验数据保存于一个 tar 类型文件中（假设将文件命名为"binalab-data.tar"），可在 Linux 实验环境中使用命令"tar xvf binalab-data.tar"将其中包含的文件提取到当前目录中。该 tar 文件中主要包含如下实验相关文件。

（1）phase1，…，phase9：实验各阶段对应的二进制可执行文件。实验各阶段之间没有直接的联系，可按任意顺序完成，但由于前面阶段涉及的知识点可能出现在后面阶段，建议按实验序号从小到大的顺序（实验1，实验2，…，实验9）完成各阶段实验。每个阶段程序接收一个输入字符串并对其进行检查，如果输入字符串的内容满足程序要求，则该阶段通过，否则程序输出失败提示。

（2）main.c：各阶段程序中main()函数的C语言源程序，供学生参考。

学生实验基本步骤

学生需针对各阶段程序分别使用反汇编工具获得程序的汇编代码，并通过分析汇编代码，结合对程序的调试与跟踪，获知程序的运行逻辑，进而构造本阶段实验的解答。

以下以第 n 阶段（n=1，2，3，…，9）的可执行文件 phase$n$ 为例，简要说明实验的基本步骤。

首先，使用objdump工具软件对可执行文件 phase$n$ 进行反汇编。

然后，分析程序中主函数phase()及其调用函数（C标准库函数除外，其功能可查阅相关文献，故无须分析其功能）的反汇编代码，理解相关函数的功能和执行逻辑。具体而言，主函数phase()接收一个字符串（即指向字符的指针）类型的输入参数，并在函数体中包含对输入字符串的测试逻辑。通过分析函数的反汇编代码，需要时也可在程序的相关函数中设置断点并使用gdb调试工具跟踪函数的执行，以获知函数对输入字符串的测试过程和条件，构造满足测试要求的输入字符串（又称解答字符串）的内容，并保存到文本文件 phase$n$.txt 中，作为该阶段的实验结果。注意：解答字符串应作为文件中唯一一行信息。

最后，测试解答字符串的正确性。

各阶段可执行文件 phase$n$ 在运行时可接收一个命令行参数，也可不提供参数。如果运行 phase$n$ 时不指定命令行参数，则程序输出提示信息后，将期望从标准输入接收解答字符串的内容（以换行结束）；如果将保存解答字符串的文本文件名（如 phase$n$.txt）作为命令行参数，如" ./phase$n$ phase$n$.txt"，则程序将从该文件（如 phase$n$.txt）中读取解答字符串。

程序 phase$n$ 将以解答字符串为参数，调用程序中的主函数phase()以测试解答字符串的正确性，并决定当前阶段通过与否，同时输出相应的提示信息。

实验1 字符串比较

一、实验目的

1. 了解二进制程序的基本组成和C语言程序语句的机器级表示。
2. 了解反汇编的过程、工具与结果形式。
3. 掌握字符串数据的机器级存储与访问方式。

二、实验环境

IA-32＋Linux系统平台，GCC、gdb与binutils工具套件。

三、实验内容

实验 1 所用的可执行文件 phase1 中，过程 phase 将输入字符串与另一个字符串比较，并基于比较结果决定输入字符串是否通过本实验。实验中需对构成程序的（尤其是主函数的）机器级代码进行分析，基于课程中针对程序的机器级表示方面的知识，获知机器级代码的程序执行逻辑，构造出满足程序检查条件的输入字符串内容。

为完成本实验需掌握如下知识点，详细介绍请参看主教材相关内容。

（1）二进制程序中指令的组织与执行。二进制程序由机器指令序列及其操作的数据构成。程序加载到主存后，从入口地址处的指令开始按序依次执行。对于跳转类指令，当相应条件满足时（对条件跳转指令而言）或无条件跳转到目标地址处的指令继续执行。

（2）指令的组成及访问操作数的方式。机器指令是一个 0/1 序列，由操作码、寻址方式、寄存器编号、立即数（位移量）等字段组成，其中，除操作码字段（op）外，在不同指令中可能不包含其他字段中的一个或多个。

（3）过程参数的访问。过程的参数存放在称为栈的存储区中。每个过程在栈中可以有一块存储区，称为该过程的栈帧。例如，若过程在 ebp 寄存器中保存了对应栈帧的基地址（并且在该地址处保存了调用过程使用的 ebp 寄存器值），则该过程的第一个实参的存储地址为 R[ebp]+8。

（4）字符串的存储。C 语言中一个字符串的各组成字符的 ASCII 码按序存储于地址连续递增的一组存储单元中，并以 00H 标识字符串的结束。

四、实验步骤

1. 使用 objdump 工具对二进制文件进行反汇编

运行命令"objdump -d phase1 > phase1.s"以获得 phase1 对应的汇编代码，并保存于文件 phase1.s 中。phase1.s 中的反汇编结果如下所示。

```
08049386 <phase>:
 8049386:       55                      push   %ebp
 8049387:       89 e5                   mov    %esp, %ebp
 8049389:       83 ec 08                sub    $0x8, %esp
 804938c:       83 ec 08                sub    $0x8, %esp
 804938f:       68 4c a1 04 08          push   $0x804a14c
 8049394:       ff 75 08                pushl  0x8(%ebp)
 8049397:       e8 94 fc ff ff          call   8049030 <strcmp@plt>
 804939c:       83 c4 10                add    $0x10, %esp
 804939f:       85 c0                   test   %eax, %eax
 80493a1:       0f 94 c0                sete   %al
 80493a4:       0f b6 c0                movzbl %al, %eax
 80493a7:       c9                      leave
 80493a8:       c3                      ret
```

2. 对程序的汇编代码进行分析，获取程序的主要执行逻辑

在第 1 步得到的汇编代码中，地址 0x0804 9386、0x0804 9387 处的两条汇编指令将 phase 过程栈帧基地址存入 ebp 寄存器中。

地址 0x0804 938f 处的"push $0x804a14c"指令将其后 call 指令调用的 C 标准库 strcmp() 函数的第二个参数压栈，通过查阅 strcmp() 函数的说明可知，该参数是一个用

于比较的字符串的地址，即该字符串存放在地址 0x0804 a14c 开始的一系列存储单元中，字符串最后以 00H 结束。

地址 0x0804 9394 处的"pushl 0x8(%ebp)"指令将 strcmp() 函数的第一个参数压栈，该参数是另一个被比较的字符串的地址。该指令的源操作数地址是 0x8(%ebp)。根据 phase() 函数的声明和实验数据中给出的 main() 函数的 C 代码可知，该参数应是用户输入的字符串的地址。

地址 0x0804 9397 处的 call 指令在执行时将跳转到 strcmp 过程执行，该过程将比较传递给它的两个字符串，并基于比较结果返回一个整型数值，返回值保存在 eax 中。若返回值为 0，则代表两个字符串的内容相同。地址 0x0804 939f 处的"test %eax, %eax"指令根据对 eax 内容与自身相与的结果设置标志位，当 eax 内容为 0 时，ZF=1，否则 ZF=0。地址 0x0804 93a1 处的条件设置指令"sete %al"的功能如下：若 ZF=1，则 al 寄存器内容设置为 1；否则为 0。其后的"movzbl %al, %eax"指令进一步将 al 的内容零扩展为 32 位并保存到 eax 中，作为 phase() 函数的返回值。

综上可知，当 strcmp() 函数比较的两个字符串内容相同时，phase() 函数返回 1，否则返回 0。因此，要成功通过本实验阶段（即 phase() 函数返回 1），则应使输入字符串的内容与一个存储在地址 0x0804 a14c 开始的字符串的内容相同。

3. 定位并获知程序内置字符串的内容

要获得地址 0x0804 a14c 处存储的内置字符串内容，可使用 gdb 调试工具查看程序运行时该地址处的内容。

（1）输入命令"gdb phase1"，以启动 gdb 命令并加载 phase1 可执行文件。

（2）在 gdb 调试状态下，输入"b *0x8049397"，以在 call 指令处设置断点。

（3）输入"run"或"r"以启动 phase1 运行，并在程序提示输入字符串时，先暂时输入一个任意的字符串。

（4）程序运行中断在 call 指令时，使用命令"x/1s 0x804a14c"显示内置字符串所在地址处的一组存储单元内容，选项"1s"指示将指定单元中的 0/1 序列解释为 1 个字符串显示。该内置字符串的显示内容为"SRAM stores each bit in a bistable memory cell."，即本实验阶段应输入的字符串内容。

4. 构造并测试输入字符串

为验证获得的输入字符串内容的正确性，重新运行程序 phase1，并输入上述字符串内容。程序输出如下信息，说明输入的字符串已成功通过了程序的测试。

```
$ ./phase1
Welcome to the binary program analysis lab.
Here begins the task. Please input your answer ...
SRAM stores each bit in a bistable memory cell.
Congratulations! You've completed the task successfully.
```

五、思考题

1. 使用 gdb 调试工具对二进制程序进行跟踪调试和分析时，gdb 命令 n、s、ni、si

分别有何作用？分别适用于哪些调试情况？如果要显示程序运行时某存储地址上保存的值，可以使用哪些 gdb 命令？

2. 反汇编工具（如 objdump）如何在包含多条指令的二进制机器代码序列中确定哪些字节构成一条指令？

3. 过程外定义的全局信息（包括全局变量和只读数据等）和过程内定义的局部数据（包括变量和参数）的访问地址形式和程序运行时的存储位置有何不同？

实验 2　浮点数的表示

一、实验目的

1. 掌握浮点数的机器级表示。
2. 理解 C 语言程序中 if 语句的机器级表示。

二、实验环境

IA-32 + Linux 系统平台，GCC、gdb 与 binutils 工具套件。

三、实验内容

在实验 2 的可执行文件 phase2 中，过程 phase 从输入字符串中读入二进制表示的浮点数，再与一个整型数进行比较，并基于比较结果决定输入字符串是否通过本阶段实验。实验中需通过对主函数 phase() 的机器级代码的分析获知程序的执行逻辑，确定满足要求的输入字符串内容。

为完成本实验需掌握的知识点如下，详细介绍请参看主教材相关内容。

（1）浮点数的表示。IEEE 754 标准浮点数有 32 位单精度和 64 位双精度两种格式，根据阶码和尾数的具体情况，分为规格化数、非规格化数、无穷大和非数（NaN）等几种类型。

（2）浮点指令。本实验使用的是采用 SIMD 技术的 SSE 指令集架构，其中包含一组 128 位的浮点寄存器 XMM0 ~ XMM7。常用的浮点指令包括在浮点寄存器和通用寄存器以及存储单元之间的传送指令、浮点运算指令和数值类型转换指令等。

四、实验步骤

1. 使用 objdump 工具对二进制文件进行反汇编

运行命令"objdump -d phase2 > phase2.s"以获得 phase2 对应的汇编代码，并保存于文件 phase2.s 中。phase2.s 中的反汇编结果如下所示，用 # 开头的注释简要说明了对应指令的功能。

```
0804938b <phase>:
 804938b:   55                  push   %ebp
 804938c:   89 e5               mov    %esp, %ebp
 804938e:   83 ec 18            sub    $0x18, %esp
```

```
8049391:  66 0f ef c0        pxor      %xmm0, %xmm0                     # 寄存器 xmm0 清零
8049395:  f2 0f 11 45 e8     movsd     %xmm0, -0x18(%ebp)               # 初始化局部变量
804939a:  c7 45 f4 00 00 00 00  movl   $0x0, -0xc(%ebp)                 # 初始化局部变量
80493a1:  8d 45 e8           lea       -0x18(%ebp), %eax
80493a4:  83 c0 04           add       $0x4, %eax
80493a7:  50                 push      %eax                             # 变量高位部分地址压栈
80493a8:  8d 45 e8           lea       -0x18(%ebp), %eax
80493ab:  50                 push      %eax                             # 变量低位部分地址压栈
80493ac:  68 4a a1 04 08     push      $0x804a14a                       # 格式字符串地址压栈
80493b1:  ff 75 08           pushl     0x8(%ebp)                        # 输入字符串地址压栈
80493b4:  e8 c7 fc ff ff     call      8049080 <__isoc99_sscanf@plt>
80493b9:  83 c4 10           add       $0x10, %esp
80493bc:  83 f8 02           cmp       $0x2, %eax                       # 判断是否读入两个数
80493bf:  74 07              je        80493c8 <phase+0x3d>
80493c1:  b8 00 00 00 00     mov       $0x0, %eax
80493c6:  eb 19              jmp       80493e1 <phase+0x56>
80493c8:  f2 0f 10 45 e8     movsd     -0x18(%ebp), %xmm0
80493cd:  f2 0f 2c c0        cvttsd2si %xmm0, %eax                      # double 值转为 int 值
80493d1:  89 45 f4           mov       %eax, -0xc(%ebp)
80493d4:  81 7d f4 bb 03 79 1c  cmpl   $0x1c7903bb, -0xc(%ebp)          # 与某值比较
80493db:  0f 94 c0           sete      %al
80493de:  0f b6 c0           movzbl    %al, %eax
80493e1:  c9                 leave
80493e2:  c3                 ret
```

2. 对程序的汇编代码进行分析，获取程序的主要执行逻辑

对本阶段实验的 phase() 函数汇编代码分析如下。

地址 0x0804 9391 处的 pxor 指令对源操作数和目的操作数执行按位逻辑异或操作并将结果存于目的操作数中，因此指令"pxor %xmm0, %xmm0"的功能是将 128 位的寄存器 xmm0 的内容清零。地址 0x0804 9395 处的"movsd %xmm0, -0x18(%ebp)"指令将源寄存器操作数 xmm0 的低 64 位中保存的一个双精度浮点数值传送到地址 -0x18(%ebp) 开始的 8 字节存储单元中。基于通常的栈帧结构可猜测，该地址处存放的可能是 phase() 函数中一个 double 型的局部变量（假设命名为 A）。

地址 0x0804 939a 处的指令"movl $0x0, -0xc(%ebp)"用立即数 0x0 对 phase 过程栈帧中地址 -0xc(%ebp) 开始的 4 字节空间进行初始化。该地址处存放的可能是 phase() 函数中另一个整型局部变量（假设命名为 B）。

地址 0x0804 93a1 处的指令"lea -0x18(%ebp), %eax"将 -0x18(%ebp) 计算出的实际地址送入 eax，随后指令"add $0x4, %eax"和"push %eax"将 eax 内容加 4 压栈，作为下一条 call 指令所调用的标准库函数 sscanf() 的最后一个参数。前面分析时假定地址 -0x18(%ebp) 处对应 double 型局部变量 A，该地址加 4 后应对应变量 A 高 4 字节的地址。类似地，地址 0x0804 93a8 开始的指令"lea -0x18(%ebp), %eax"和"push %eax"用于将 double 型局部变量 A 低 4 字节的地址压栈，作为 sscanf() 函数的倒数第二个参数。

地址 0x0804 93ac 处的指令"push $0x804a14a"将地址 0x0804 a14a 压栈，地址 0x80493b1 处的指令"pushl 0x8(%ebp)"将 phase() 函数的第一个实参（即用户输入的字符串的地址）压栈，地址 0x0804 93b4 处的 call 指令调用 sscanf() 函数。查阅 sscanf() 函数的说明可知，第二个参数 0x0804 a14a 是格式字符串的地址，用 gdb 命令调试显示格

式字符串是"%d %d"。由此可知，输入字符串中应是由空格分隔的两个整数，且第一个整数的机器数将被 sscanf() 函数存储于其第三个参数所给出的地址开始的 4 字节空间，即 double 型变量 A 的低 4 字节空间，而第二个整数的机器数将被存储于其第四个参数给出的地址开始的 4 字节空间，即 double 型变量 A 的高 4 字节空间。

地址 0x0804 93bc 处开始的指令"cmp $0x2,%eax"和"je 80493c8"用于检查 sscanf() 函数保存在 eax 中的返回值是否等于 2，即 sscanf() 是否成功读取了两个数值。若相等，则转到 0x0804 93c8 处的指令继续处理；否则执行地址 0x0804 93c1 处开始的指令"mov $0x0,%eax"和"jmp 80493e1"，使 phase() 函数返回 0 并结束执行，本阶段实验未通过。

地址 0x0804 93c8 处的指令"movsd -0x18(%ebp), %xmm0"将地址 -0x18(%ebp) 处的 double 型变量 A 的值传送到 xmm0 低 64 位，地址 0x0804 93cd 处的指令"cvttsd2si %xmm0, %eax"进一步将寄存器 xmm0 中双精度浮点值转换为一个 32 位带符号整数并保存在 eax 中。地址 0x0804 93d1 处的指令"mov %eax, -0xc(%ebp)"将该整数存入栈帧中地址 -0xc(%ebp) 处，对应前面假设的整型局部变量 B。

地址 0x0804 93d4 处的"cmpl $0x1c7903bb, -0xc(%ebp)"指令将上述转换得到的整数与一个整型常量（机器数为 0x1c79 03bb）进行比较，随后的"sete %al"指令根据两者是否相等设置 al 的内容，若相等，则 al 为 1，否则为 0。"movzbl %al, %eax"指令将 al 内容零扩展为 32 位并作为 phase() 函数的返回值。

3. 根据程序对输入的要求构造并测试输入字符串

由以上分析可知，要成功通过本实验，需使输入的两个带符号整数对应的机器数正好与某浮点数低 4 字节和高 4 字节的二进制表示分别相同，而这个浮点数转换为 int 型整数后的机器数为 0x1c79 03bb。因为 0x1c79 03bb=0001 1100 0111 1001 0000 0011 1011 1011B=1. 1100 0111 1001 0000 0011 1011 1011B × 2^{28}，转换为 double 型数据，其符号位为 0，阶码为 100 0001 1011，尾数为 1100 0111 1001 0000 0011 1011 1011 0…0，用十六进制表示其机器数为 0x41bc 7903 bb00 0000。按高 4 字节和低 4 字节分为两部分，分别为 0x41bc 7903 和 0xbb00 0000。低 4 字节机器数 0xbb00 0000 对应的带符号整数的真值为 −1 157 627 904，高 4 字节机器数 0x41bc 7903 对应的带符号整数的真值为 1 102 870 787。

因此，本实验阶段应输入的字符串内容是"−1157627904 1102870787"。

运行程序 phase2 并输入上述字符串内容，程序输出的结果如下，说明该字符串成功通过了程序的测试。

```
$ ./phase2
Welcome to the binary program analysis lab.
Here begins the task. Please input your answer ...
-1157627904  1102870787
Congratulations! You've completed the task successfully.
```

五、思考题

1. 给定一个 32 位无符号整型变量 n 以及使用 C 语句"float f = n;"得到的单精度浮

点数变量 f，两者的机器级表示中的哪些位通常是相同的？为什么？比较两者可表示的数值范围和精度。

2. 给定一个 32 位带符号整数变量 n，分别使用 C 语句"int m = (int)(float) n;"和"int m = (int)(double) n;"得到的变量 m 的值是否一定相等？如不相等，解释可能是由哪些原因造成的。

实验 3 循环控制语句

一、实验目的

1. 掌握 C 语言中循环控制结构的机器级表示。
2. 理解数组访问的机器级代码实现。

二、实验环境

IA-32 + Linux 系统平台，GCC、gdb 与 binutils 工具套件。

三、实验内容

在实验 3 的可执行文件 phase3 中，过程 phase 依次检查输入的每一字节，只有各字节满足一定的条件时才能通过本实验。实验中需对函数 phase() 中包含的循环结构和检查条件对应的机器级代码进行分析，以构造满足程序要求的输入字节序列。

为完成本实验需掌握的知识点如下，详细介绍请参看主教材相关内容。

（1）C 语言中循环结构的机器级表示。以 for 循环结构为例，对于以下 for 循环语句：

```
for (begin_expr; cond_expr; update_expr)
    loop_body_statement
```

通常的机器级表示伪代码如下：

```
    begin_expr;
    goto test;
loop: loop_body_statement
    update_expr;
test:   c = cond_expr;
    if (c) goto loop;
```

（2）数组元素的访问。机器级代码中通常通过"基址加位移"寻址方式访问数组元素，其中，基址可能是一个表示数组首地址的立即数，或者是先将数组首地址存入寄存器，再将寄存器内容作为基址。位移是所访问数组元素的存储地址相对于数组首地址的位移量。

四、实验步骤

1. 使用 objdump 工具对二进制文件进行反汇编

运行命令"objdump -d phase3 > phase3.s"以获得 phase3 对应的汇编代码，并保存

于文件 phase3.s 中。phase3.s 中的反汇编结果如下所示，用 # 开头的注释简要说明了对应指令的功能。

```
08049377 <phase>:
 8049377:    55                      push   %ebp
 8049378:    89 e5                   mov    %esp, %ebp
 804937a:    83 ec 18                sub    $0x18, %esp
 804937d:    83 ec 0c                sub    $0xc, %esp
 8049380:    ff 75 08                pushl  0x8(%ebp)           # 输入字符串地址压栈
 8049383:    e8 e8 fc ff ff          call   8049070 <strlen@plt>  # 获得其长度
 8049388:    83 c4 10                add    $0x10, %esp
 804938b:    83 f8 06                cmp    $0x6, %eax          # 要求长度为 6
 804938e:    74 07                   je     8049397 <phase+0x20>
 8049390:    b8 00 00 00 00          mov    $0x0, %eax
 8049395:    eb 69                   jmp    8049400 <phase+0x89>
 8049397:    8b 45 08                mov    0x8(%ebp), %eax
 804939a:    0f b6 00                movzbl (%eax), %eax
 804939d:    3c 56                   cmp    $0x56, %al          # 输入首字符值要求为 0x56
 804939f:    74 07                   je     80493a8 <phase+0x31>
 80493a1:    b8 00 00 00 00          mov    $0x0, %eax
 80493a6:    eb 58                   jmp    8049400 <phase+0x89>
 80493a8:    c6 45 f3 01             movb   $0x1, -0xd(%ebp)    # 初始化局部变量 b
 80493ac:    c7 45 f4 01 00 00 00    movl   $0x1, -0xc(%ebp)    # 初始化局部变量 i
 80493b3:    eb 40                   jmp    80493f5 <phase+0x7e> # 跳至循环条件检查
 80493b5:    8b 55 f4                mov    -0xc(%ebp), %edx    # 循环体起始处
 80493b8:    8b 45 08                mov    0x8(%ebp), %eax
 80493bb:    01 d0                   add    %edx, %eax
 80493bd:    0f b6 00                movzbl (%eax), %eax
 80493c0:    0f be c0                movsbl %al, %eax
 80493c3:    8b 55 f4                mov    -0xc(%ebp), %edx
 80493c6:    8d 4a ff                lea    -0x1(%edx), %ecx
 80493c9:    8b 55 08                mov    0x8(%ebp), %edx
 80493cc:    01 ca                   add    %ecx, %edx
 80493ce:    0f b6 12                movzbl (%edx), %edx
 80493d1:    0f be ca                movsbl %dl, %ecx
 80493d4:    0f b6 55 f3             movzbl -0xd(%ebp), %edx
 80493d8:    31 ca                   xor    %ecx, %edx
 80493da:    39 d0                   cmp    %edx, %eax
 80493dc:    74 07                   je     80493e5 <phase+0x6e>
 80493de:    b8 00 00 00 00          mov    $0x0, %eax
 80493e3:    eb 1b                   jmp    8049400 <phase+0x89>
 80493e5:    0f b6 45 f3             movzbl -0xd(%ebp), %eax
 80493e9:    01 c0                   add    %eax, %eax
 80493eb:    83 c0 01                add    $0x1, %eax
 80493ee:    88 45 f3                mov    %al, -0xd(%ebp)
 80493f1:    83 45 f4 01             addl   $0x1, -0xc(%ebp)    # 更新变量 i 的值
 80493f5:    83 7d f4 05             cmpl   $0x5, -0xc(%ebp)    # 循环条件检查
 80493f9:    7e ba                   jle    80493b5 <phase+0x3e>
 80493fb:    b8 01 00 00 00          mov    $0x1, %eax
 8049400:    c9                      leave
 8049401:    c3                      ret
```

2. 对程序的汇编代码进行分析，获取程序的主要执行逻辑

如果反汇编代码较为复杂，可将指令序列拆分为多个功能部分分别加以分析。例

如，可通过查看和定位代码中的跳转指令（如过程调用指令 call、无条件跳转指令 jmp 和条件跳转指令 jxx 等），将汇编代码划分为多个部分。以本实验 phase() 函数的汇编代码为例，可将地址 0x0804 9383 处 call 指令前的参数压栈指令到地址 0x0804 938e 处 je 指令之间的代码划分为第一部分，将 je 指令的跳转目标地址 0x0804 9397 处到下一条位于地址 0x0804 939f 处的 je 指令之间的代码划分为第二部分，将 je 指令的跳转目标地址 0x0804 93a8 至 0x0804 93f5（0x0804 93b3 处 jmp 指令的跳转目标地址）之间的指令划分为第三部分。以下按上述三部分的划分顺序进行具体分析。

（1）第一部分代码的功能分析。地址 0x0804 9383 处的 call 指令所调用的 C 标准库函数 strlen() 用于获得以空字符结尾的参数字符串的长度，前面的指令 "pushl 0x8(%ebp)" 将输入字符串的地址作为参数传递给 strlen 过程，保存在 eax 中的返回值进一步被地址 0x0804 938b 处的 cmp 指令用以与常量 0x6 比较，结合其后的 je 指令可知，程序要求输入字符串的长度等于 6。

（2）第二部分代码的功能分析。地址 0x0804 9397 处的指令 "mov 0x8(%ebp), %eax" 将输入字符串的地址传入 eax，其后的指令 "movzbl (%eax), %eax" 将该地址中保存的字符串首字节零扩展后传入 eax。随后的 cmp 指令和 je 指令判断首字节是否等于 0x56，若不等，则本阶段实验失败。

（3）第三部分代码的功能分析。地址 0x0804 93a8 开始的两条传送指令 mov、无条件跳转指令 jmp 及其跳转目标地址 0x0804 93f5 处的比较指令 cmpl 和条件跳转指令 jle（跳转回到前面 jmp 指令的下一条指令）符合 C 语言 for 循环语句的机器级表示结构。基于地址 0x0804 93ac 处 "movl $0x1, -0xc(%ebp)" 指令、地址 0x0804 93f5 处 "cmpl $0x5, -0xc(%ebp)" 指令以及前面的 "addl $0x1, -0xc(%ebp)" 指令的目的操作数均为栈帧内地址 -0xc(%ebp) 处的局部变量，可推测其为整型循环变量（假设其定义为 int i），且这三条指令分别对应 i 的初始赋值、针对 i 的循环条件判断、对 i 值的更新。

循环开始前，除循环变量 i 的初始赋值外，地址 0x0804 93a8 处的 "movb $0x1, -0xd(%ebp)" 还将 1 赋给栈帧内地址 -0xd(%ebp) 处的局部变量（假设命名为 b），结合其后对变量 b 进行操作的指令功能，如地址 0x0804 93d4 处的指令 "movzbl -0xd(%ebp), %edx"，可判断 b 为 unsigned char 类型。

针对循环体中各条指令，以下以注释形式给出各指令的功能分析。

```
80493b5: mov     -0xc(%ebp), %edx      # 将循环变量 i 的值送入 edx
80493b8: mov     0x8(%ebp), %eax       # 将输入字符串首址送入 eax
80493bb: add     %edx, %eax            # 将输入字符串第 i 字节的地址存入 eax
80493bd: movzbl  (%eax), %eax          # 将输入字符串第 i 个字节存入 eax
80493c0: movsbl  %al, %eax             # 将第 i 字节符号扩展后存入 eax
80493c3: mov     -0xc(%ebp), %edx      # 将循环变量 i 的值送入 edx
80493c6: lea     -0x1(%edx), %ecx      # 将 i-1 送入 ecx
80493c9: mov     0x8(%ebp), %edx       # 将输入字符串首址送入 edx
80493cc: add     %ecx, %edx            # 将输入字符串第 i-1 字节的地址存入 edx
80493ce: movzbl  (%edx), %edx          # 将输入字符串第 i-1 字节的值存入 edx
80493d1: movsbl  %dl, %ecx             # 将第 i-1 字节符号扩展后存入 ecx
80493d4: movzbl  -0xd(%ebp), %edx      # 将变量 b 零扩展后存入 edx
80493d8: xor     %ecx, %edx            # 将输入字符串第 i-1 字节与变量 b 按位异或后存入 edx
80493da: cmp     %edx, %eax            # 将上述结果和输入字符串的第 i 字节进行比较
80493dc: je 80493e5                    # 若相等，则跳转至地址 0x0804 93e5 处
```

```
80493de: mov    $0x0, %eax              # 否则设置 phase 函数返回值为 0（即失败）
80493e3: jmp    8049400                 # 跳转至 0x0804 9400 并准备退出 phase 函数
80493e5: movzbl -0xd(%ebp), %eax        # 将变量 b 零扩展后存入 eax
80493e9: add    %eax, %eax              # 将 2*b 的值存入 eax
80493eb: add    $0x1, %eax              # 将 2*b + 1 的值存入 eax
80493ee: mov    %al, -0xd(%ebp)         # 用 2*b + 1 的值更新变量 b
```

上述循环体中的指令序列执行后，地址 0x0804 93f1 处的指令 "addl $0x1, -0xc(%ebp)" 会将存于地址 -0xc(%ebp) 处的循环变量 i 的值加 1，然后，指令 "cmpl $0x5, -0xc(%ebp)" 将 i 的值与 5 比较，当 i ≤ 5 时，通过执行指令 "jle 80493b5" 跳转回到循环体的第一条指令处，重新执行循环体。当 i > 5 时，地址 0x0804 93fb 处的 "mov $0x1, %eax" 指令将函数返回值设为 1，然后返回。

3. 根据程序对输入的要求构造并测试输入字符串

由以上分析可知，要成功通过本实验，需输入一个长度等于 6 的字符串，其首字节（即首字符的 ASCII 码）应为 0x56，对应字符为 'V'，并且字符串中的每一字节的值应等于前一字节的值与变量 b 按位异或，变量 b 的初始值等于 0x1 并在每次循环的最后更新 b 的值为 2*b+1。

以下是各次循环开始时变量 i 和 b 的值及输入字符串（假设命名为 s）中当前字节应具有的值：

- i = 1, b = 0x1, s[1] = s[0] xor b = 0x56 xor 0x1 = 0x57 = 'W';
- i = 2, b = 0x3, s[2] = s[1] xor b = 0x57 xor 0x3 = 0x54 = 'T';
- i = 3, b = 0x7, s[3] = s[2] xor b = 0x54 xor 0x7 = 0x53 = 'S';
- i = 4, b = 0xf, s[4] = s[3] xor b = 0x53 xor 0xf = 0x5c = '\';
- i = 5, b = 0x1f, s[5] = s[4] xor b = 0x5c xor 0x1f = 0x43 = 'C'.

因此，输入字符串应为 "VWTS\C"。运行程序 phase3 并输入该字符串后，程序输出结果说明成功通过了程序测试。

五、思考题

1. 比较 C 语言中 while、do 和 for 循环语句编译后生成的汇编代码框架的异同。

2. C 语言中关系（<、>、<=、>=）、判等（==、!=）和逻辑（!、&&、||）操作符常用于循环控制表达式中，表示循环需要满足的条件，请针对这些操作符各举一些表达式的例子，并给出机器级代码中对应的条件跳转指令及其所依据的标志位组合。

3. 针对 C 语言循环语句的典型机器级表示，讨论作为一种程序性能优化措施，循环展开为何有可能提高一些包含循环结构的程序的运行效率。

实验 4 选择 / 分支控制语句

一、实验目的

1. 掌握 C 语言中 switch 选择分支语句的机器级表示。

2. 理解 switch 跳转表的组成、作用和访问过程。

二、实验环境

IA-32 + Linux 系统平台，GCC、gdb 与 binutils 工具套件。

三、实验内容

在实验 4 的可执行文件 phase4 中，过程 phase 基于输入的值执行 switch 选择语句中对应 case 分支的操作。只有输入值满足条件时才能通过本实验。实验中需要对函数 phase() 中包含的基于跳转表的 switch 选择语句和条件检查对应的机器级代码进行分析，以构造满足程序要求的输入字节序列。

为完成本实验需掌握的知识点如下，详细介绍请参看主教材相关内容。

（1） switch 选择语句的机器级表示。C 语言中的 switch 选择语句根据 switch 后圆括号中的表达式的值选择对应的 case 分支执行。当各 case 对应的值相近时，switch 选择语句往往基于跳转表实现。跳转表是编译器在只读数据节（.rodata 节）中建立的一个指针数组，其中每个元素是某 case（或 default）分支语句块对应的指令序列首地址。

（2）整数位运算。C 语言提供了针对整型数值按位求并（&）、或（|）、反（~）、异或（^）和左/右移位（<<、>>）等位操作。与之对应，IA-32 指令集中提供了 AND、OR、NOT、XOR、SHL/SAL、SHR/SAR 等按位运算指令，并针对操作数是无符号整数还是带符号整数分别使用对应的位运算指令（例如，针对无符号整数的逻辑移位指令 SHL/SHR、针对带符号整数的算术移位指令 SAL/SAR 等）。

四、实验步骤

1. 使用 objdump 工具对二进制文件进行反汇编

运行命令"objdump -d phase4 > phase4.s"以获得 phase4 对应的汇编代码，并保存于文件 phase4.s 中。phase4.s 中的反汇编结果如下所示。

```
08049373 <phase>:
 8049373:   55                      push   %ebp
 8049374:   89 e5                   mov    %esp, %ebp
 8049376:   83 ec 10                sub    $0x10, %esp
 8049379:   c7 45 f8 00 00 00 00    movl   $0x0, -0x8(%ebp)
 8049380:   8b 45 08                mov    0x8(%ebp), %eax
 8049383:   89 45 fc                mov    %eax, -0x4(%ebp)
 8049386:   eb 59                   jmp    80493e1 <phase+0x6e>
 8049388:   8b 45 fc                mov    -0x4(%ebp), %eax
 804938b:   0f b6 00                movzbl (%eax), %eax
 804938e:   0f be c0                movsbl %al, %eax
 8049391:   83 e8 41                sub    $0x41, %eax
 8049394:   83 f8 05                cmp    $0x5, %eax
 8049397:   77 44                   ja     80493dd <phase+0x6a>
 8049399:   8b 04 85 4c a1 04 08    mov    0x804a14c(,%eax,4), %eax
 80493a0:   ff e0                   jmp    *%eax
 80493a2:   81 65 f8 ff ff ff 7f    andl   $0x7fffffff, -0x8(%ebp)
 80493a9:   eb 32                   jmp    80493dd <phase+0x6a>
```

```
80493ab:    8b 45 f8              mov      -0x8(%ebp), %eax
80493ae:    0d 00 00 00 80        or       $0x80000000, %eax
80493b3:    89 45 f8              mov      %eax, -0x8(%ebp)
80493b6:    eb 25                 jmp      80493dd <phase+0x6a>
80493b8:    83 7d f8 00           cmpl     $0x0, -0x8(%ebp)
80493bc:    0f 94 c0              sete     %al
80493bf:    0f b6 c0              movzbl   %al, %eax
80493c2:    89 45 f8              mov      %eax, -0x8(%ebp)
80493c5:    eb 16                 jmp      80493dd <phase+0x6a>
80493c7:    8b 45 f8              mov      -0x8(%ebp), %eax
80493ca:    35 00 00 00 80        xor      $0x80000000, %eax
80493cf:    89 45 f8              mov      %eax, -0x8(%ebp)
80493d2:    eb 09                 jmp      80493dd <phase+0x6a>
80493d4:    d1 65 f8              shll     -0x8(%ebp)
80493d7:    eb 04                 jmp      80493dd <phase+0x6a>
80493d9:    d1 7d f8              sarl     -0x8(%ebp)
80493dc:    90                    nop
80493dd:    83 45 fc 01           addl     $0x1, -0x4(%ebp)
80493e1:    8b 45 fc              mov      -0x4(%ebp), %eax
80493e4:    0f b6 00              movzbl   (%eax), %eax
80493e7:    84 c0                 test     %al, %al
80493e9:    75 9d                 jne      8049388 <phase+0x15>
80493eb:    81 7d f8 42 4d 98 9f  cmpl     $0x9f984d42, -0x8(%ebp)
80493f2:    0f 94 c0              sete     %al
80493f5:    0f b6 c0              movzbl   %al, %eax
80493f8:    c9                    leave
80493f9:    c3                    ret
```

2. 对程序的汇编代码进行分析，获取程序的主要执行逻辑

（1）初始部分与程序整体框架分析。地址 0x0804 9379 处的指令 "movl $0x0, -0x8(%ebp)" 用 0 对地址 -0x8(%ebp) 处的一个整型局部变量（假设命名为 n）赋初值。

地址 0x0804 9380 开始的指令 "mov 0x8(%ebp), %eax" 和 "mov %eax, -0x4(%ebp)" 用 phase() 函数的第一个实参，即输入字符串首址，初始化位于地址 -0x4(%ebp) 处的字符指针型局部变量（假设命名为 p）。随后，从地址 0x0804 9386 处的无条件跳转指令 "jmp 80493e1"、所跳转到的目的地址 0x0804 93e1 处的指令 "mov -0x4(%ebp), %eax" 直至其后的 test 指令和 jne 条件跳转指令（跳转回前面 "jmp 80493e1" 指令的下一条位于 0x0804 9388 地址处的指令）来看，程序中应该存在一个循环结构。其中，地址 0x0804 9380 和 0x0804 9383 处的两条 mov 指令完成对循环变量 p 赋初值；地址 0x0804 93e1 至 0x0804 93e9 之间的指令完成循环条件判断；地址 0x0804 93dd 处的指令 "addl $0x1, -0x4(%ebp)" 完成对 p 值的更新。

（2）循环部分代码分析。针对循环体中的各条指令，以下以注释形式给出各指令的功能分析。

```
8049388:    mov      -0x4(%ebp), %eax      #将变量 p 的值送入 eax
804938b:    movzbl   (%eax), %eax          #将 p 所指字符的值零扩展后存入 eax
804938e:    movsbl   %al, %eax             #al 中内容符号扩展后存入 eax
8049391:    sub      $0x41, %eax           #字符值减 0x41 用作跳转表索引存入 eax
8049394:    cmp      $0x5, %eax            #将索引值与 5 比较
8049397:    ja       80493dd               #若大于，则跳转到本次循环最后
```

```
8049399:   mov     0x804a14c(,%eax,4), %eax    # 跳转表中索引处保存的跳转地址存入 eax
80493a0:   jmp     *%eax                       # 跳转至 eax 内容所指地址处执行
80493a2:   andl    $0x7fffffff, -0x8(%ebp)     # 用 0x7fff ffff 与变量 n 按位与操作
80493a9:   jmp     80493dd                     # 跳转到本次循环的最后
80493ab:   mov     -0x8(%ebp), %eax            # 将变量 n 的值存入 eax
80493ae:   or      $0x80000000, %eax           # 变量 n 与 0x8000 0000 按位或
80493b3:   mov     %eax, -0x8(%ebp)            # 将结果存入 n 中
80493b6:   jmp     80493dd                     # 跳转到本次循环的最后
80493b8:   cmpl    $0x0, -0x8(%ebp)            # 变量 n 与 0 比较
80493bc:   sete    %al                         # 若相等则置 al 为 1,否则置 al 为 0
80493bf:   movzbl  %al, %eax                   # al 内容零扩展后存入 eax
80493c2:   mov     %eax, -0x8(%ebp)            # 将 eax 内容存入变量 n 中,即 n 赋值为 !n
80493c5:   jmp     80493dd                     # 跳转到本次循环的最后
80493c7:   mov     -0x8(%ebp), %eax            # 将变量 n 的值存入 eax
80493ca:   xor     $0x80000000, %eax           # 变量 n 与 0x8000 0000 按位异或
80493cf:   mov     %eax, -0x8(%ebp)            # 结果存入 n 中
80493d2:   jmp     80493dd                     # 跳转到本次循环的最后
80493d4:   shll    -0x8(%ebp)                  # 对变量 n 的值左移 1 位
80493d7:   jmp     80493dd                     # 跳转到本次循环的最后
80493d9:   sarl    -0x8(%ebp)                  # 对变量 n 的值算术右移 1 位
```

上述循环体中的指令执行后，进行循环变量 p 的更新和循环条件表达式的求值，并判断是否继续进入下一次循环，相应机器级代码及其注释如下。

```
80493dd:   addl    $0x1, -0x4(%ebp)            # 变量 p 加 1,指向输入字符串中的下一个字符
80493e1:   mov     -0x4(%ebp), %eax            # 将变量 p 的值存入 eax
80493e4:   movzbl  (%eax), %eax                # 将 p 所指字符的值存入 eax
80493e7:   test    %al, %al                    # 测试该字符的值
80493e9:   jne     8049388                     # 若不为 0,则继续循环
```

（3）结果检查部分。当变量 p 指向输入字符串最后的结束符 00H 时跳出循环，此时，执行地址 0x0804 93eb 处的指令 "cmpl $0x9f984d42, -0x8(%ebp)"，将整型变量 n 与常量 0x9f98 4d42 相比较，若相等，则随后的指令 sete 和 movzbl 将 phase 过程的返回值置 1,否则返回值为 0。

3. 根据程序对输入的要求构造并测试输入字符串

由以上分析可知，要成功通过本实验，应使初始值为 0x0 的整型变量 n，经过输入字符串中每个字符值所对应的 switch 语句中 case 分支的处理，最终应等于 0x9f98 4d42。

要构造符合要求的输入字符串，首先需要确定输入字符与 switch 跳转表中保存的各 case 分支对应的跳转首地址之间的对应关系。从地址 0x0804 9399 处指令 "mov 0x804a14c(,%eax,4), %eax" 的源操作数寻址方式 "位移加比例变址" 中的位移量字段可知，该 switch 跳转表位于地址 0x0804 a14c 处，并且从地址 0x0804 9394 处开始的指令 "cmp $0x5, %eax" 和 "ja 80493dd" 可知，该跳转表至少包含 6 个地址项。基于这些信息，如图 6.1 所示，可以使用 gdb 调试工具查看跳转表内容。

如图 6.1 所示，可将断点设置在地址 0x0804 9399 处的访问跳转表表项的 mov 指令前，并使用 "x/6xw" 命令以十六进制形式显示从跳转表首地址 0x0804 a14c 开始的 6 个 32 位地址，分别对应循环体中 switch 语句的不同 case 分支所对应的指令序列首地址。

根据第 2 步对循环体指令代码中前 8 条指令的分析可知，输入字符串中每个字符的

ASCII 码减去 0x41（字符 'A' 的 ASCII 码）得到的值作为跳转表索引。对照图 6.1 所示的各跳转表表项内容与第 2 步对循环体指令代码的分析结果，可以得到如表 6.1 所示的各 case 分支对应的运算操作。

```
$ gdb phase4
GNU gdb (Debian 10-1.7) 10.1.90.20210103-git
Copyright (C) 2021 Free Software Foundation, Inc.
……
Reading symbols from phase4...
(No debugging symbols found in phase4)
(gdb)b *0x8049399
Breakpoint 1 at 0x8049399
(gdb)r
Starting program: /binalab/phase4
Welcome to the binary program analysis lab.
Here begins the task. Please input your answer ...
AAAAAAAA
Breakpoint 1, 0x08049399 in phase ()
(gdb)x/6xw 0x804a14c
0x804a14c:      0x080493a2      0x080493ab      0x080493b8      0x080493c7
0x804a15c:      0x080493d4      0x080493d9
```

图 6.1　使用 gdb 调试工具查看跳转表的内容

表 6.1　各 case 分支对应的运算操作

索引	对应字符	跳转地址	case 分支对应的运算操作
0	'A'	0x080493a2	n = n & 0x7fffffff
1	'B'	0x080493ab	n = n | 0x80000000
2	'C'	0x080493b8	n = ! n
3	'D'	0x080493c7	n = n ^ 0x80000000
4	'E'	0x080493d4	n = n << 1
5	'F'	0x080493d9	n = n >> 1

针对目标结果 0x9f98 4d42 = 1001 1111 1001 1000 0100 1101 0100 0010 B，存在对表 6.1 中 case 操作的多种组合顺序，使得变量 n 从初始的 0 逐步得到目标结果。例如，一种基本的做法是，首先，置输入字符串为空，然后自低位到高位检查目标结果中的每个二进位：若是 0，则在输入字符串中加入字符 'A'，代表变量 n 当前值的最高位置 0，其他位不变；若是 1，则在输入字符串中加入字符 'B'，代表变量 n 当前值的最高位置 1，其他位不变。随后，在输入字符串中加入字符 'F'，将变量 n 右移一位。如此重复 32 次，最后 1 次不移位，如此逐位设置变量 n，使其得到的 0/1 序列与目标结果相同，相应的输入字符串为 "AFBFAFAFAFAFBFAFBFAFBFBFAFAFBFAFAFAFBFBFAFAFBFBFB FBFBFBFAFAFB"。

运行程序 phase4 并输入所构造的字符串后，程序输出结果说明其成功通过了程序的测试。

五、思考题

1. C 语言的 switch 选择语句除了基于跳转表的机器级代码实现方式以外，还可以如何实现？两者分别适用于什么情况？在运行性能上有何差异？

2. 采用跳转表的 switch 语句机器级代码实现涉及程序的哪些不同组成部分？各组成部分相互之间有何联系？

实验 5　过程的递归调用

一、实验目的

1. 掌握 C 语言过程调用的机器级表示。
2. 理解过程栈帧的组成、创建、访问与释放。
3. 理解过程调用中参数和返回值的传递与访问。

二、实验环境

IA-32 + Linux 系统平台，GCC、gdb 与 binutils 工具套件。

三、实验内容

在实验 5 的可执行文件 phase5 中，phase 过程调用一个递归过程，实现在一个整数序列中挑出一个目标整数。该过程由输入位串引导，只有在递归过程执行中输入的位串成功定位到了目标整数才能通过本实验。实验中需要对递归过程及其在函数 phase() 中的初始调用所对应的机器级代码进行分析，构造满足程序要求的输入位串。

为完成本实验需掌握的知识点如下，详细介绍请参看主教材相关内容。

（1）过程调用及参数传递机制。过程调用接口约定（也称调用约定，calling convention）是 ABI 规范的一部分，包括寄存器的使用、栈帧的建立和参数传递等。栈帧是一个过程在称为栈的存储区域中用于保存寄存器现场、局部变量、调用参数、返回地址等临时数据的存储空间，由过程开始处的指令动态建立，在过程结束前由相关指令从栈空间中予以释放。IA-32 中一个过程的栈帧顶部地址记录在 esp 寄存器中，并经常使用 ebp 寄存器记录栈帧基地址。当一个调用过程需要向被调用过程传递参数时，调用过程按从右向左的顺序将实参依次压入栈中。

（2）过程递归调用的机器级实现。过程每次递归调用都会新建一个栈帧，用于保存局部变量、寄存器现场、调用参数、返回地址等临时数据。随着过程递归调用深度的加深，新建栈帧占用的空间越来越大，最终可能导致栈空间用尽（称为栈溢出，stack overflow），使程序发生异常而导致运行中止。

四、实验步骤

1. 使用 objdump 工具对二进制文件进行反汇编

运行命令"objdump -d phase5 > phase5.s"获得 phase5 对应的汇编代码，并保存于文件 phase5.s 中。phase5.s 中的反汇编结果如下所示。

```
080493d4 <phase>:
```

```
80493d4:    55                      push    %ebp
80493d5:    89 e5                   mov     %esp, %ebp
80493d7:    83 ec 18                sub     $0x18, %esp
80493da:    83 ec 04                sub     $0x4, %esp
80493dd:    8d 45 f4                lea     -0xc(%ebp), %eax
80493e0:    50                      push    %eax
80493e1:    68 4a a1 04 08          push    $0x804a14a
80493e6:    ff 75 08                pushl   0x8(%ebp)
80493e9:    e8 92 fc ff ff          call    8049080 <__isoc99_sscanf@plt>
80493ee:    83 c4 10                add     $0x10, %esp
80493f1:    83 f8 01                cmp     $0x1, %eax
80493f4:    74 07                   je      80493fd <phase+0x29>
80493f6:    b8 00 00 00 00          mov     $0x0, %eax
80493fb:    eb 1f                   jmp     804941c <phase+0x48>
80493fd:    8b 45 f4                mov     -0xc(%ebp), %eax
8049400:    83 ec 04                sub     $0x4, %esp
8049403:    6a 20                   push    $0x20
8049405:    68 40 c1 04 08          push    $0x804c140
804940a:    50                      push    %eax
804940b:    e8 65 ff ff ff          call    8049375 <seek>
8049410:    83 c4 10                add     $0x10, %esp
8049413:    83 f8 15                cmp     $0x15, %eax
8049416:    0f 94 c0                sete    %al
8049419:    0f b6 c0                movzbl  %al, %eax
804941c:    c9                      leave
804941d:    c3                      ret
```

2. 对程序的汇编代码进行分析，获取程序的主要执行逻辑

（1）对 phase() 函数中的数据读入过程进行分析

地址 0x0804 93dd 处的指令"lea –0xc(%ebp), %eax"将栈帧内地址 –0xc(%ebp) 存入 eax，并由"push %eax"指令压栈，作为其后调用 C 标准库函数 sscanf() 的最后一个参数。

地址 0x0804 93e1 处的指令"push $0x804a14a"将地址 0x0804 a14a 压栈，作为 sscanf() 函数的第二个参数。查阅 sscanf() 函数的说明可知，该参数是格式字符串的地址，因此可使用 gdb 工具获得程序运行时存储于地址 0x0804 a14a 处的格式字符串内容是"%x"。

地址 0x0804 93e6 处的指令"pushl 0x8(%ebp)"将 phase() 函数第一个参数（输入字符串的地址）压栈，作为 sscanf() 函数的第一个参数。

地址 0x0804 93e9 处的 call 指令调用 sscanf() 函数，从输入字符串中读入一个十六进制整数，并将其存储在位于栈帧内地址 –0xc(%ebp) 的一个整型局部变量中（假设命名为 n）。

地址 0x0804 93f1 至 0x0804 93fb 处的指令检查 sscanf() 函数的返回值，判断是否成功读入一个数值。若否，则使 phase 函数返回 0，即本阶段实验失败。

（2）对 phase() 函数中调用 seek() 递归函数并检查其返回值的过程进行分析

以下以注释形式给出地址 0x0804 93fd 开始的指令序列中主要指令的功能分析。

```
80493fd:    mov     -0xc(%ebp), %eax    # 将整型变量 n 的值存入 eax
8049400:    sub     $0x4,%esp           # 调整栈帧顶部位置
```

```
8049403:    push    $0x20                   # 将 seek 过程第三个参数值 0x20 压栈
8049405:    push    $0x804c140              # 将 seek 过程第二个参数（地址）0x804c140 压栈
804940a:    push    %eax                    # 将 seek 过程第一个参数（变量 n 的值）压栈
804940b:    call    8049375 <seek>          # 调用 seek 过程
8049410:    add     $0x10,%esp              # 调整栈顶位置以释放 seek 的入口参数等所占空间
8049413:    cmp     $0x15,%eax              # 将 seek 的返回值与 0x15 比较
8049416:    sete    %al                     # 若相等，则置 phase() 函数返回值为 1，否则置返回值为 0
8049419:    movzbl  %al,%eax
```

由以上分析可知，保存于变量 n 中的输入整数应能使过程调用"seek(n, 0x804c140, 0x20)"返回整数值 0x15，这样才能成功通过本实验。

（3）对 seek 过程进行分析

下面以注释形式给出对 seek 过程的功能分析。其中，地址 0x8(%ebp)、0xc(%ebp)、0x10(%ebp) 处分别存放 seek 过程的第 1、第 2 和第 3 个入口参数，假定分别命名为 m（整型）、p（指针类型）和 k（整型）。

```
08049375 <seek>:
 8049375:   push    %ebp
 8049376:   mov     %esp, %ebp
 8049378:   sub     $0x8, %esp
 804937b:   cmpl    $0x1, 0x10(%ebp)        # 第三个参数 k 与 1 比较
 804937f:   ja      8049388                 # 若 k > 1，则跳转至 0x8049388
 8049381:   mov     0xc(%ebp), %eax         # 第二个参数 p（地址）存入 eax
 8049384:   mov     (%eax), %eax            # 将 p 所指内容存于 eax，作为返回值
 8049386:   jmp     80493d2                 # 跳转至过程的最后，准备返回
 8049388:   shrl    0x10(%ebp)              # k 逻辑右移 1 位，即 k = k >> 1
 804938b:   mov     0x8(%ebp), %eax         # 第一个参数 m 存入 eax
 804938e:   and     $0x1, %eax              # m 与 0x1 按位与的结果存于 eax
 8049391:   test    %eax, %eax              # 测试 eax 的值
 8049393:   je      80493bb                 # 若等于 0（即 m 最后一位为 0），则跳转至 0x804
                                              93bb
 8049395:   mov     0x10(%ebp), %eax        # 将 k 的当前值存入 eax
 8049398:   lea     0x0(,%eax,4), %edx      # 将 4*k 存入 edx
 804939f:   mov     0xc(%ebp), %eax         # 将参数 p 存入 eax
 80493a2:   add     %eax,%edx               # 计算地址 p+4*k（即 &p[k]）存入 edx
 80493a4:   mov     0x8(%ebp),%eax          # 将 m 的值存入 eax
 80493a7:   shr     %eax                    # 将 m 的值逻辑右移 1 位后存入 eax
 80493a9:   sub     $0x4,%esp               # 栈顶位置下移 4 字节
 80493ac:   pushl   0x10(%ebp)              # 将 k 压栈，作为 seek 的第三个参数
 80493af:   push    %edx                    # 将 &p[k] 压栈，作为 seek 的第二个参数
 80493b0:   push    %eax                    # 将 m >> 1 的值压栈，作为 seek 的第一个参数
 80493b1:   call    8049375 <seek>          # 递归调用 seek(m >> 1, &p[k], k)
 80493b6:   add     $0x10, %esp             # 栈顶位置上移，释放 16 字节空间
 80493b9:   jmp     80493d2                 # 跳转至过程最后，准备返回
 80493bb:   mov     0x8(%ebp),%eax          # 将 m 的值存入 eax
 80493be:   shr     %eax                    # m 的值逻辑右移 1 位后存入 eax
 80493c0:   sub     $0x4,%esp               # 栈顶位置下移 4 字节
 80493c3:   pushl   0x10(%ebp)              # 将 k 压栈，作为 seek 的第三个参数
 80493c6:   pushl   0xc(%ebp)               # 将 p（即 &p[0]）压栈，作为 seek 的第二个参数
 80493c9:   push    %eax                    # 将 m >> 1 的值压栈，作为 seek 的第一个参数
 80493ca:   call    8049375 <seek>          # 递归调用 seek( m >> 1, &p[0], k )
 80493cf:   add     $0x10,%esp              # 栈顶位置上移，释放 16 字节空间
 80493d2:   leave
 80493d3:   ret
```

基于对上述 seek 过程各指令（特别是 jmp、ja、je、call 等跳转指令）功能的分析，可推断得到如下 seek() 函数的大致框架。

```
int seek( int m, int p[], int k ) {
    if ( k <= 1 )
        return p[0];    // 对应地址 0x8049381 ~ 386 之间的指令
    k = k >> 1;
    if ( m & 0x1 )
        return seek( m >> 1, &p[k], k ); // 对应地址 0x8049395 ~ 3b9 之间的指令
    else
        return seek( m >> 1, &p[0], k ); // 对应地址 0x80493bb ~ 3cf 之间的指令
}
```

从上述 C 程序代码可看出，给定第二个指针类型参数所指定的整数序列和第三个参数所指出的序列长度，seek 过程基于第一个整型参数 m 的最低位，对序列的前半个子序列（当最低位为 0 时）或后半个子序列（当最低位为 1 时）进行递归处理，且当序列长度为 1 时，返回序列中的首元素。

3. 通过 gdb 工具分析获得输入字符串

由以上分析可知，要使 phase() 函数中调用 seek(n, 0x804c140, 0x20) 时返回整数值 0x15，首先需要获知地址 0x0804 c140 开始存储的包含 0x20 个整数的序列，并确定 0x15 在序列中的位置。为此，可使用 gdb 调试工具查看 seek 过程首次被调用时该地址处存储的一组整数，如图 6.2 所示。

```
$ gdb phase5
GNU gdb (Debian 10.1-1.7) 10.1.90.20210103-git
Copyright (C) 2021 Free Software Foundation, Inc.
……
Reading symbols from phase5...
(No debugging symbols found in phase5)
(gdb) b *0x804940b
Breakpoint 1 at 0x804940b
(gdb) r
Starting program: /binalab/phase_5
Welcome to the binary program analysis lab.
Here begins the task. Please input your answer ...
0

Breakpoint 1, 0x0804940b in phase ()
(gdb) x/32xw 0x804c140
0x804c140 <number_list>:       0x0000000d      0x00000046      0x00000036      0x00000056
0x804c150 <number_list+16>:    0x0000005c      0x00000031      0x0000001d      0x00000032
0x804c160 <number_list+32>:    0x0000002e      0x00000063      0x0000007c      0x00000060
0x804c170 <number_list+48>:    0x00000024      0x0000002f      0x0000005f      0x0000000c
0x804c180 <number_list+64>:    0x0000000a      0x0000000b      0x00000074      0x00000006
0x804c190 <number_list+80>:    0x0000003c      0x0000003f      0x0000001e      0x0000004c
0x804c1a0 <number_list+96>:    0x00000049      0x00000059      0x00000064      0x00000013
0x804c1b0 <number_list+112>:   0x00000015      0x00000052      0x0000004e      0x00000026
```

图 6.2 使用 gdb 查看 32 个整数序列

从图 6.2 中 gdb 命令输出的结果可以看到，目标数值 0x15 在包含 32 个整数的序列

中位于第 29 的位置。按照前述 seek 过程的递归二分处理机制，其第一个参数的最低位（倒数第 1 位）对应序列的首次二分，当该位为 1 时，递归处理包含 0x15 的后一半序列；类似地，针对长度为 16 的后一半序列，第一个参数的次低位（倒数第 2 位）对应该序列的二分，当该位为 1 时，递归处理包含 0x15 的后一半序列。以此类推，第一个参数中倒数第 3、第 4、第 5 位依次应为 1、0、0，才能在逐步缩短的整数序列中递归定位到目标数值 0x15，第一个参数的其余位则可任意设置。表 6.2 给出了每次递归调用 seek 过程时输入的数值序列及其长度以及二分序列时所参考的第一参数的相应位。

表 6.2 seek 过程递归调用过程中的输入参数

递归深度	序列长度（第三参数）	输入序列（第二参数）	序列划分参考位（第一参数）
0	32	0x0d, 0x46, 0x36, 0x56, 0x5c, 0x31, 0x1d, 0x32, 0x2e, 0x63, 0x7c, 0x60, 0x24, 0x2f, 0x5f, 0x0c, 0x0a, 0x0b, 0x74, 0x06, 0x3c, 0x3f, 0x1e, 0x4c, 0x49, 0x59, 0x64, 0x13, 0x15, 0x52, 0x4e, 0x26	????1
1	16	0x0a, 0x0b, 0x74, 0x06, 0x3c, 0x3f, 0x1e, 0x4c, 0x49, 0x59, 0x64, 0x13, 0x15, 0x52, 0x4e, 0x26	???11
2	8	0x49, 0x59, 0x64, 0x13, 0x15, 0x52, 0x4e, 0x26	??111
3	4	0x15, 0x52, 0x4e, 0x26	*0111
4	2	0x15, 0x52	00111
5	1	0x15	

综上分析，输入给首次 seek 过程调用（位于 phase 函数中）的二进制位串应为 "xxx00111"（高 3 位可任意），因此对应的输入字符串可以是 "0x7" 或 "0x27" 等。运行程序 phase5 并输入所构造字符串后，程序输出结果说明其成功通过了程序的测试。

五、思考题

1. 描述并画出过程 phase 调用过程 seek（即 seek 首次被调用）时两个过程的栈帧结构，说明 seek 过程如何访问 phase 过程传递给它的各个参数。

2. 说明程序执行过程中每次 seek 过程被递归调用时，当前所有 seek 过程调用占用的栈存储空间的总大小。

3. 请尝试将 seek 过程的 C 代码集成到 phase 过程中，并将递归调用改为循环迭代。说明此时 phase 过程的栈帧组成和大小，与采用递归调用方式时两个过程占用的最大栈空间相比较。

实验 6 数组类型变量的处理

一、实验目的

1. 掌握数组在存储空间的存放和访问。
2. 理解数组访问与指针的关系。
3. 理解数组元素和指针变量相关的表达式对应的机器级代码及其计算方法。
4. 掌握 C 语言程序中的 for 语句所对应的机器级代码表示。

二、实验环境

IA-32 + Linux 系统平台，GCC、gdb 与 binutils 工具套件。

三、实验内容

在实验 6 的可执行文件 phase6 中，过程 phase 从输入字符串中读入一组二维数组中元素的索引，并获得一组数组中的元素。程序进一步将这组数组元素与程序预期的元素序列比较，仅当两者一致时才能通过本实验。实验中需要对数组访问相关的机器级代码进行分析，获知机器级代码对应的程序执行逻辑，构造满足程序要求的输入字符串内容。

为完成本实验需掌握的知识点如下，详细介绍请参看主教材相关内容。

（1）数组的存储与访问。C 语言程序中的数组由一组相同类型的元素构成，所有元素连续存储在存储空间中。对数组中任一元素的访问，可基于数组的首地址加上该元素距离数组首地址的偏移量来访问，其中偏移量为元素的索引乘以数组元素所占字节数。

（2）多维数组的存储与访问。C 语言程序按照行优先方式存储二维（多维）数组。对于二维数组，首先依次存储第 0 行中的元素，然后依次存储第 1 行中的元素，以此类推。因此，假定二维数组 A[M][N] 每个数组元素所占字节数为 L，则数组元素 A[i][j] 所在的地址为 "$A+i \times N \times L + j \times L$"，其中，A 表示数组首地址。

四、实验步骤

1. 使用 objdump 工具对二进制文件进行反汇编

运行命令 "objdump -d phase6 > phase6.s" 获得 phase6 对应的汇编代码，并保存于文件 phase6.s 中。phase6.s 中的反汇编结果如下所示。

```
0804938e <phase>:
 804938e:   55                      push   %ebp
 804938f:   89 e5                   mov    %esp, %ebp
 8049391:   53                      push   %ebx
 8049392:   83 ec 14                sub    $0x14, %esp
 8049395:   bb 1c c1 04 08          mov    $0x804c11c, %ebx
 804939a:   b9 10 c1 04 08          mov    $0x804c110, %ecx
 804939f:   ba 18 c1 04 08          mov    $0x804c118, %edx
 80493a4:   b8 0c c1 04 08          mov    $0x804c10c, %eax
 80493a9:   53                      push   %ebx
 80493aa:   51                      push   %ecx
 80493ab:   52                      push   %edx
 80493ac:   50                      push   %eax
 80493ad:   68 14 c1 04 08          push   $0x804c114
 80493b2:   68 08 c1 04 08          push   $0x804c108
 80493b7:   68 4e a1 04 08          push   $0x804a14e
 80493bc:   ff 75 08                pushl  0x8(%ebp)
 80493bf:   e8 bc fc ff ff          call   8049080 <__isoc99_sscanf@plt>
 80493c4:   83 c4 20                add    $0x20, %esp
 80493c7:   83 f8 06                cmp    $0x6, %eax
```

```
80493ca:    74 07                       je      80493d3 <phase+0x45>
80493cc:    b8 00 00 00 00              mov     $0x0,%eax
80493d1:    eb 72                       jmp     8049445 <phase+0xb7>
80493d3:    c7 45 f4 00 00 00 00        movl    $0x0,-0xc(%ebp)
80493da:    eb 5e                       jmp     804943a <phase+0xac>
80493dc:    8b 45 f4                    mov     -0xc(%ebp),%eax
80493df:    8b 04 85 08 c1 04 08        mov     0x804c108(,%eax,4),%eax
80493e6:    83 f8 03                    cmp     $0x3,%eax
80493e9:    77 0f                       ja      80493fa <phase+0x6c>
80493eb:    8b 45 f4                    mov     -0xc(%ebp),%eax
80493ee:    8b 04 85 14 c1 04 08        mov     0x804c114(,%eax,4),%eax
80493f5:    83 f8 07                    cmp     $0x7,%eax
80493f8:    76 07                       jbe     8049401 <phase+0x73>
80493fa:    b8 00 00 00 00              mov     $0x0,%eax
80493ff:    eb 44                       jmp     8049445 <phase+0xb7>
8049401:    8b 45 f4                    mov     -0xc(%ebp),%eax
8049404:    8b 14 85 08 c1 04 08        mov     0x804c108(,%eax,4),%edx
804940b:    8b 45 f4                    mov     -0xc(%ebp),%eax
804940e:    8b 04 85 14 c1 04 08        mov     0x804c114(,%eax,4),%eax
8049415:    0f b6 94 d0 c0 c0 04        movzbl  0x804c0c0(%eax,%edx,8),%edx
804941c:    08
804941d:    8b 0d e0 c0 04 08           mov     0x804c0e0,%ecx
8049423:    8b 45 f4                    mov     -0xc(%ebp),%eax
8049426:    01 c8                       add     %ecx,%eax
8049428:    0f b6 00                    movzbl  (%eax),%eax
804942b:    38 c2                       cmp     %al,%dl
804942d:    74 07                       je      8049436 <phase+0xa8>
804942f:    b8 00 00 00 00              mov     $0x0,%eax
8049434:    eb 0f                       jmp     8049445 <phase+0xb7>
8049436:    83 45 f4 01                 addl    $0x1,-0xc(%ebp)
804943a:    83 7d f4 02                 cmpl    $0x2,-0xc(%ebp)
804943e:    76 9c                       jbe     80493dc <phase+0x4e>
8049440:    b8 01 00 00 00              mov     $0x1,%eax
8049445:    8b 5d fc                    mov     -0x4(%ebp),%ebx
8049448:    c9                          leave
8049449:    c3                          ret
```

2. 对程序的汇编代码进行分析，获取程序的主要执行逻辑

（1）对 phase 过程向 sscanf 过程传入的参数进行分析

地址 0x0804 9395～0x0804 93ca 之间的指令序列通过调用 C 标准库函数 sscanf()，从输入字符串中读入一组数组元素索引。其中，在地址 0x0804 93bf 处 call 指令前的一系列 mov 和 push 指令用于将一组地址作为参数压栈，这些地址都是从 phase 过程传入 sscanf 过程的实参。例如，根据 sscanf() 函数的说明可知，第二个参数是格式字符串地址，由地址 0x0804 93b7 处 "push $0x804a14e" 指令压栈，因而可推测 0x0804 a14e 为格式字符串地址。

根据对这些指令的分析，可以得到传入 sscanf 过程的 8 个实参在 phase 过程栈帧中的存放情况，如图 6.3 所示，其中，第 1 个参数是存放在地址 0x8(%ebp) 处的 phase()

函数的第一个参数的值（即输入字符串的地址），第 2 个参数是格式字符串地址 0x0804 a14e，用 gdb 工具获得程序运行时存于该处的格式字符串内容是 " %u %u %u %u %u"，因此，sscanf() 函数期望读入 6 个无符号十进制整数，因此，后面 6 个参数是 6 个无符号整型变量的地址，假定这 6 个无符号整型变量名为 u1 ~ u6。在 sscanf 函数调用后，地址 0x80493c7 开始的 cmp 和 je 指令进一步检查是否成功读入了这 6 个数值，否则该阶段实验失败。

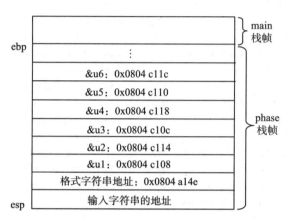

图 6.3　传入 sscanf 过程的 8 个实参在 phase 过程栈帧中的存放情况

（2）对程序中的一段循环处理过程进行分析

从地址 0x0804 93d3 开始的 "movl $0x0, –0xc(%ebp)" 和 "jmp 804943a" 指令、跳转目标地址 0x0804 943a 开始的 "cmpl $0x2, –0xc(%ebp)" 和 "jbe 80493dc" 指令可以推测程序中存在一个循环结构，并且结合 cmpl 指令前的 "addl $0x1, –0xc(%ebp)" 指令，可推测栈帧内地址 –0xc(%ebp) 处存储了循环变量（假设命名为 i）。

以下以注释形式给出对该循环结构包含指令的功能分析。

```
80493d3:   movl   $0x0, -0xc(%ebp)      # 将循环变量 i 初始化为 0
80493da:   jmp    804943a               # 跳转至地址 0x804943a 处
80493dc:   mov    -0xc(%ebp), %eax      # 将变量 i 存入 eax
80493df:   mov    0x804c108(,%eax,4), %eax  # 基址为 0x804c108 的数组（设名为 a）中的元素
                                            a[i] 存入 eax
80493e6:   cmp    $0x3, %eax            # 将 a[i] 与 3 比较
80493e9:   ja     80493fa               # 若 a[i] > 3，则跳转至 0x80493fa 处
80493eb:   mov    -0xc(%ebp), %eax      # 将变量 i 存入 eax
80493ee:   mov    0x804c114(,%eax,4), %eax  # 将基址为 0x804c114 的数组（设数组名为 b）
                                            元素 b[i] 存入 eax
80493f5:   cmp    $0x7, %eax            # 将 b[i] 与 7 比较
80493f8:   jbe    8049401               # 若 b[i] ≤ 7，则跳转至 0x8049401 处
80493fa:   mov    $0x0, %eax            # 置 phase 函数返回值为 0（失败）
80493ff:   jmp    8049445               # 跳出循环并结束
8049401:   mov    -0xc(%ebp), %eax      # 将变量 i 存入 eax
8049404:   mov    0x804c108(,%eax,4), %edx  # 将 a[i] 存入 edx
804940b:   mov    -0xc(%ebp), %eax      # 将变量 i 存入 eax
804940e:   mov    0x804c114(,%eax,4), %eax  # 将 b[i] 存入 eax
```

```
8049415:    movzbl  0x804c0c0(%eax,%edx,8), %edx  # 假设首地址为 0x804c0c0 的数组名为 c
            # 将数组 c 第 a[i] 行、第 b[i] 列（即 c[a[i]][b[i]]）的 8 位数据零扩展后存入 edx
804941d:    mov     0x804c0e0, %ecx               # 将地址 0x804c0e0 处的内容存入 ecx
8049423:    mov     -0xc(%ebp), %eax              # 将变量 i 存入 eax
8049426:    add     %ecx, %eax                    # 基于下条指令的源操作数寻址方式和 eax 中的 i，
            # 可判定相加结果为数组（设名为 d，首址保存于 0x804c0e0 处的全局变量中）元素 d[i] 的地址
8049428:    movzbl  (%eax), %eax                  # 将 d[i] 零扩展后存入 eax
804942b:    cmp     %al, %dl                      # 比较 d[i] 与 c[a[i]][b[i]]
804942d:    je      8049436                       # 若相等，则跳转至 0x8049436
804942f:    mov     $0x0, %eax                    # 置 phase 函数返回值为 0（失败）
8049434:    jmp     8049445                       # 跳出循环并结束
8049436:    addl    $0x1, -0xc(%ebp)              # 将循环变量 i 递增 1
804943a:    cmpl    $0x2, -0xc(%ebp)              # 将循环变量 i 与 2 比较
804943e:    jbe     80493dc                       # 若 i ≤ 2，则继续循环
```

上述地址 0x0804 93dc ～ 0x0804 9436 的循环体中，地址 0x0804 93df 和 0x0804 93ee 处的 mov 指令分别从首地址为 0x0804 c108 和 0x0804 c114 的两个数组 a 和 b（其中记录输入的索引值）中取出一对无符号整数 a[i] 和 b[i]，并在地址 0x0804 9415 处的 movzbl 指令中分别作为一个首地址为 0x0804 c0c0 的二维字节数组 c 的行索引和列索引，以取出相应的一个字节元素。随后，该字节被用于与另一字节数组 d（其首地址保存于 0x0804 c0e0 处）中的相应元素进行比较，只有两者相等才能通过本实验。

注意：从地址 0x0804 93e6 和 0x0804 93f5 开始的对输入索引值的测试中可看出，二维字节数组 c 具有 4 行，每行 8 列。另外，从循环变量 i 的取值范围可以看出，一维索引数组 a、b 和目标字节数组 d 均包含 3 个元素。

从本实验中对各数组中的元素进行访问的指令形式可看出，这些数组均采用了固定的数组首地址，如 0x0804 c108、0x0804 c114、0x0804 c0c0 等，说明这些数组所分配的存储空间位于静态数据区，而不在栈空间，因此，不属于过程内的局部数组变量。若是定义为过程局部变量的数组，则数组首地址在指令中会是动态分配的，如 –0x20(%ebp) 这种形式。

3. 通过 gdb 工具分析获得输入字符串

由以上分析可知，要成功通过本实验，需要针对目标字节数组 d（其首地址存储在地址 0x0804 c0e0 处）中的各元素 d[0]、d[1] 和 d[2]，在首地址为 0x0804 c0c0 的二维字节数组 c 中找到一组相等的元素 c[m0][n0]、c[m1][n1]、c[m2][n2]，并将其行索引和列索引 m0、n0、m1、n1、m2、n2 作为输入字符串的内容。从上述对程序的分析结果以及图 6.3 所示 phase 过程栈帧的部分状态（相邻数组元素应连续存放，即 a[0]、a[1] 和 a[2] 应连续相隔 4 个单元，b[0]、b[1] 和 b[2] 应连续相隔 4 个单元）可知，m0=a[0]=u1，n0=b[0]=u2，m1=a[1]=u3，n1=b[1]=u4，m2=a[2]=u5，n2=b[2]=u6，因此输入字符串的顺序应该就是 m0、n0、m1、n1、m2、n2。

为此，如图 6.4 所示，可以使用 gdb 调试工具分别查看程序运行中的以下信息：地址 0x0804 c0e0 处存储的一维目标字节数组 d 的首地址；数组 d 的 3 个元素；从地址 0x0804 c0c0 开始的二维字节数组 c（共 4 行 8 列）的元素。

从图 6.4 所示的 gdb 调试输出结果可以看到，针对首地址为 0x0804 a14a 的目标字节数组中的元素 ['y', 'o', 'h']，在首地址为 0x0804 c0c0 的二维字节数组中的对应元素的行列索引分别为 (3,6)、(2,3)、(0,1)，因此对应的输入字符串应为"3 6 2 3 0 1"。运行程序 phase6 并输入所构造字符串后，程序输出说明其成功通过了程序的测试。

```
$ gdb phase6
GNU gdb (Debian 10.1-1.7) 10.1.90.20210103-git
Copyright (C) 2021 Free Software Foundation, Inc.
……
Reading symbols from phase6...
(No debugging symbols found in phase6)
(gdb) b phase
Breakpoint 1 at 0x8049392
(gdb) r
Starting program: /binalab/phase6
Welcome to the binary program analysis lab.
Here begins the task. Please input your answer ...
000000

Breakpoint 1, 0x08049392 in phase ()
(gdb) x/xw 0x804c0e0
0x804c0e0 <cookie>:        0x0804a14a
(gdb) x/3c 0x0804a14a
0x804a14a:         121 'y' 111 'o' 104 'h'
(gdb) x/32c 0x0804c0c0
0x804c0c0 <cmat>:          71 'G' 104 'h' 68 'D' 113 'q' 108 'l' 122 'z' 82 'R' 86 'V'
0x804c0c8 <cmat+8>:        99 'c' 97 'a' 120 'x' 74 'J' 109 'm' 77 'M' 67 'C' 78 'N'
0x804c0d0 <cmat+16>:       88 'X' 116 't' 90 'Z' 111 'o' 101 'e' 100 'd' 119 'w' 103 'g'
0x804c0d8 <cmat+24>:       75 'K' 110 'n' 81 'Q' 117 'u' 118 'v' 114 'r' 121 'y' 105 'i'
```

图 6.4 使用 gdb 查看数组元素

五、思考题

以下给出了调用过程 test 和被调用过程 sum 的 C 语言代码。过程 test 中使用语句"int ar[8]"定义了一个局部数组变量 ar，并将其作为参数传递给被调用过程 sum。

```c
void sum(int ar[8])
{   int count = sizeof(ar) / sizeof(int);
    for( int i=1; i<count; i++ )
        ar[i] += ar[i-1];
}
int test()
{   int ar[8] = {1, 2, 3, 4, 5, 6, 7, 8};
    sum(ar);
    return ar[7];
}
```

回答下列问题。

（1）变量 ar 在过程 test 的栈帧中占用多大的存储空间？

（2）过程调用"sum(ar);"的实参 ar 的存储空间位于哪一个过程的栈帧中？占用多大的存储空间？该存储空间中存放的是否为数组 ar 的各个元素？

（3）过程 sum 中的变量 count 的值是多少？过程 test 的返回值是多少？为什么？

实验 7　指针类型变量的处理

一、实验目的

1. 掌握函数指针的使用及其机器级代码表示。
2. 掌握指针与数组访问的关系。

二、实验环境

IA-32 + Linux 系统平台，GCC、gdb 与 binutils 工具套件。

三、实验内容

在实验 7 的可执行文件 phase7 中，过程 phase 从输入字符串中读入三个对函数指针数组中元素的索引，根据这些索引获得一组函数指针。程序进一步将这组函数指针所指函数作用于某数据变量，仅当数据变量的最后值与特定目标数值相等时才能通过本实验。实验中需要对函数指针数组所指各函数的机器级代码进行分析，获知各函数执行逻辑，选择满足程序要求的函数指针数组元素子集并相应构造输入字符串内容。

为完成本实验需掌握的知识点如下，详细介绍请参看主教材相关内容。

（1）指针类型数据的机器级表示。C 语言中指针类型变量的值在机器中表示为所指向对象在存储空间中的地址。指针的值在运算中通常作为无符号整数，指针与整数进行加/减运算的结果为指针对应的地址值加/减一个偏移量，其中偏移量等于整数乘上指针所指对象类型的大小。

（2）基于指针的对象访问方式。通过指针所表示的地址访问所指对象时，C 语言中使用间接寻址运算符"*"进行访问。若定义一个指针类型变量 p（如 int *p），则 p 所指对象的值为 *p，在机器级代码中，该运算通常表示为将指针对应的地址作为指令的一个存储器操作数。C 语言中使用取地址运算符"&"获得一个对象的地址（如 &n），在机器级代码中通常使用 lea 指令实现。

例如，针对如下 C 代码：

```
void foo( int n ) {
    int *p = &n;
}
```

对应的机器级代码如下：

```
08049181 <foo>:
 8049181:       55                      push   %ebp
 8049182:       89 e5                   mov    %esp, %ebp
 8049184:       83 ec 10                sub    $0x10, %esp
 8049187:       8d 45 08                lea    0x8(%ebp), %eax
 804918a:       89 45 fc                mov    %eax, -0x4(%ebp)
 804918d:       90                      nop
```

```
804918e:        c9                      leave
804918f:        c3                      ret
```

其中，指令"lea 0x8(%ebp), %eax"将参数 n 的地址 0x8(%ebp) 送入 eax 寄存器，对应 C 语言表达式"&n"；下一条"mov %eax, -0x4(%ebp)"指令进一步把该地址值传送到地址 -0x4(%ebp) 处，以完成对指针变量 p 的赋值，局部变量 p 的地址为 R[ebp]-0x4。

四、实验步骤

1. 使用 objdump 工具对二进制文件进行反汇编

运行命令"objdump -d phase7 > phase7.s"获得 phase7 对应的汇编代码，并保存于文件 phase7.s 中。phase7.s 中的反汇编结果如下所示。

```
0804945e <phase>:
 804945e:       55                      push    %ebp
 804945f:       89 e5                   mov     %esp, %ebp
 8049461:       83 ec 28                sub     $0x28, %esp
 8049464:       c7 45 f0 01 00 00 00    movl    $0x1, -0x10(%ebp)
 804946b:       8d 55 e0                lea     -0x20(%ebp), %edx
 804946e:       83 c2 08                add     $0x8, %edx
 8049471:       8d 45 e0                lea     -0x20(%ebp), %eax
 8049474:       83 c0 04                add     $0x4, %eax
 8049477:       83 ec 0c                sub     $0xc, %esp
 804947a:       52                      push    %edx
 804947b:       50                      push    %eax
 804947c:       8d 45 e0                lea     -0x20(%ebp), %eax
 804947f:       50                      push    %eax
 8049480:       68 4a a1 04 08          push    $0x804a14a
 8049485:       ff 75 08                pushl   0x8(%ebp)
 8049488:       e8 f3 fb ff ff          call    8049080 <__isoc99_sscanf@plt>
 804948d:       83 c4 20                add     $0x20, %esp
 8049490:       83 f8 03                cmp     $0x3, %eax
 8049493:       74 07                   je      804949c <phase+0x3e>
 8049495:       b8 00 00 00 00          mov     $0x0, %eax
 804949a:       eb 59                   jmp     80494f5 <phase+0x97>
 804949c:       c7 45 f4 00 00 00 00    movl    $0x0, -0xc(%ebp)
 80494a3:       eb 3d                   jmp     80494e2 <phase+0x84>
 80494a5:       8b 45 f4                mov     -0xc(%ebp), %eax
 80494a8:       8b 44 85 e0             mov     -0x20(%ebp,%eax,4), %eax
 80494ac:       89 45 ec                mov     %eax, -0x14(%ebp)
 80494af:       83 7d ec 00             cmpl    $0x0, -0x14(%ebp)
 80494b3:       78 22                   js      80494d7 <phase+0x79>
 80494b5:       8b 45 ec                mov     -0x14(%ebp), %eax
 80494b8:       83 f8 0f                cmp     $0xf, %eax
 80494bb:       77 1a                   ja      80494d7 <phase+0x79>
```

```
80494bd:    8b 45 ec              mov      -0x14(%ebp), %eax
80494c0:    8b 04 85 e0 c0 04 08  mov      0x804c0e0(,%eax,4), %eax
80494c7:    83 ec 0c              sub      $0xc, %esp
80494ca:    ff 75 f0              pushl    -0x10(%ebp)
80494cd:    ff d0                 call     *%eax
80494cf:    83 c4 10              add      $0x10, %esp
80494d2:    89 45 f0              mov      %eax, -0x10(%ebp)
80494d5:    eb 07                 jmp      80494de <phase+0x80>
80494d7:    b8 00 00 00 00        mov      $0x0, %eax
80494dc:    eb 17                 jmp      80494f5 <phase+0x97>
80494de:    83 45 f4 01           addl     $0x1, -0xc(%ebp)
80494e2:    83 7d f4 02           cmpl     $0x2, -0xc(%ebp)
80494e6:    7e bd                 jle      80494a5 <phase+0x47>
80494e8:    81 7d f0 4b 0a 00 00  cmpl     $0xa4b, -0x10(%ebp)
80494ef:    0f 94 c0              sete     %al
80494f2:    0f b6 c0              movzbl   %al, %eax
80494f5:    c9                    leave
80494f6:    c3                    ret
```

2. 对程序的汇编代码进行分析，获取程序的主要执行逻辑

（1）对 phase 过程向 sscanf 过程传入的参数进行分析

地址 0x0804 9464 处的"movl $0x1, -0x10(%ebp)"指令将存储于栈帧内地址 -0x10(%ebp) 的一个整型局部变量（假设命名为 n）赋初值为 1。

地址 0x0804 946b～0x0804 9493 之间的指令序列通过调用 C 标准库函数 sscanf()，从输入字符串中读入三个数，对应保存地址依次为 -0x20(%ebp)、-0x20(%ebp)+0x4、-0x20(%ebp)+0x8，显然读入数据保存于函数内的局部变量中。使用 gdb 工具可获得 sscanf() 函数的格式字符串参数（从地址 0x0804 9480 处的 push 指令可知其首地址为 0x0804 a14a）的内容是"%d %d %d"。因为 3 个输入数据的格式类型都是 %d 且地址连续，所以可将其看作一个包含 3 个 int 型元素的数组，假设命名为 k，数组 k 的首地址为 -0x20(%ebp)。在 sscanf() 函数调用后，地址 0x0804 9490 开始的 cmp 和 je 指令进一步检查是否成功读入了 3 个数值，若不是，则该阶段实验失败。

（2）对程序中的一段循环处理过程进行分析

地址 0x0804 949c 开始的指令"movl $0x0, -0xc(%ebp)"和"jmp 80494e2"、跳转目标地址 0x0804 94e2 开始的"cmpl $0x2, -0xc(%ebp)"和"jle 80494a5"指令揭示了程序中存在一个循环结构，结合 cmpl 指令前的"addl $0x1, -0xc(%ebp)"指令，可推测栈帧内地址 -0xc(%ebp) 处存储了一个循环变量，假设命名为 i。

下面以注释形式给出对该循环结构包含指令的功能分析。

```
804949c:    movl   $0x0, -0xc(%ebp)            # 将循环变量 i 初始化为 0
80494a3:    jmp    80494e2                     # 跳转至地址 0x80494e2 处
80494a5:    mov    -0xc(%ebp), %eax            # 将变量 i 的值存入 eax
80494a8:    mov    -0x20(%ebp,%eax,4), %eax    # 将 k[i] 存入 eax
80494ac:    mov    %eax, -0x14(%ebp)           # 将 k[i] 值赋给某局部变量（设变量名为 m）
```

```
80494af:    cmpl    $0x0,-0x14(%ebp)        # 将变量 m 与 0 比较
80494b3:    js      80494d7                 # 若 m < 0，则跳转至地址 0x80494d7
80494b5:    mov     -0x14(%ebp),%eax        # 将变量 m 的值存入 eax
80494b8:    cmp     $0xf,%eax               # 将变量 m 与 15 比较
80494bb:    ja      80494d7                 # 若 m >15，则跳转至地址 0x80494d7
80494bd:    mov     -0x14(%ebp),%eax        # 将变量 m 的值存入 eax
80494c0:    mov     0x804c0e0(,%eax,4),%eax # 将首址 0x804c0e0 的数组（设数组名为 p）中
                                              的元素 p[m] 存入 eax
80494c7:    sub     $0xc,%esp               # 栈顶位置下移 12 字节
80494ca:    pushl   -0x10(%ebp)             # 将整型局部变量 n 的值压栈
80494cd:    call    *%eax                   # 调用 eax 内容所指函数，可推测数组 p 中存储的是函数指针
80494cf:    add     $0x10,%esp              # 栈顶位置上移 16 字节
80494d2:    mov     %eax,-0x10(%ebp)        # 将所调用函数的返回值存于整型变量 n 中
80494d5:    jmp     80494de                 # 跳转至地址 0x80494de
80494d7:    mov     $0x0,%eax               # 置 phase 函数返回值为 0（失败）
80494dc:    jmp     80494f5                 # 跳出循环并结束
80494de:    addl    $0x1,-0xc(%ebp)         # 将循环变量 i 递增 1
80494e2:    cmpl    $0x2,-0xc(%ebp)         # 将循环变量 i 与 2 比较
80494e6:    jle     80494a5                 # 若 i ≤ 2，则继续循环
```

上述地址 0x0804 94a5 ～ 0x0804 94de 的循环体中，在地址 0x0 804 94a5 ～ 0x0804 94ac 之间的指令序列用于将第 i 个输入整数存于变量 m 中，当 0 ≤ m ≤ 15 时，地址 0x0804 94bd ～ 0x0804 94d2 之间的指令从首地址为 0x0804 c0e0 的函数指针数组 p 中取出第 m 个函数指针（即 p[m]），并将地址 -0x10(%ebp) 处的变量 n 作为参数调用指针所指函数，再将函数的返回值存回变量 n 中供下次循环使用。若 m < 0 或 m > 15，则实验测试失败。

（3）对循环结束时的处理进行分析

循环结束后，程序使用下列指令对位于地址 –0x10(%ebp) 处的变量 n 中保存的结果进行检查。

```
80494e8:    cmpl    $0xa4b,-0x10(%ebp)      # 将变量 n 与 0xa4b 比较
80494ef:    sete    %al                      # 若相等，则置 phase 函数返回值为 1，否则置 0（失败）
80494f2:    movzbl  %al,%eax
```

3. 通过 gdb 工具分析获得输入字符串

由以上分析可知，要成功通过本实验，需要使变量 n（初始值为 1）在经过 3 个输入数值所指定的函数指针数组中相应元素所指向的函数处理后，具有目标值 0xa4b。为此，首先需要了解函数指针数组的组成及其所指向的各函数的功能。

（1）查看函数指针数组的内容

根据对地址 0x0804 94af ～ 0x0804 94bb 之间的指令序列的分析可知，变量 m 作为函数指针数组 p 的索引，其取值范围为 0 ～ 15，因此函数指针数组 p 共有 16 个元素。如图 6.5 所示，可使用 gdb 调试工具查看程序运行时从地址 0x0804 c0e0 开始的函数指针数组 p 的内容。

```
$ gdb phase7
GNU gdb (Debian 10.1-1.7) 10.1.90.20210103-git
Copyright (C) 2021 Free Software Foundation, Inc.
……
Reading symbols from phase7...
(No debugging symbols found in phase7)
(gdb) b phase
Breakpoint 1 at   0x8049464
(gdb) r
Starting program:  /binalab/phase7
Welcome to the binary program analysis lab.
Here begins the task. Please input your answer ...
000

Breakpoint 1,  0x08049464   in phase ()
(gdb) x/16xw 0x804c0e0
0x804c0e0 <operators>:       0x08049372       0x08049381       0x08049394       0x0804939f
0x804c0f0 <operators+16>:    0x080493b2       0x080493c0       0x080493d3       0x080493de
0x804c100 <operators+32>:    0x080493f2       0x08049401       0x08049410       0x0804941b
0x804c110 <operators+48>:    0x0804942f       0x08049439       0x08049444       0x08049453
```

图 6.5 使用 gdb 查看函数指针数组元素

（2）分析各函数的功能

根据函数指针数组 p 中各函数的地址，分析程序的反汇编代码中相应地址开始的函数所对应的机器级代码，以了解每个函数的功能（每个函数都有唯一参数，假定命名为 x）。16 个函数的反汇编代码中部分指令及其注释如下。

```
08049372 <_opfunc0_>:
 8049372:   55                   push    %ebp
 8049373:   89 e5                mov     %esp,%ebp
 8049375:   8b 55 08             mov     0x8(%ebp), %edx      # 将 x 存入 edx
 8049378:   89 d0                mov     %edx,%eax            # 将 x 存入 eax
 804937a:   c1 e0 05             shl     $0x5,%eax            # 将 32*x 存入 eax
 804937d:   29 d0                sub     %edx,%eax            # 返回 31*x
 804937f:   5d                   pop     %ebp
 8049380:   c3                   ret
08049381 <_opfunc1_>:
 8049381:   55                   push    %ebp
 8049382:   89 e5                mov     %esp,%ebp
 8049384:   8b 55 08             mov     0x8(%ebp), %edx      # 将 x 存入 edx
 8049387:   89 d0                mov     %edx,%eax            # 将 x 存于 eax
 8049389:   c1 e0 03             shl     $0x3,%eax            # 将 8*x 存于 eax
 804938c:   01 d0                add     %edx,%eax            # 将 9*x 存于 eax
 804938e:   01 c0                add     %eax,%eax            # 将 18*x 存于 eax
 8049390:   01 d0                add     %edx,%eax            # 返回 19*x
 8049392:   5d                   pop     %ebp
 8049393:   c3                   ret
08049394 <_opfunc2_>:
 8049394:   55                   push    %ebp
 8049395:   89 e5                mov     %esp,%ebp
 8049397:   8b 45 08             mov     0x8(%ebp), %eax      # 将 x 存于 eax
 804939a:   6b c0 17             imul    $0x17, %eax, %eax    # 返回 23*x
 804939d:   5d                   pop     %ebp
 804939e:   c3                   ret
```

```
0804939f <_opfunc3_>:
 804939f:       55                      push   %ebp
 80493a0:       89 e5                   mov    %esp,%ebp
 80493a2:       8b 55 08                mov    0x8(%ebp),%edx     # 将 x 存于 edx
 80493a5:       89 d0                   mov    %edx,%eax          # 将 x 存于 eax
 80493a7:       01 c0                   add    %eax,%eax          # 将 2*x 存于 eax
 80493a9:       01 d0                   add    %edx,%eax          # 将 3*x 存于 eax
 80493ab:       c1 e0 02                shl    $0x2,%eax          # 将 12*x 存于 eax
 80493ae:       01 d0                   add    %edx, %eax         # 返回 13*x
 80493b0:       5d                      pop    %ebp
 80493b1:       c3                      ret
080493b2 <_opfunc4_>:
 80493b2:       55                      push   %ebp
 80493b3:       89 e5                   mov    %esp,%ebp
 80493b5:       8b 55 08                mov    0x8(%ebp),%edx     # 将 x 存于 edx
 80493b8:       89 d0                   mov    %edx,%eax          # 将 x 存于 eax
 80493ba:       01 c0                   add    %eax,%eax          # 将 2*x 存于 eax
 80493bc:       01 d0                   add    %edx, %eax         # 返回 3*x
 80493be:       5d                      pop    %ebp
 80493bf:       c3                      ret
080493c0 <_opfunc5_>:
 80493c0:       55                      push   %ebp
 80493c1:       89 e5                   mov    %esp,%ebp
 80493c3:       8b 55 08                mov    0x8(%ebp),%edx     # 将 x 存于 edx
 80493c6:       89 d0                   mov    %edx,%eax          # 将 x 存于 eax
 80493c8:       c1 e0 02                shl    $0x2,%eax          # 将 4*x 存于 eax
 80493cb:       01 d0                   add    %edx,%eax          # 将 5*x 存于 eax
 80493cd:       01 c0                   add    %eax,%eax          # 将 10*x 存于 eax
 80493cf:       01 d0                   add    %edx, %eax         # 返回 11*x
 80493d1:       5d                      pop    %ebp
 80493d2:       c3                      ret
080493d3 <_opfunc6_>:
 80493d3:       55                      push   %ebp
 80493d4:       89 e5                   mov    %esp,%ebp
 80493d6:       8b 45 08                mov    0x8(%ebp),%eax     # 将 x 存于 eax
 80493d9:       6b c0 2b                imul   $0x2b, %eax, %eax  # 返回 43*x
 80493dc:       5d                      pop    %ebp
 80493dd:       c3                      ret
080493de <_opfunc7_>:
 80493de:       55                      push   %ebp
 80493df:       89 e5                   mov    %esp,%ebp
 80493e1:       8b 55 08                mov    0x8(%ebp),%edx     # 将 x 存于 edx
 80493e4:       89 d0                   mov    %edx,%eax          # 将 x 存于 eax
 80493e6:       c1 e0 03                shl    $0x3,%eax          # 将 8*x 存于 eax
 80493e9:       01 d0                   add    %edx,%eax          # 将 9*x 存于 eax
 80493eb:       c1 e0 02                shl    $0x2,%eax          # 将 36*x 存于 eax
 80493ee:       01 d0                   add    %edx, %eax         # 返回 37*x
 80493f0:       5d                      pop    %ebp
 80493f1:       c3                      ret
080493f2 <_opfunc8_>:
 80493f2:       55                      push   %ebp
 80493f3:       89 e5                   mov    %esp,%ebp
 80493f5:       8b 55 08                mov    0x8(%ebp),%edx     # 将 x 存于 edx
 80493f8:       89 d0                   mov    %edx,%eax          # 将 x 存于 eax
 80493fa:       c1 e0 02                shl    $0x2,%eax          # 将 4*x 存于 eax
```

```
80493fd:    01 d0               add     %edx, %eax          # 返回5*x
80493ff:          5d            pop     %ebp
8049400:    c3                  ret
08049401 <_opfunc9_>:
8049401:    55                  push    %ebp
8049402:    89 e5               mov     %esp,%ebp
8049404:    8b 55 08            mov     0x8(%ebp),%edx      # 将x存于edx
8049407:    89 d0               mov     %edx,%eax           # 将x存于eax
8049409:    c1 e0 03            shl     $0x3,%eax           # 将8*x存于eax
804940c:    29 d0               sub     %edx, %eax          # 返回7*x
804940e:    5d                  pop     %ebp
804940f:    c3                  ret
08049410 <_opfunc10_>:
8049410:    55                  push    %ebp
8049411:    89 e5               mov     %esp,%ebp
8049413:    8b 45 08            mov     0x8(%ebp),%eax      # 将x存于eax
8049416:    6b c0 35            imul    $0x35, %eax, %eax   # 返回53*x
8049419:    5d                  pop     %ebp
804941a:    c3                  ret
0804941b <_opfunc11_>:
804941b:    55                  push    %ebp
804941c:    89 e5               mov     %esp,%ebp
804941e:    8b 55 08            mov     0x8(%ebp),%edx      # 将x存入edx
8049421:    89 d0               mov     %edx,%eax           # 将x存入eax
8049423:    c1 e0 02            shl     $0x2,%eax           # 将4*x存入eax
8049426:    01 d0               add     %edx, %eax          # 将5*x存入eax
8049428:    c1 e0 03            shl     $0x3,%eax           # 将40*x存入eax
804942b:    01 d0               add     %edx, %eax          # 返回41*x
804942d:    5d                  pop     %ebp
804942e:    c3                  ret
0804942f <_opfunc12_>:
804942f:    55                  push    %ebp
8049430:    89 e5               mov     %esp,%ebp
8049432:    8b 45 08            mov     0x8(%ebp),%eax      # 将x存于eax
8049435:    01 c0               add     %eax, %eax          # 返回2*x
8049437:    5d                  pop     %ebp
8049438:    c3                  ret
08049439 <_opfunc13_>:
8049439:    55                  push    %ebp
804943a:    89 e5               mov     %esp,%ebp
804943c:    8b 45 08            mov     0x8(%ebp),%eax      # 将x存于eax
804943f:    6b c0 1d            imul    $0x1d, %eax, %eax   # 返回29*x
8049442:    5d                  pop     %ebp
8049443:    c3                  ret
08049444 <_opfunc14_>:
8049444:    55                  push    %ebp
8049445:    89 e5               mov     %esp,%ebp
8049447:    8b 55 08            mov     0x8(%ebp),%edx      # 将x存于edx
804944a:    89 d0               mov     %edx,%eax           # 将x存于eax
804944c:    c1 e0 04            shl     $0x4,%eax           # 将16*x存于eax
804944f:    01 d0               add     %edx, %eax          # 返回17*x
8049451:    5d                  pop     %ebp
8049452:    c3                  ret
08049453 <_opfunc15_>:
8049453:    55                  push    %ebp
```

```
8049454:    89 e5           mov     %esp,%ebp
8049456:    8b 45 08        mov     0x8(%ebp),%eax        # 将 x 存于 eax
8049459:    6b c0 2f        imul    $0x2f,%eax,%eax       # 返回 47*x
804945c:    5d              pop     %ebp
804945d:    c3              ret
```

对上述各函数进行分析可知，函数指针数组各元素指定的函数均返回输入的整型参数 x 与一个整数常量的乘积。phase() 函数中循环调用这些函数，实际上是计算初始输入参数（即变量 n 的初始值 1）依次乘上所调用函数中那个整数常量的结果。因此，为使最终运算结果为 0xa4b = 2635，应在 16 个整数组成的数组 {31, 19, 23, 13, 3, 11, 43, 37, 5, 7, 53, 41, 2, 29, 17, 47}（假定数组名为 y）中，寻找三个数组无素索引 i、j、k，使 y[i]*y[j]*y[k]=2635。数组中的 5、17 和 31 三个整数的乘积正好为 2635，因而，对应的索引分别是 8、14、0。

满足程序要求的输入字符串可以是 "8 14 0"（这 3 个数字的顺序可任意）。运行程序 phase7 并输入所构造字符串后，程序输出结果说明其成功通过了程序的测试。

五、思考题

假设如下 C 语言程序编译生成的可执行文件 test 中，nums 数组的起始地址是 0x0804 c018，过程 main 中变量 p 在栈帧中的地址是 –0x4(%ebp)，要求完成下列任务。

```c
int nums[3][2] = { {1, 2}, {3, 4}, {5, 6} };
int main()
{   int temp;
    for (int (*p)[2] = nums; p < nums+3; p++) {
        temp = (*p)[0];  (*p)[0] = (*p)[1];  (*p)[1] = temp;
    }
    return 0;
}
```

（1）写出 C 表达式 "p++" 对应的汇编代码，给出每条指令的注释，并给出该语句首次执行后变量 p 中的内容。

（2）写出 C 条件表达式 "p < nums+3" 对应的汇编代码并给出每条指令的注释。

（3）写出 C 赋值语句 "(*p)[0] = (*p)[1];" 对应的汇编代码并给出每条指令的注释。

实验 8 结构体类型变量与链表的处理

一、实验目的

1. 掌握结构体类型变量在存储空间的存放和访问。
2. 理解链表的结构以及链表处理对应的机器级代码结构。

二、实验环境

IA-32 + Linux 系统平台，GCC、gdb 与 binutils 工具套件。

三、实验内容

在实验 8 的可执行文件 phase8 中，过程 phase 在一个结构体类型链表中遍历查找每一个输入字符，同时对链表的顺序进行调整。当所有输入的字符处理完成后，只有链表的结构能满足特定顺序时才能通过本实验。实验中需要对链表遍历相关的机器级代码进行分析，获知程序的执行逻辑，构造满足程序要求的输入字符串内容。

为完成本实验需掌握的知识点如下，详细介绍请参看主教材相关内容。

（1）关于结构体类型变量处理的机器级表示。C 语言中使用结构体类型将一组相关的数据项组织在连续的存储空间中，这些数据项称为结构体的成员，每个成员可具有不同的数据类型。结构体本身及其各成员的起始存储地址通常需要满足各自的对齐要求，并且结构体占用的存储空间大小也需要满足对齐要求。对于结构体中的某个成员，可基于结构体的起始地址加上该成员距离起始位置的偏移量得到的地址来访问。

（2）链表的结构及其访问。链表由一系列相互间由指针连接在一起的结构体对象组成，其中每个结构体中都包含指针类型的成员，其值指向链表中其他的结构体对象。通过连接不同结构体对象的指针，可遍历链表中包含的所有对象。例如，如下 C 代码定义了一个链表中的结构体对象类型，其中 next 成员指向链表中的下一个结构体对象。

```
struct info {
    int id;
    char name[8];
    struct info *next;
};
```

以下 C 代码演示了如何从链表中的一个结构体对象访问与之相连的下一个结构体对象。

```
struct info *p = … ;   /* p 被初始化为指向链表中的某一个结构体对象 */
⋮
p = p->next;   /* p 被修改为指向链表中的下一个结构体对象 */
```

对应的机器级代码如下所示：

```
80491c4:        8b 45 f4        mov    -0xc(%ebp), %eax
80491c7:        8b 40 0c        mov    0xc(%eax), %eax
80491ca:        89 45 f4        mov    %eax, -0xc(%ebp)
```

其中，指针变量 p 存储于地址 –0xc(%ebp) 处。第一条 mov 指令将指针变量 p 的值（即链表中当前结构体对象的地址）传送到 eax 寄存器中。第二条 mov 指令将该地址加 0xc（0xc 为结构体中 next 成员的存储位置距离结构体起始处的偏移量）所得地址处的内容（即当前结构体对象的 next 成员的值，即链表中下一个结构体对象的首地址）传送到 eax 寄存器中。第三条 mov 指令进一步将下一个结构体对象的首地址传送到指针变量 p 的存储单元中。

四、实验步骤

1. 使用 objdump 工具对二进制文件进行反汇编

运行命令" objdump -d phase8 > phase8.s"获得 phase8 对应的汇编代码，并保存于文件 phase8.s 中。phase8.s 中的反汇编结果如下所示。

```
080493fb <phase>:
 80493fb:   55                      push   %ebp
 80493fc:   89 e5                   mov    %esp,%ebp
 80493fe:   83 ec 18                sub    $0x18,%esp
 8049401:   83 ec 0c                sub    $0xc,%esp
 8049404:   ff 75 08                pushl  0x8(%ebp)
 8049407:   e8 64 fc ff ff          call   8049070 <strlen@plt>
 804940c:   83 c4 10                add    $0x10,%esp
 804940f:   83 f8 0a                cmp    $0xa,%eax
 8049412:   74 07                   je     804941b <phase+0x20>
 8049414:   b8 00 00 00 00          mov    $0x0,%eax
 8049419:   eb 73                   jmp    804948e <phase+0x93>
 804941b:   c7 45 f0 00 00 00 00    movl   $0x0,-0x10(%ebp)
 8049422:   eb 1e                   jmp    8049442 <phase+0x47>
 8049424:   8b 55 f0                mov    -0x10(%ebp),%edx
 8049427:   8b 45 08                mov    0x8(%ebp),%eax
 804942a:   01 d0                   add    %edx,%eax
 804942c:   0f b6 00                movzbl (%eax),%eax
 804942f:   0f be c0                movsbl %al,%eax
 8049432:   83 ec 0c                sub    $0xc,%esp
 8049435:   50                      push   %eax
 8049436:   e8 3f ff ff ff          call   804937a <access>
 804943b:   83 c4 10                add    $0x10,%esp
 804943e:   83 45 f0 01             addl   $0x1,-0x10(%ebp)
 8049442:   83 7d f0 09             cmpl   $0x9,-0x10(%ebp)
 8049446:   7e dc                   jle    8049424 <phase+0x29>
 8049448:   a1 90 c1 04 08          mov    0x804c190,%eax
 804944d:   89 45 f4                mov    %eax,-0xc(%ebp)
 8049450:   c7 45 f0 00 00 00 00    movl   $0x0,-0x10(%ebp)
 8049457:   eb 2a                   jmp    8049483 <phase+0x88>
 8049459:   8b 45 f4                mov    -0xc(%ebp),%eax
 804945c:   0f b6 50 01             movzbl 0x1(%eax),%edx
 8049460:   8b 45 f0                mov    -0x10(%ebp),%eax
 8049463:   05 4c a1 04 08          add    $0x804a14c,%eax
 8049468:   0f b6 00                movzbl (%eax),%eax
 804946b:   38 c2                   cmp    %al,%dl
 804946d:   74 07                   je     8049476 <phase+0x7b>
 804946f:   b8 00 00 00 00          mov    $0x0,%eax
 8049474:   eb 18                   jmp    804948e <phase+0x93>
 8049476:   8b 45 f4                mov    -0xc(%ebp),%eax
 8049479:   8b 40 04                mov    0x4(%eax),%eax
 804947c:   89 45 f4                mov    %eax,-0xc(%ebp)
 804947f:   83 45 f0 01             addl   $0x1,-0x10(%ebp)
 8049483:   83 7d f4 00             cmpl   $0x0,-0xc(%ebp)
 8049487:   75 d0                   jne    8049459 <phase+0x5e>
 8049489:   b8 01 00 00 00          mov    $0x1,%eax
 804948e:   c9                      leave
 804948f:   c3                      ret
```

2. 对程序的汇编代码进行分析，获取程序的主要执行逻辑

（1）对 phase 过程向 strlen 过程传入的参数进行分析

地址 0x0804 9404～0x0804 9412 之间的指令序列将输入字符串地址压栈作为入口参数调用 C 标准库函数 strlen()，以获得输入字符串的长度。当该长度不等于 10 时，设置返回值为 0，实验失败。

（2）对 phase 过程中的循环结构进行分析

地址 0x0804 941b 开始的指令"movl $0x0, -0x10(%ebp)"和"jmp 8049442"、跳转目标地址 0x0804 9442 开始的指令"cmpl $0x9, -0x10(%ebp)"和"jle 8049424"构成了一个循环结构，并可推测栈帧内地址 -0x10(%ebp) 处存储了循环变量，假设变量名为 i。

下面以注释形式给出对该循环结构包含指令的功能分析。

```
804941b:   movl    $0x0, -0x10(%ebp)        # 将循环变量 i 初始化为 0
8049422:   jmp     8049442                  # 跳转至地址 0x8049442 处
8049424:   mov     -0x10(%ebp), %edx        # 将循环变量 i 存入 edx
8049427:   mov     0x8(%ebp), %eax          # 将输入字符串的首地址存入 eax
804942a:   add     %edx, %eax               # 将输入字符串第 i 字符的地址存入 eax
804942c:   movzbl  (%eax), %eax             # 输入字符串中第 i 个字符编码零扩展并存入 eax
804942f:   movsbl  %al, %eax                # 输入字符串中第 i 个字符编码符号扩展并存入 eax
8049432:   sub     $0xc, %esp               # 将栈顶位置下移 12 字节
8049435:   push    %eax                     # 第 i 个输入字符编码符号扩展后的值压栈
8049436:   call    804937a <access>         # 调用 access 函数
804943b:   add     $0x10, %esp              # 将栈顶位置上移 16 字节
804943e:   addl    $0x1, -0x10(%ebp)        # 将循环变量 i 递增 1
8049442:   cmpl    $0x9, -0x10(%ebp)        # 将循环变量 i 与 9 比较
8049446:   jle     8049424                  # 若 i≤9，则跳转至 0x8049424 继续循环
```

由上述分析可知，phase 函数的上述循环结构代码的功能是依次以输入字符串中各字符为参数调用 access 函数。

（3）对 phase 过程中的结果检查阶段进行分析

地址 0x0804 9448 开始的一组 mov 指令、0x0804 9457 处的"jmp 8049483"指令、跳转目标地址 0x0804 9483 开始的"cmpl $0x0, -0xc(%ebp)"和"jne 8049459"指令又构成了一个循环结构，并可推测栈帧内地址 -0xc(%ebp) 处存储了循环变量，假设变量名为 p。

下面以注释形式给出对该循环结构包含指令的功能分析。

```
8049448:   mov     0x804c190, %eax          # 将地址 0x804c190 处的变量（设名为 h）值存入 eax
804944d:   mov     %eax, -0xc(%ebp)         # 循环变量 p 被初始化为 h 的值
8049450:   movl    $0x0, -0x10(%ebp)        # 将地址 -0x10(%ebp) 处的变量 i 初始化为 0
8049457:   jmp     8049483                  # 跳转至地址 0x8049483 处
8049459:   mov     -0xc(%ebp), %eax         # 将变量 p（其内容应是地址）存入 eax
804945c:   movzbl  0x1(%eax), %edx          # 将 (p+1) 地址处的 1 字节零扩展后存入 edx
           # 推测变量 p 中的地址指向一个结构体，p+1 指向该结构体中的一个成员变量
8049460:   mov     -0x10(%ebp), %eax        # 将变量 i 存入 eax
8049463:   add     $0x804a14c, %eax         # 将地址 0x804a14c+i 的值存入 eax
8049468:   movzbl  (%eax), %eax             # 将 (0x804a14c+i) 处的 1 字节零扩展后存入 eax
           # 推测 0x804a14c 是一个字符型数组（假设数组名为 s）的首地址
804946b:   cmp     %al, %dl                 # 将 p 指向的结构体中的 1 字节与 s[i] 比较
804946d:   je      8049476                  # 若相等，则跳转至地址 0x8049476
804946f:   mov     $0x0, %eax               # 若不相等，则置返回值为 0（失败）
8049474:   jmp     804948e                  # 跳出循环并结束
8049476:   mov     -0xc(%ebp), %eax         # 将变量 p 中的地址存入 eax
8049479:   mov     0x4(%eax), %eax          # p 指向结构体中偏移量为 4 处的内容存入 eax
804947c:   mov     %eax, -0xc(%ebp)         # p 指向结构体中偏移量为 4 处的内容赋给 p
           # 推测 p 指向结构体中偏移量 4 处是指针型成员变量，指向链表中下一个结构体结点
804947f:   addl    $0x1, -0x10(%ebp)        # 将变量 i 递增 1
```

```
8049483:    cmpl    $0x0,-0xc(%ebp)       #将循环变量p与0比较
8049487:    jne     8049459               #若p!=0,则跳转至地址0x8049459继续循环
```

根据上述分析可知,phase函数中该循环结构代码用来遍历一个由结构体构成的链表,链表中的头结点结构体的地址保存在地址0x0804 c190处的变量h中。链表中每个结点具有类似如下的结构体类型:

```
struct T {
    char k;
    char v;
    struct T *next;
};
```

假设结构T起始地址为addr,根据结构体对齐规则,addr处存放成员k,addr+1处存放成员v,addr+4处存放成员next。

在遍历链表的过程中,变量p指向当前结点,将p->v表示的字符编码与一个首地址为0x0804 a14c的字符数组s中的第i个字符s[i]相比,若不等,则实验失败,否则,p=p->next,i=i+1,继续对链表下一个结点中的结构体成员v与数组s中的下一个字符进行比较,直到p=0为止。若每次都相等,则本实验通过测试。

(4)对access过程进行分析

对access过程进行反汇编得到的汇编代码如下,其中以注释形式给出部分指令的功能分析。

```
0804937a <access>:
804937a:    push    %ebp
804937b:    mov     %esp,%ebp
804937d:    sub     $0x14,%esp
8049380:    mov     0x8(%ebp), %eax      #将输入字符编码存入eax
8049383:    mov     %al,-0x14(%ebp)      #将eax内容赋给地址-0x14(%ebp)处的变量(设名为c)
8049386:    movl    $0x0,-0xc(%ebp)      #将地址-0xc(%ebp)处变量(设名为t)初始化为0
804938d:    mov     0x804c190,%eax       #将变量h(链表头结点指针)的值存入eax
8049392:    mov     %eax,-0x4(%ebp)      #将变量p初始化为h,即p = h
8049395:    movl    $0x0,-0x8(%ebp)      #将-0x8(%ebp)处变量(设名为q)值初始化为0
804939c:    jmp     80493ed              #跳转至地址0x80493ed处的循环条件检查指令
804939e:    mov     -0x4(%ebp), %eax     #将变量p中的地址存入eax
80493a1:    movzbl  (%eax), %eax         #将p->k的值存入eax
80493a4:    cmp     %al,-0x14(%ebp)      #将p->k的值与变量c比较
80493a7:    jne     80493de              #若p->k != c,则跳转至0x80493de
80493a9:    mov     -0x4(%ebp), %eax     #将变量p中的地址存入eax
80493ac:    add     $0x1, %eax           #将p->v的地址存入eax
80493af:    mov     %eax,-0xc(%ebp)      #将&(p->v)存入变量t中
80493b2:    mov     0x804c190,%eax       #将变量h(链表头结点指针)的值存入eax
80493b7:    cmp     %eax,-0x4(%ebp)      #将变量p与链表头结点指针h比较
80493ba:    je      80493f5              #若p = h,则跳转至0x80493f5(退出循环)
80493bc:    mov     -0x4(%ebp), %eax     #将变量p中的地址存入eax
80493bf:    mov     0x4(%eax), %edx      #将p->next(链表下一个结点的地址)存入edx
80493c2:    mov     -0x8(%ebp), %eax     #将变量q存入eax
80493c5:    mov     %edx, 0x4(%eax)      #q->next = p->next(推测q是指向结构体T的指针)
80493c8:    mov     0x804c190,%edx       #将变量h(链表头结点指针)存入edx
80493ce:    mov     -0x4(%ebp), %eax     #将变量p中的地址存入eax
80493d1:    mov     %edx, 0x4(%eax)      #p->next = h
80493d4:    mov     -0x4(%ebp), %eax     #将变量p中的地址存入eax
```

```
80493d7:   mov    %eax, 0x804c190    # 变量h被赋值为p，即 h = p
80493dc:   jmp    80493f5            # 跳转至 0x80493f5（退出循环）
80493de:   mov    -0x4(%ebp), %eax   # 将变量p中的地址存入 eax
80493e1:   mov    %eax, -0x8(%ebp)   # 变量q被赋值为p，即 q = p
80493e4:   mov    -0x4(%ebp), %eax   # 将变量p中的地址存入 eax
80493e7:   mov    0x4(%eax), %eax    # 将 p->next 存入 eax
80493ea:   mov    %eax, -0x4(%ebp)   # 变量p被赋值为p->next，即 p = p->next
80493ed:   cmpl   $0x0, -0x4(%ebp)   # 将变量p中的地址与0比较
80493f1:   jne    804939e            # 若 p != 0，则跳转至 0x804939e，继续循环
80493f3:   jmp    80493f6            # 跳转至 0x80493f6（退出循环）
80493f5:   nop
80493f6:   mov    -0xc(%ebp), %eax   # 置函数返回值为变量t的值
80493f9:   leave
80493fa:   ret
```

在 access() 函数对应的机器级代码中，地址 0x0804 939c 处的 "jmp 80493ed" 指令以及前面一组 mov 指令、跳转目标地址 0x0804 93ed 开始的 "cmpl $0x0, -0x4(%ebp)" 和 "jne 804939e" 指令构成了一个循环结构，可推测栈帧内地址 -0x4(%ebp) 处存储了循环变量，根据以上分析可推测，该循环变量实际上是链表遍历过程中指向当前遍历结点的一个指针型变量，与上述第（3）步中的变量 p 功能一致，因而这里也假设变量名为 p。

根据以上对指令功能的分析，可整理出 access() 函数的 C 代码结构如下。

```
struct T* h;              // 存储在地址 0x804c190 处
char* access( char a )
{   char c;               // 存储在地址 -0x14(%ebp) 处
    char* t;              // 存储在地址 -0xc(%ebp) 处
    struct T *p;          // 存储在地址 -0x4(%ebp) 处
    struct T *q;          // 存储在地址 -0x8(%ebp) 处
    c = a;
    t = 0;
    p = h;   q = 0;
    while( p != 0 ) {
        if( p->k == c ) {
            t = &(p->v);
            if( p != h ) {
                q->next = p->next;
                p->next = h;
                h = p;
                break;
            }
            else
                break;
        }
        else {
            q = p;
            p = p->next;
            if( p == 0 ) break;
        }
    }
    return t;
}
```

从上述 access 函数的 C 代码可知，access 函数依次遍历头结点地址保存于变量 h 中的一个结构体链表，直到指向当前结点的指针 p 为 0 或者当前结点满足特定条件为止。对于指针变量 p 所指向的当前结点，若其结构体中 char 类型成员 k 的值等于输入字符编码（access 函数的参数 a），则把函数返回值置为成员 v 的地址，同时，在 p 不等于 h（头结点）时，将当前结点 p 的 next 成员值赋给指针变量 q（指向结点 p 在链表中的前一个结点）的 next 成员，当前节结点 p 的 next 指向头结点 h，而将当前结点 p 作为新的头结点，然后退出循环；若当前结点 p 的成员 k 的值不等于输入字符编码，则变量 q 指向当前结点 p，并将链表中的下一个结点作为当前结点 p，若 p=0 则退出循环，否则继续循环。

因此，当链表当前结点 p（当 p!= h 时）中成员 k 等于输入字符 a 时，对链表进行重新排序的操作过程如图 6.6 所示，重新排序后，当前结点 p 作为头结点 h，当前结点的后继结点作为当前结点前一个结点（即 q）的后继结点，原来的头结点变成当前结点的后继结点。

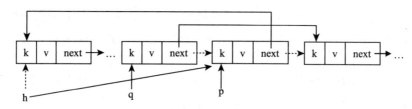

图 6.6　当 p→k =a 时链表重新排序后的状态

3. 通过 gdb 工具分析获得输入字符串

根据以上对 phase 函数的分析可知，首先 phase 函数判断输入字符串中的字符个数是否为 10，若不为 10 则实验失败；其次，phase 函数在使用输入字符串中的字符编码作为参数循环调用 access 函数而对链表进行重新排列后，要求链表中每个结点的结构体成员 v 依次与地址 0x0804 a14c 处的数组 s 每个元素中的字符编码进行比较，各自都相等，否则实验失败。

根据如图 6.6 所示对 access 函数分析的结果可知，使用输入字符串中的字符编码作为参数循环调用 access 函数而对链表进行重新排列后，新的链表中结点的顺序应该是将每个结点的结构体成员 k 按输入字符串中字符顺序的逆序进行排列而得到的。

因为必用排序后的新链表按序将每个结点与字符数组 s 中每个对应的元素分别比较，全部相等才能通过实验测试，所以应先获知字符数组 s 中的每个元素是什么字符。可使用 gdb 调试工具查看程序运行时首地址为 0x0804 a14c 的字符数组 s 中的各个字符。因为只循环比较前 10 个字符，所以只需要查看前 10 个元素中的字符。

按如下步骤查看数组 s 中前 10 个字符的信息：

1）在 shell 命令行提示符下输入 "gdb phase8" 命令；

2）在 gdb 调试状态下，输入 "b phase" 命令；

3）输入 "r" 命令，以启动程序执行到所设置的断点处（暂时输入任意非空字符串）；

4）输入"x/10c 0x804a14c"命令，以查看首地址为0x0804 a14c的字符数组 s 中前10个字符，分别是 'L'、'G'、'W'、'S'、'T'、'I'、'R'、'E'、'C'、'J'。显然，字符数组 s 位于静态数据区，其中的信息在执行 phase 过程前已经存在。

为了通过实验测试，必须保证由地址 0x0804 c190 处全局变量 h 的值所指向的链表经 access 函数重排序后，链表中第 1 个结点结构体成员 v 等于数组 s 中的第 1 个字符 'L'，第 2 个结点成员 v 等于字符 'G'，依次类推。为了使链表能获得这种结点排序结果，必须使输入字符串中字符的顺序与该排序结果中各结点对应成员 k 所表示的字符顺序相反，即逆序。

因此，下一步需要使用 gdb 工具查看链表中各结点结构体中成员 k 和 v 的内容。如图 6.7 所示，地址为 0x0804 c190 的变量 h 中保存了链表头结点的起始地址。当某结点结构体的起始地址为 addr 时，其成员 k、v、next 分别存储于地址 addr、addr+1、addr+4 处。从每个结点结构体中指针类型成员 next 的值可获得链表中下一个结点结构体的起始地址，以此类推，可依次遍历链表中的所有结点，直至最后一个结点的结构体成员 next 为 0。

从图 6.7 中 gdb 调试的输出结果可知，排序前链表中各个结点结构体成员 k、v 分别是（括号中前为 k，后为 v）：('b', 'E')、('q', 'T')、('u', 'J')、('f', 'C')、('c', 'W')、('p', 'R')、('n', 'G')、('a', 'S')、('l', 'I')、('h', 'L')。根据字符数组 s 中的内容可知，排序后的顺序应是 ('h', 'L')、('n', 'G')、('c', 'W')、('a', 'S')、('q', 'T')、('l', 'I')、('p', 'R')、('b', 'E')、('f', 'C')、('u', 'J')。

按照成员 k 的逆序 u、f、b、p、l、q、a、c、n、h 构建调用 access 函数的参数序列，可得到所需的链表结点排序序列，因此输入字符串应为"ufbplqacnh"。运行程序 phase8 并输入所构造的字符串后，程序输出结果说明通过了程序测试。

```
(gdb) x/xw 0x804c190
0x804c190 <head>:        0x0804c140
(gdb) x/2c 0x804c140
0x804c140 <queue>:            98 'b'   69 'E'
(gdb) x/xw 0x804c144
0x804c144 <queue+4>:     0x0804c148
(gdb) x/2c 0x804c148
0x804c148 <queue+8>:         113 'q'   84 'T'
(gdb) x/xw 0x804c14c
0x804c14c <queue+12>:    0x0804c150
(gdb) x/2c 0x804c150
0x804c150 <queue+16>:        117 'u'   74 'J'
(gdb) x/xw 0x804c154
0x804c154 <queue+20>:    0x0804c158
(gdb) x/2c 0x804c158
0x804c158 <queue+24>:        102 'f'   67 'C'
(gdb) x/xw 0x804c15c
0x804c15c <queue+28>:    0x0804c160
(gdb) x/2c 0x804c160
0x804c160 <queue+32>:         99 'c'   87 'W'
(gdb) x/xw 0x804c164
0x804c164 <queue+36>:    0x0804c168
(gdb) x/2c 0x804c168
0x804c168 <queue+40>:        112 'p'   82 'R'
(gdb) x/xw 0x804c16c
0x804c16c <queue+44>:    0x0804c170
(gdb) x/2c 0x804c170
0x804c170 <queue+48>:        110 'n'   71 'G'
(gdb) x/xw 0x804c174
0x804c174 <queue+52>:    0x0804c178
(gdb) x/2c 0x804c178
0x804c178 <queue+56>:         97 'a'   83 'S'
(gdb) x/xw 0x804c17c
0x804c17c <queue+60>:    0x0804c180
(gdb) x/2c 0x804c180
0x804c180 <queue+64>:        108 'l'   73 'I'
(gdb) x/xw 0x804c184
0x804c184 <queue+68>:    0x0804c188
(gdb) x/2c 0x804c188
0x804c188 <queue+72>:        104 'h'   76 'L'
(gdb) x/xw 0x804c18c
0x804c18c <queue+76>:    0x00000000
```

图 6.7 使用 gdb 调试命令查看链表中的内容

五、思考题

1. 如下定义了一个名为 node 的 C 语言结构体类型，链表中的每个结点由该结构体类型构成，其中，每个结点结构体的 prev 成员指向链表中的前一个结点，next 成员指向链表中的后一个结点。

```
struct node {
    char tag[6];
    void *data;
    char selected;
    struct node *prev, *next;
};
```

回答下列问题或完成下列任务。

（1）该结构体共占用多少字节的存储空间？各成员的起始存储位置距离结构体起始处的偏移量分别是多少？为什么（提示：需考虑数据对齐）？

（2）假设一个"struct node *"类型的变量 p 指向链表中的当前结点，并且 p 的值保存在 eax 寄存器中，写出表达式"p->prev->next = p->next"对应的汇编代码。

2. 当向一个过程传递结构体类型的参数时，比较传值和传地址两种方式在机器级代码层次上的实现差异，以及空间开销和时间开销差异。当一个过程将结构体对象作为返回值时（例如，函数定义形式为"struct node create () { … }"），在机器级代码层次是如何实现的？

实验 9 缓冲区溢出攻击

一、实验目的

1. 掌握缓冲区溢出攻击的基本原理。
2. 加深对过程调用的机器级代码表示和栈帧的基本结构的理解。

二、实验环境

IA-32 + Linux 系统平台，GCC、gdb 与 binutils 工具套件。

三、实验内容

对缓冲区进行读写是 C 程序中的常见操作。作为缓冲区的一种常见实现方式，数组提供了基于指针对其中元素进行简单、高效的访问机制。C 语言并没有在编程语言级提供对访问数组元素的指针是否超出数组存储区的检查。如果从 / 向数组中读 / 写数据时所使用的指针地址超出数组存储空间范围，就会发生缓冲区溢出。此时，所读、写的数据可能位于具有特定功能的存储区（或未分配的存储区），因而可能造成对程序中重要信息的非法访问和篡改，导致程序运行出现异常甚至有害的行为。这种情况在向缓冲区中写入来自外部源头（例如用户输入、命令行参数 / 环境变量、用户文件、网络连接等）的非可信数据时尤其危险。另外，有意利用目标程序中操作缓冲区时存在的漏洞（例如向缓冲区中写入数据时不检查写入位置是否已超出缓冲区的存储空间范围），通过造成缓冲区溢出在程序运行存储映像中植入恶意数据或代码，从而改变目标程序的正常运行逻辑以实现特定攻击目标的行为即为缓冲区溢出攻击。

在实验 9 的可执行文件 phase9 中，phase 过程调用了一个名为 process 的过程，其中定义了一个特定长度的局部字符数组作为缓冲区，用以接收从输入字符串转换而来的字节序列，但在向缓冲区写入字节序列时，并不判断缓冲区数组是否足够大到能容纳序列中全部字节，因而写入的字节可能会超出缓冲区预先分配的存储空间边界，即发生缓冲区溢出。另外，本阶段实验程序正常运行时 process 过程将向 phase 过程返回 0 并被后者用作返回值，从而导致实验失败，因此在本实验中需要有意造成缓冲区溢出来改变程序的正常运行行为。

本实验的目标是构造有效的输入字符串，使其被 phase9 目标程序读入后，在 process 过程执行 ret 指令返回时，不是返回到调用过程 phase 中的正常返回地址继续执行，而是转而执行程序中特定地址处的指令序列，使 phase 过程向 main 过程返回非零值，以通过本实验。

本实验针对的缓冲区位于程序运行时栈中，为了通过造成缓冲区溢出实现实验目标，需要获知目标程序在进行缓冲区操作时相关过程的栈帧结构，因此需要熟悉过程调用的机器级表示相关知识，分析相关过程（如 phase、process 等）的机器级代码，并在其基础上分析缓冲区和攻击目标（因缓冲区溢出而被填入特定信息的存储区）在栈中的位置，并依此设计攻击字符串。另外需要注意的是，不同于之前的实验阶段，本实验中几个主要过程的机器级实现中不再使用 ebp 寄存器保存过程栈帧的基地址，而是基于 esp 寄存器对过程的参数和局部变量等栈中的数据内容进行访问。

四、实验步骤

1. 使用 objdump 工具对二进制文件进行反汇编并分析获取程序的主要执行逻辑

运行命令"objdump -d phase9 > phase9.s"获得 phase9 对应的汇编代码，并保存于文件 phase9.s 中。

（1）对 phase 函数的执行逻辑进行分析。

phase 函数的反汇编结果（增加了部分指令的注释）如下：

```
0804940f <phase>:
 804940f:   83 ec 1c                sub    $0x1c, %esp        # 分配栈帧空间
 8049412:   c7 44 24 0c 00 00 00 00 movl   $0x0, 0xc(%esp)
       # 对地址 0xc(%esp) 处的局部变量（设名为 result）赋初值 0
 804941a:   83 ec 04                sub    $0x4, %esp
 804941d:   68 ff 00 00 00          push   $0xff
 8049422:   ff 74 24 28             pushl  0x28(%esp)
 8049426:   68 a0 c1 04 08          push   $0x804c1a0
 804942b:   e8 70 fc ff ff          call   80490a0 <strncpy@plt>
 8049430:   83 c4 10                add    $0x10, %esp
 8049433:   c6 05 9f c2 04 08 00    movb   $0x0, 0x804c29f
 804943a:   e8 6e ff ff ff          call   80493ad <process># 调用 process 过程
 804943f:   89 44 24 0c             mov    %eax, 0xc(%esp)# 将 process 返回值存入变量
```

```
            result
8049443:    8b 44 24 0c             mov     0xc(%esp), %eax    # 将变量 result 作为返回值
8049447:    83 c4 1c                add     $0x1c, %esp        # 释放栈帧空间
804944a:    c3                      ret
```

0x0804 941d 处的指令"push $0xff"将值 0x0000 00ff（即 255）压栈，作为 C 标准库函数 strncpy 的第 3 个参数。0x0804 9422 处的指令"pushl 0x28(%esp)"将 0x28(%esp) 处保存的内容（即 phase 过程的输入参数字符串的首地址）压栈，作为 strncpy 函数的第 2 个参数。0x0804 9426 处的指令"push $0x804c1a0"将静态存储区中地址 0x0804 c1a0 压栈，作为 strncpy 函数的第一个参数。

0x0804 942b 处的"call 80490a0 <strncpy@plt>"指令调用 C 标准库函数 strncpy。查阅 strncpy 函数的说明可知，strncpy 函数的三个入口参数依次是：字符串复制的目的字符串的起始地址（即 0x0804 c1a0）、源字符串的起始地址（即输入字符串首地址）和复制的字符数（即 255）。当源字符串长度小于 255 时，strncpy() 函数在目的字符串中剩下的部分补上若干空字符。由此可知，这里 strncpy 函数的功能是将输入字符串前 255 个字节的内容（不足的补空字符）复制到起始地址为 0x0804 c1a0 的存储区域中。0x0804 9433 处的指令"movb $0x0, 0x804c29f"进一步将该区域的第 256 个字节（位于地址 0x0804 c1a0 + 0xff = 0x0804 c29f 处）置为空字符。

地址 0x0804 943a 处的"call 80493ad <process>"指令调用 process 过程。

地址 0x0804 943f 处的"mov %eax, 0xc(%esp)"指令将 process 过程的返回值存入位于地址 0xc(%esp) 处的局部变量（假设名为 result）中。

地址 0x0804 9443 处的"mov 0xc(%esp), %eax"指令取出变量 result 的值存入 eax 作为 phase 函数的返回值。由以上分析可获得 phase 函数的 C 代码框架如下：

```
char global_buf[256];          /* 全局字符数组变量 global_buf 位于地址 0x804c1a0 处 */
int phase( char *inputs )
{
    int result = 0;            /* 局部变量 result 位于地址 0xc(%esp) 处 */
    strncpy( global_buf, inputs, 255 );
    global_buf[255] = '\0';
    result = process();
    return result;
}
```

（2）对 process 过程的执行逻辑进行分析。

process 过程的反汇编结果（增加了指令注释）如下：

```
080493ad <process>:
80493ad:    83 ec 20                sub     $0x20, %esp         # 分配栈帧空间
80493b0:    c7 44 24 08 a0 c1       movl    $0x804c1a0, 0x8(%esp)
80493b6:    04 08                                               # 将 0x804c1a0（全局字符数组 global_buf 的首地址）存于 0x8
                                                                  (%esp) 处的局部变量（设名为 ip）中
80493b8:    8d 44 24 08             lea     0x8(%esp), %eax     # 将 esp+0x8 存于 eax
80493bc:    83 c0 08                add     $0x8, %eax          # 将 esp+0x10 存于 eax
80493bf:    89 44 24 0c             mov     %eax, 0xc(%esp)     # 将 esp+0x10 存于 0xc(%esp)
                                                                  处的局部变量（设名为 op）中
80493c3:    8b 44 24 08             mov     0x8(%esp), %eax     # 将 ip 中的地址存于 eax
80493c7:    0f b6 00                movzbl  (%eax), %eax        # 将 ip 中地址所指字节内容存于 eax
80493ca:    84 c0                   test    %al, %al            # 测试该字节值是否为 0
```

```
80493cc:   74 38                  je      8049406 <process+0x59>  # 如是，跳转至 0x8049406
80493ce:   8b 44 24 08            mov     0x8(%esp), %eax         # 将 ip 中的地址存于 eax
80493d2:   83 c0 01               add     $0x1, %eax              # 将 ip 中的地址 +1 存于 eax
80493d5:   0f b6 00               movzbl  (%eax), %eax            # 将 ip 中地址 +1 处的内容
                                                                    存于 eax
80493d8:   84 c0                  test    %al, %al                # 测试该处字节值是否为 0
80493da:   74 2a                  je      8049406 <process+0x59>  # 如是，跳转至 0x8049406
80493dc:   8b 54 24 0c            mov     0xc(%esp), %edx         # 将 op 中的地址存入 edx
80493e0:   8b 44 24 08            mov     0x8(%esp), %eax         # 将 ip 中的地址存入 eax
80493e4:   52                     push    %edx                    # 将 op 中的地址压栈
80493e5:   50                     push    %eax                    # 将 ip 中的地址压栈
80493e6:   e8 80 ff ff ff         call    804936b <map2hex>       # 调用 map2hex 过程
80493eb:   83 c4 08               add     $0x8, %esp              # 调整栈顶指针
80493ee:   8b 44 24 08            mov     0x8(%esp), %eax         # 将 ip 中的地址存入 eax
80493f2:   83 c0 02               add     $0x2, %eax              # 将 ip 中的地址 +2 存入 eax
80493f5:   89 44 24 08            mov     %eax, 0x8(%esp)         # 将 ip 中的地址值 +2
80493f9:   8b 44 24 0c            mov     0xc(%esp), %eax         # 将 op 中的地址存入 eax
80493fd:   83 c0 01               add     $0x1, %eax              # 将 op 中的地址 +1 存入 eax
8049400:   89 44 24 0c            mov     %eax, 0xc(%esp)         # 将 op 中的地址值 +1
8049404:   eb bd                  jmp     80493c3 <process+0x16>  # 跳转至 0x80493c3 继续
                                                                    循环
8049406:   b8 00 00 00 00         mov     $0x0, %eax              # 设置返回值为 0
804940b:   83 c4 20               add     $0x20, %esp             # 释放栈帧空间
804940e:   c3                     ret
```

基于上述注释中对每条指令功能的分析，可获得 process 过程的 C 代码框架如下：

```
int process()
{
    char buffer[..];         /*buffer 为字节数组缓冲区，起始地址为 0x10(%esp) */
    char *ip = global_buf;   /*ip 位于地址 0x8(%esp) 处，指向全局字符数组 global_buf
                                中保存的输入字符串的首字符 */
    char *op = buffer;       /*op 位于地址 0xc(%esp) 处，指向缓冲区 buffer 起始处 */

    while (1) {
        if ( *ip == 0x0 || *(ip+1) == 0x0 )         break;
        map2hex( ip, op );
        ip += 2;  op += 1;
    }

    return 0;
}
```

根据 process 过程的 C 代码框架可知，process 过程的主要功能是依次将输入字符串中的每两个相邻字节中的第一个字节的地址和缓冲区 buffer 中一个字节的地址作为参数传递给 map2hex 函数进行处理。

（3）对 map2hex 函数的执行逻辑进行分析。

map2hex 函数的反汇编结果（增加了指令注释）如下：

```
0804936b <map2hex>:
 804936b:   8b 44 24 04         mov     0x4(%esp), %eax     # 第 1 个参数 ip 存于 eax
 804936f:   0f b6 00            movzbl  (%eax), %eax        # 将 ip 所指字符值存于 eax
 8049372:   0f be c0            movsbl  %al, %eax
 8049375:   83 e0 7f            and     $0x7f, %eax         # 将 *ip & 0x7f 的值存于 eax
 8049378:   0f b6 80            movzbl  0x804a160(%eax), %eax  # 将首址为 0x804a160 的字
       节数组（设名为 hexmap）中的元素 hexmap[*ip & 0x7f] 存于 eax
```

```
804937b:    60 a1 04 08
804937f:    0f b6 c0        movzbl  %al, %eax
8049382:    c1 e0 04        shl     $0x4, %eax    # 将 hexmap[*ip & 0x7f]<<4 存于 eax
8049385:    89 c2           mov     %eax, %edx    # 将 hexmap[*ip & 0x7f] << 4 存于 edx
8049387:    8b 44 24 04     mov     0x4(%esp), %eax # 将第 1 个参数 ip 存于 eax
804938b:    83 c0 01        add     $0x1, %eax    # 将 ip+1 存于 eax
804938e:    0f b6 00        movzbl  (%eax), %eax  # 将 ip+1 所指字符值存于 eax
8049391:    0f be c0        movsbl  %al, %eax
8049394:    83 e0 7f        and     $0x7f, %eax   # 将 *(ip+1) & 0x7f 存于 eax
8049397:    0f b6 80        movzbl  0x804a160(%eax), %eax
804939a:    60 a1 04 08                           # 将 hexmap[*(ip+1) & 0x7f] 存于 eax
804939e:    83 e0 0f        and     $0xf, %eax    # 将 hexmap[*(ip+1) & 0x7f] & 0xf
                                                    存于 eax
80493a1:    09 d0           or      %edx, %eax    # 将 (hexmap[*ip & 0x7f] << 4) |
                                                    (hexmap[*(ip+1) & 0x7f]&0xf) 存于
                                                    eax
80493a3:    89 c2           mov     %eax, %edx    # 将 (hexmap[*ip & 0x7f] << 4) |
                                                    (hexmap [*(ip+1) & 0x7f] & 0xf)
                                                    存于 edx
80493a5:    8b 44 24 08     mov     0x8(%esp), %eax # 将第 2 个参数 op 存于 eax
80493a9:    88 10           mov     %dl, (%eax)   # 将 (hexmap[*ip & 0x7f] << 4) |
                                                    (hexmap [*(ip+1) & 0x7f]&0xf)
                                                    存入 op 所指处
80493ab:    90              nop
80493ac:    c3              ret
```

基于上述注释中对每条指令功能的分析，可获得 map2hex 函数的 C 代码框架如下：

```
void map2hex( char* ip, char *op )
{
    *op = (hexmap[*ip & 0x7f] << 4) | (hexmap[*(ip+1) & 0x7f] & 0xf);
}
```

进一步使用 gdb 工具查看起始地址为 0x0804 a160 的 hexmap 数组内容可知，其中各字节元素内容如下所示。从 map2hex 函数中 hexmap 数组的两个索引的计算方式可以看出，hexmap 数组索引进行了和 0x7f 按位与运算后，使 8 位数组索引值的最高位为 0，因此，hexmap 数组至少包含 128 个字节元素，以下每 16 个数组元素显示为一行。

```
0x00, 0x00, 0x00, 0x00, 0x00, 0x00, 0x00, 0x00, 0x00, 0x00, 0x00, 0x00, 0x00,
    0x00, 0x00, 0x00,
0x00, 0x00, 0x00, 0x00, 0x00, 0x00, 0x00, 0x00, 0x00, 0x00, 0x00, 0x00, 0x00,
    0x00, 0x00, 0x00,
0x00, 0x00, 0x00, 0x00, 0x00, 0x00, 0x00, 0x00, 0x00, 0x00, 0x00, 0x00, 0x00,
    0x00, 0x00, 0x00,
0x00, 0x01, 0x02, 0x03, 0x04, 0x05, 0x06, 0x07, 0x08, 0x09, 0x00, 0x00, 0x00,
    0x00, 0x00, 0x00,
0x00, 0x0a, 0x0b, 0x0c, 0x0d, 0x0e, 0x0f, 0x00, 0x00, 0x00, 0x00, 0x00, 0x00,
    0x00, 0x00, 0x00,
0x00, 0x00, 0x00, 0x00, 0x00, 0x00, 0x00, 0x00, 0x00, 0x00, 0x00, 0x00, 0x00,
    0x00, 0x00, 0x00,
0x00, 0x0a, 0x0b, 0x0c, 0x0d, 0x0e, 0x0f, 0x00, 0x00, 0x00, 0x00, 0x00, 0x00,
    0x00, 0x00, 0x00,
0x00, 0x00, 0x00, 0x00, 0x00, 0x00, 0x00, 0x00, 0x00, 0x00, 0x00, 0x00, 0x00,
    0x00, 0x00, 0x00
```

假定当前 ip 所指向的一对字符为 'c' 和 '7'，其 ASCII 码分别为 0x63 和 0x37，根据 map2hex 函数的计算过程，首先，分别得到 hexmap 数组的两个索引值 0x63（99）

和 0x37（55），然后，根据索引值分别从 hexmap 数组中得到两个字节元素值 0x0c 和 0x07，再将前者左移 4 位与后者与 0xf 按位与的结果（即保留其低 4 位，高 4 位置零）进行按位或运算，可得十六进制数字对"c7"所对应的字节值 0xc7。最后，将 0xc7 写入当前 op 所指向的字节存储区。

综上可知，map2hex 函数的功能是，将来自输入字符串中的两个十六进制数字组成的字符对转换为对应的一个字节值，并存入缓冲区 buffer 中的目标字节位置。

2. 分析获得缓冲区所在的栈帧结构

从 phase 函数和 process 过程的反汇编代码分析结果，可得到两者的栈帧结构。如图 6.8 所示，若将 phase 过程的调用过程的栈帧顶部位置记为 A，则 phase 过程在调用 process 过程前（即执行 804943a 处的 call 指令前）的栈顶指针 esp 指向 A−0x1c 处，而 phase 过程中的局部变量 result 位于 esp+0xc=A−0x1c+0xc= A−0x10 处。执行 804943a 处的 call 指令调用 process 过程，将从 process 过程返回的返回地址压栈，其存放处（记为 B，B=A−0x20）就是 phase 过程栈帧的栈顶。根据 process 过程第 1 条指令"sub $0x20,%esp"可知，其栈帧大小为 0x20，根据局部变量 ip 和 op 的首地址分别为 esp+0x8、esp+0xc，缓冲区 buffer 的起始处位于 esp+0x10，可以推断，process 过程中定义的字符数组缓冲区 buffer 的最大空间大小为 0x10。

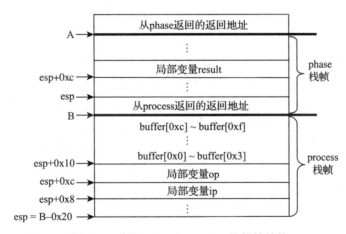

图 6.8 过程 phase 和 process 的栈帧结构

process 过程依次将输入字符串中包含的各十六进制数字对的地址作为入口参数传递给 map2hex 函数，由 map2hex 函数转换为字节值后，存入 process 栈帧中地址 0x10(%esp) 起始的字节数组缓冲区 buffer 中。转换后的字节值将从 buffer 的起始地址开始向高地址方向连续存放。当从输入字符串转换得到的字节序列长度超过 0x10 时，则输入字符串中第 0x20～第 0x27 个字符对应的 4 个十六进制数字对所转换得到的第 0x10～第 0x13 个字节值将会覆盖 buffer 缓冲区上面的返回地址存放处。因此，如果设计合适的输入字符串将该返回地址替换为程序中特定目标指令的地址，则当执行 process 过程最后的 ret 指令时将从栈中弹出该修改后的地址并送至 eip 寄存器，从而跳转到特定目标指令继续执行。

另外，如果输入字符串的长度小于 0x20，则转换得到的字节序列长度不超过 0x10，因而信息不会覆盖到 buffer 缓冲区之外，这样 process 过程执行结束后，将正常返回至调用过程 phase 中继续执行，并且返回值为 0。根据分析得到的 phase 函数的 C 代码框架可知，phase 函数将 process 过程的返回值 0 保存于局部变量 result 中，并进一步返回给调用过程 main，从而导致本实验阶段被判断为失败。

综上可知，为通过本实验阶段，需要合理设置输入字符串中的字符，以改变程序原来的运行逻辑，并保证 phase 函数将非 0 返回值返回给调用过程 main。

3. 设计攻击字符串

本实验阶段的目标程序中，process 过程存在缓冲区溢出漏洞，因此，可利用该漏洞在向缓冲区写入数据过程中更改返回地址，以跳转到程序中特定的目标指令处执行。下一步需要在程序中寻找合适的跳转目标地址。

phase 函数中设置返回值并返回的相关指令如下：

```
804943a:    e8 6e ff ff ff    call 80493ad <process>    # 调用 process 过程
804943f:    89 44 24 0c       mov  %eax, 0xc(%esp)      # 将过程返回值存入 result 中
8049443:    8b 44 24 0c       mov  0xc(%esp), %eax      # 将 result 作为返回值
8049447:    83 c4 1c          add  $0x1c, %esp          # 释放栈帧空间
804944a:    c3                ret
```

从上述指令序列可发现，最终用于设置 phase 函数返回值的指令是位于 0x0804 9443 处的"mov 0xc(%esp),%eax"，它从局部变量 result 中取出数据存入 eax 用作 phase 函数的返回值。如果将该指令作为从 process 过程返回时的跳转目标并相应设置返回地址，同时设法将局部变量 result 的值更改为任意非零值，则可以使 phase 函数返回非 0 值。

如图 6.8 所示，从 process 过程返回的返回地址和局部变量 result 所在的存储区都在 phase 函数栈帧中，而 phase 函数栈帧正好位于缓冲区 buffer 上面的高地址存储区，因而可以通过缓冲区溢出攻击达到上述目的。

基于以上分析，实现缓冲区溢出攻击的第一步是要获得从 process 过程返回的返回地址的存储位置距离缓冲区 buffer 起始位置的偏移量。如图 6.8 所示，该偏移量为 0x10。根据上述对 phase 函数反汇编代码的分析可知，实施攻击所要跳转的目标指令地址（即新的返回地址）是 0x0804 9443。因此，输入字符串经 map2hex 过程转换后，生成的攻击代码中自偏移量 0x10 开始的 4 个字节应是该目标指令地址的小端表示，即 0x43、0x94、0x04、0x08。

实现缓冲区溢出攻击的第二步是要获得位于 phase 函数栈帧中的 result 变量的存储位置距离缓冲区 buffer 起始位置的偏移量。如图 6.8 所示，该偏移量为 0x10 + 0x4 + 0xc = 0x20。因此，攻击代码中自偏移量 0x20 开始应是任意非 0 值的小端表示，如 0x01、0x00、0x00、0x00。

综合以上对攻击代码的分析，可设计如下输入字符串（这里为了更清晰地显示，输入字符串被分为多行且每对字符之间插入了空格加以分隔，但需要注意依照 process 过程的执行逻辑，实际输入的字符串仅能由攻击字符组成，不能包含空格、换行等任何其他字符）：

```
xx xx xx xx xx xx xx xx xx xx xx xx xx xx xx xx
43 94 04 08 xx xx xx xx xx xx xx xx xx xx xx xx
```

01 00 00 00

其中，前 16 对 xx（可为任意十六进制数字对，如 00）用以填充缓冲区 buffer，其后 4 对十六进制数字作为新的返回地址（0x0804 9443）的小端表示，最后 4 对十六进制数字用以替换 result 中的返回值。

上述输入字符串被 process 过程所调用的 map2hex 函数转换为对应的攻击字节序列写入缓冲区后，会将 phase 函数栈帧中从 process 过程返回的返回地址更改为地址 0x0804 9443，并将变量 result 的值更改为 0x1。

这样，当执行到 process 过程的 ret 指令时，将从 phase 函数栈帧的栈顶处弹出更改后的返回地址 0x0804 9443，从而跳转到该地址处的指令执行，将已被修改为非 0 的 result 变量值作为 phase 函数的返回值，从而通过本阶段实验。

4. 测试攻击字符串的有效性

运行程序 phase9 并输入攻击字符串："00000000000000000000000000000000439404 0800000000000000000000000001000000"。程序输出结果说明该字符串成功实现了本阶段实验的目标。

五、思考题

针对本阶段实验的目标，在攻击字符串中加入机器指令代码（例如，设置 eax 寄存器值为 1，再跳转到 phase 函数中合适的指令位置），并使用 gdb 工具获得程序运行时的缓冲区起始地址，在攻击字符串中用其替换返回地址。请尝试使用该方法构造攻击字符串，看能否通过本阶段实验。如果不能，请分析原因。

第 7 章 程序链接与 ELF 目标文件实验

程序链接作为生成可执行文件的关键步骤之一,涉及目标文件格式、符号解析和重定位等重要概念,对深入理解程序的表示与加载运行、程序中数据和函数的存储地址分配与引用、代码共享与动态链接等机制具有重要的作用。

程序链接与 ELF 目标文件实验通过对一组可重定位目标文件中相关内容的分析和修改,将其链接为可正确运行的程序。本实验的目标是加深学生对理论课中关于 ELF 目标文件的基本结构和组成、程序链接过程(如符号解析与重定位)等基础知识和基本概念的理解,并使学生掌握用于链接和目标文件解析等的工具软件的使用。

本实验主要与主教材第 7 章(程序的链接)的内容配套,按照教学内容分阶段设计为以下 6 次实验:数据与 ELF 数据节、指令与 ELF 代码节、符号解析、switch 语句与链接、重定位、位置无关代码。

实验过程

(1)在理论课和课程辅助平台中发布实验讲义,学生根据实验讲义中的说明下载实验数据。

(2)学生按照实验讲义中给出的实验各阶段的实验目标、实验过程和要求,完成实验并将实验结果保存于文件中。

(3)学生提交实验结果文件至评测程序以进行评分,并回答实验讲义中给出的思考题,复习、巩固理论课中的相应内容。

实验实施与考核方法

本实验分为多个阶段,实验考核主要基于学生成功完成的实验阶段的总数,对学生的实验情况进行评价。

(1)实验准备。在实验开始前,教师为参加实验的学生生成实验数据,每位学生预期实验结果随学生学号的不同而有所差异,以减小抄袭的可能性。生成的实验数据中面向学生的部分连同实验讲义通过网站等形式发布给学生。

(2)实验开展。学生下载实验数据,根据实验讲义中说明的实验环境要求,自行搭建开展实验所需的 Linux 实验平台,也可利用已有的、符合要求的实验基础环境。学生在规定的时限内完成实验的全部或部分阶段后,将各阶段实验结果保存于文件中并提交给实验结果评测程序(可部署于教师计算机或服务器上)。

(3)实验结果评测。教师或实验服务器在收到学生提交的实验结果文件后,调用实验结果评测程序并基于生成学生实验数据时保存的评测数据(不发布给学生),对学生的实验结果进行测试。根据实验结果能够成功通过的实验阶段数量(可为不同阶段设置不同分数比例),得到学生的总体实验分数。

实验数据组成

本模块实验中多个阶段的实验数据保存于一个 tar 类型文件中(假设文件名为

"linklab-data.tar"），可在 Linux 实验环境中使用命令"tar xvf linklab-data.tar"将其中包含的文件提取到当前目录中。该 tar 文件中主要包含如下实验相关文件。

（1）main.o：主程序模块对应的可重定位目标文件，在实验中不应该被修改。

（2）phase1.o, phase2.o, …, phase6.o：各阶段实验所对应的可重定位目标文件，在大多数实验阶段中需要根据实验目标修改其中特定的内容，个别阶段的任务则是另外建立与之相应的合适的可重定位目标文件。在各个可重定位目标文件 phase*n*.o（*n*=1～6）中定义了如下所示的 do_phase() 函数以完成相应阶段的具体功能，另外，还定义了全局函数指针变量 phase，并将其初始化为指向该 do_phase() 函数。主程序模块 main.o 中的 main() 函数将调用各阶段实验对应文件 phase*n*.o 中函数指针变量 phase 所指向的 do_phase() 函数。

```
void do_phase() {
    // 该阶段具体工作
}
void (*phase)() = do_phase;
```

（3）outputs.txt：正确完成对实验中相关文件的修改后再重新链接而生成的程序在运行时的预期输出字符串。

学生实验基本步骤

本实验需要使用 readelf 工具，该工具可读取 ELF 格式二进制目标文件中的节、符号表、字符串表、重定位项等各种信息并打印输出，其命令行格式为"readelf <options> elf-file"，其中 <options> 为选项，elf-file 指定 ELF 文件名。常用选项（括号中选项功能相同）和对应功能说明如下。

- -a（--all）：等同于同时使用 -h、-l、-S、-s、-r、-d、-V、-A 等选项。
- -h（--file-header）：显示 ELF 头信息。
- -l（--program-headers）：显示程序头（段头）表信息。
- -S（--section-headers）：显示节头表信息。
- -s（--symbols）：显示符号表中的信息。
- -r（--relocs）：显示重定位节中的信息。
- -x <number|name>（--hex-dump=<number|name>）：以十六进制字节形式显示 <number|name> 所指定节的内容。
- -p <number|name>（--string-dump=<number|name>）：以可打印字符串形式显示 <number|name> 所指定节的内容。

在实验中，学生需要使用 objdump 工具对本阶段实验对应的可重定位目标文件进行反汇编，分析汇编代码获知其运行逻辑，并使用 readelf 工具获得对应文件中的节、符号表、静态区数据、重定位项等信息。在此基础上，针对本阶段实验的程序运行输出要求，确定可重定位目标文件中需要修改的项目，如数据初始值、指令机器码、重定位记录等，并使用 hexedit 等二进制文件编辑工具将修改后内容更新至可重定位目标文件中。

为验证所做修改是否满足实验的要求，可使用以下命令将第 *n*（*n*=1～6）个阶段实验中修改完成的可重定位目标文件 phase*n*.o 与 main.o 模块（个别阶段的实验还需包含额外的可重定位目标文件）链接起来，生成可执行文件 linklab。

```
$ gcc -no-pie -o linklab main.o phasen.o
```

如果链接过程能够成功完成，并且运行生成的可执行文件 linklab 输出了符合对应阶段实验所要求的字符串，则该阶段实验通过测试。

实验 1　数据与 ELF 数据节

一、实验目的

1. 理解 ELF 目标文件的基本组成与结构。
2. 熟悉程序中静态区数据的存储与访问机制。

二、实验环境

IA-32 + Linux 系统平台，GCC、gdb 与 binutils 工具套件。

三、实验内容

本阶段实验的任务是修改可重定位目标文件 phase1.o 中 .data 节的内容（注意：不允许修改其他节的内容），使其与 main.o 模块链接生成的可执行文件 linklab 在运行时能输出指定的字符串（假定为"123456789"）。将 phase1.o 与 main.o 链接生成可执行文件 linklab 并执行的操作过程如下：

```
$ gcc -no-pie -o linklab main.o phase1.o
$ ./linklab
123456789
```

如果不对 phase1.o 文件进行任何修改，而直接与 main.o 模块链接生成可执行文件 linklab，则在执行时将输出如下所示的随机字符串。

```
$ ./linklab
gAtO3TX  s3IIdZDlSzkhLYDGxpnxgSWm6jlluczyIjTJB3lQivWj90pjruBAgJ
    sB  2gB4iDDAZhUxKWA8xPJrN  0kjpPeRek31pnHrk  BZCdcHfWx0v87S8fo3vo
    1j3nqZU3rzDItCPWlyektuJm2lKpPw IZ
```

本实验针对的 ELF 可重定位目标文件由不同的节（section）组成。节是 ELF 文件中具有相同特征的最小可处理单位。按照节中内容的不同，ELF 可重定位目标文件中往往存在 .text 节（包含机器指令代码）、.data 节（包含已初始化的可读/写数据）、.bss 节（包含未初始化的可读/写数据）、.rodata 节（包含只读数据）、.symtab 节（包含符号表）以及重定位信息节（包含针对引用的重定位项）等。

针对本阶段实验任务，需要了解程序中关于静态数据区变量（包含全局变量和带 static 的静态变量）的一些知识点，例如：其初始值存储于 ELF 目标文件的数据节（.data 节）中，在机器级代码中一般通过绝对地址的形式访问；在 ELF 可重定位目标文件中访问特定静态数据区变量时所用的地址是相对于本模块内的临时地址，而不是最终程序运行时这些变量在程序所对应的进程地址空间中的最终存储地址，后者需要在程序链接时才能确定。因此，对静态区变量的引用通常需要生成相应的重定位项。

为使程序 linklab 能够输出指定的字符串，需要查看和分析 phase1.o 模块的反汇编结果，从中定位输出函数及其字符串参数，进一步使用 hexedit 等二进制编辑工具修改 phase1.o 文件的数据节中存放的该字符串参数的初始内容，使之与输出目标字符串相同。

四、实验步骤

1. 分析可重定位目标文件 phase1.o 的反汇编结果

首先使用 " objdump -d phase1.o > phase1.s " 命令获得 phase1.o 对应的汇编代码，并保存于文件 phase1.s 中。

phase1.s 中 do_phase() 函数的机器级代码以及部分指令功能的注释如下。

```
00000000 <do_phase>:
   0:   55                      push   %ebp
   1:   89 e5                   mov    %esp, %ebp
   3:   83 ec 08                sub    $0x8, %esp
   6:   b8 1f 01 00 00          mov    $0x11f, %eax        # 将某常数值存入 eax
   b:   83 ec 0c                sub    $0xc, %esp
   e:   50                      push   %eax                # 并压入栈作为参数
   f:   e8 fc ff ff ff          call   10 <do_phase+0x10>  # 调用某函数（过程）
  14:   83 c4 10                add    $0x10, %esp
  17:   90                      nop
  18:   c9                      leave
  19:   c3                      ret
```

本章的实验与前一章的实验不同，前一章的实验中，目标程序是链接生成的可执行文件，其中代码和静态区数据的地址都已确定，并显示在反汇编结果中，而本章的实验针对的是链接前的可重定位目标文件，其中代码及其引用的目标符号（如函数和静态区数据）的地址还未确定，因此，上述机器级代码中，每行指令最左侧的数字是当前指令相对于所在 ELF 文件代码节起始处的相对地址而不是绝对地址。若想知道代码所引用的对象（即符号引用）是什么，需要查看对应 ELF 文件中的重定位信息。例如，地址 0xf 处的 call 指令调用的是什么过程，需要查看 phase1.o 文件模块中的重定位信息，其中的引用符号字段（结合符号表）给出了过程名。可以使用 readelf 工具及其 " -r " 选项进行查看。

以下是对 phase1.o 文件对应模块的重定位信息进行查看的命令及其执行结果。

```
$ readelf -r phase1.o
Relocation section '.rel.text' at offset 0x3b4 contains 2 entries:
 Offset     Info    Type            Sym.Value  Sym. Name
00000007  00000301 R_386_32          00000000   .data
00000010  00000e02 R_386_PC32        00000000   puts
……（以下省略）
```

上述命令执行的输出结果中，重定位节（Relocation section）" .rel.text " 第一个重定位项的含义如下：需对 phase1.o 文件的 .text 节中偏移量为 0x7（Offset=0x7）处的符号引用，按照 32 位绝对地址方式（Type= R_386_32，重定位后为 32 位绝对地址）进行重定位，所引用的符号是数据节（Sym.Name=.data，实际是该节起始处定义的变量）。

在 phase1.o 的代码节（.text 节）中，偏移量为 0x7 处的 32 位对应的是 0x6 处的

"mov $0x11f, %eax"指令的机器码"b8 1f 01 00 00"中后4字节"1f 01 00 00",重定位前的初始值为0x11f。按照R_386_32的32位绝对地址重定位方式,重定位后的地址为所引用符号的地址加重定位前的初始值。因此,可以推测出此处应为某静态数据区变量(全局变量或静态变量)的地址,该变量分配在距离静态数据区首址(对应.data数据节起始位置)偏移量为0x11f处。

重定位节".rel.text"第二个重定位项的含义如下:需在phase1.o文件的.text节中偏移量为0x10处按照PC相对地址方式(Type=R_386_PC32,重定位后为相对PC值的32位偏移量)进行重定位,所引用的符号是函数名puts。

在phase1.o的代码节中,偏移量为0x10处的32位对应的是0xf处的"call 10 <do_phase+0x10>"指令机器码"e8 fc ff ff ff"中的后4字节"fc ff ff ff",重定位前的初始值为0xffff fffc,即初始值为–4。重定位后此处4字节的值应该是call指令的下一条指令地址与所引用的puts过程首地址之间的偏移量。puts过程用于在标准输出设备(通常是屏幕)上输出参数指定的字符串。

结合上述phase1.o反汇编得到的机器级代码和相关重定位信息可知,do_phase函数的功能是将存储在数据节中偏移量为0x11f处的一个字符串的首地址压栈作为参数来调用puts()函数,由其输出字符串内容。为了修改phase1.o文件使其链接后运行时能够输出目标字符串"123456789",应将数据节中对应字符串的内容替换为目标字符串。

2. 确定输出字符串在文件phase1.o中的位置

根据以上分析,程序输出的字符串存储在phase1.o文件的数据节中偏移量0x11f处。那么,数据节在phase1.o文件中的何处呢?由主教材中关于ELF目标文件的说明可知,ELF文件中包含的节的信息存储在节头表中,而节头表在文件中的位置记录在文件起始处的ELF头中。为简化获得数据节位置的过程,可直接使用readelf工具输出phase1.o文件的节头表信息。

为获得phase1.o文件的数据节信息,可先使用readelf工具及"-S"选项获得如下节头表信息。

```
$ readelf -S phase1.o
There are 14 section headers, starting at offset 0x440:
Section Headers:
  [Nr] Name              Type            Addr     Off    Size   ES Flg Lk Inf Al
  [ 0]                   NULL            00000000 000000 000000 00      0   0  0
  [ 1] .text             PROGBITS        00000000 000034 00001a 00  AX  0   0  1
  [ 2] .rel.text         REL             00000000 0003b4 000010 08  I  11   1  4
  [ 3] .data             PROGBITS        00000000 000060 0001c4 00  WA  0   0 32
  [ 4] .rel.data         REL             00000000 0003c4 000010 08  I  11   3  4
  [ 5] .bss              NOBITS          00000000 000224 000000 00  WA  0   0  1
  [ 6] .rodata           PROGBITS        00000000 000224 000002 00   A  0   0  1
  [ 7] .comment          PROGBITS        00000000 000226 00001d 01  MS  0   0  1
  [ 8] .note.GNU-stack   PROGBITS        00000000 000243 000000 00      0   0  1
  [ 9] .eh_frame         PROGBITS        00000000 000244 000038 00   A  0   0  4
  [10] .rel.eh_frame     REL             00000000 0003d4 000008 08  I  11   9  4
  [11] .symtab           SYMTAB          00000000 00027c 000100 10     12  12  4
```

| [12] .strtab | STRTAB | 00000000 00037c 000038 00 | | 0 | 0 | 1 |
| [13] .shstrtab | STRTAB | 00000000 0003dc 000063 00 | | 0 | 0 | 1 |

```
Key to Flags:
  W (write), A (alloc), X (execute), M (merge), S (strings), I (info),
  L (link order), O (extra OS processing required), G (group), T (TLS),
  C (compressed), x (unknown), o (OS specific), E (exclude),
  p (processor specific)
```

从 readelf 命令输出的节头表信息可知,序号 [3] 对应的表项为数据节(.data),该节位于 phase1.o 文件中偏移量为 0x60(Off=0x60)处。因此,输出字符串在 phase1.o 文件中的偏移量为 0x60+0x11f = 0x17f。

3. 修改 phase1.o 文件中输出字符串的内容

可使用 hexedit 编辑工具将 phase1.o 文件中偏移量为 0x17F 处的输出字符串内容替换为目标输出字符串 "123456789" 的 ASCII 编码,即 0x31、0x32、0x33、0x34、0x35、0x36、0x37、0x38、0x39,并在字符串末尾加 '\0' 字符。

在命令行提示符下输入命令 "hexedit phase1.o",可得到输出字符串未修改时 phase1.o 文件中的内容,如图 7.1 所示。

```
00000110  31 6B 53 64  5A 6F 4B 32  49 41 46 51  78 69 39 62  1kSdZoK2IAFQxi9b
00000150  72 54 7A 69  68 39 69 71  73 62 72 77  34 48 69 4B  rTzih9iqsbrw4HiK
00000160  77 50 20 48  4A 6C 66 50  74 46 32 42  51 7A 31 79  wP HJlfPtF2BQzly
00000170  31 09 54 54  64 42 09 4C  30 57 39 39  38 70 30 67  1.TTdB.L0W998p0g
00000180  41 74 4F 33  54 58 09 73  33 49 49 64  5A 44 6C 53  AtO3TX.s3IIdZD1S
00000190  7A 6B 68 4C  59 44 47 78  70 6E 78 67  53 57 6D 36  zkhLYDGxpnxgSWm6
000001A0  6A 6C 6C 75  63 7A 79 49  6A 54 4A 42  33 6C 51 69  jlluczyIjTJB3lQi
000001B0  76 57 6A 39  30 70 6A 72  75 42 41 67  4A 73 42 09  vWj90pjruBAgJsB.
000001C0  32 67 42 34  69 44 44 41  5A 68 55 78  4B 57 41 38  2gB4iDDAZhUxKWA8
000001D0  78 50 4A 72  4E 20 30 6B  6A 70 50 65  52 65 6B 33  xPJrN 0kjpPeRek3
000001E0  31 70 6E 48  72 6B 09 42  5A 43 64 63  48 66 57 78  lpnHrk.BZCdcHfWx
000001F0  30 76 38 37  53 38 66 6F  33 76 6F 20  31 6A 33 6E  0v87S8fo3vo 1j3n
00000200  71 5A 55 33  72 44 49 74  43 50 57 6C  79 65 6B     qZU3rzDItCPWlyek
00000210  74 75 4A 6D  32 6C 4B 70  50 77 09 49  5A 00 08 00  tuJm2lKpPw.IZ...
00000220  00 00 00 00  31 00 00 47  43 43 3A 20  28 44 65 62  ....1..GCC: (Deb
00000230  69 61 6E 20  38 2E 33 2E  30 2D 36 29  20 38 2E 33  ian 8.3.0-6) 8.3
00000240  2E 30 00 00  14 00 00 00  00 00 00 00  01 7A 52 00  .0...........zR.
00000250  01 7C 08 01  1B 0C 04 04  88 01 00 00  1C 00 00 00  .|..............
00000260  1C 00 00 00  00 00 00 00  1A 00 00 00  00 41 0E 08  .............A..
00000270  85 02 42 0D  05 56 C5 0C  04 04 00 00  00 00 00 00  ..B..V..........
00000280  00 00 00 00  00 00 00 00  00 00 00 00  01 00 00 00  ................
00000290  00 00 00 00  00 00 00 00  04 00 F1 FF  00 00 00 00  ................
000002A0  00 00 00 00  00 00 00 00  03 00 01 00  00 00 00 00  ................
--- phase1.o      --0x17F/0x670--23%------------------------------
```

图 7.1 phase1.o 文件修改前的内容

可使用 hexedit 工具直接修改 phase1.o 文件中数据节中的字符串内容。如图 7.2 所示,可在 0000 0170 那一行的最后字节处(偏移量为 0x17f)开始修改,修改后此处开始的字符串为 "123456789",最后以 '\0' 字符(对应十六进制数字对 "00")结束。

4. 测试修改后的可重定位目标文件

为验证经过上述修改的 phase1.o 文件的正确性,可将 phase1.o 与 main.o 链接生成可执行文件并执行,以查看输出结果是否正确。以下给出了链接生成可执行文件并执行的操作命令以及程序输出结果。

```
$ gcc -no-pie -o linklab main.o phase1.o
$ ./linklab
123456789
```

```
00000140   31 6B 53 64   5A 6F 4B 32   49 41 46 51   78 69 39 62   1kSdZoK2IAFQxi9b
00000150   72 54 7A 69   68 39 69 71   73 62 72 77   34 48 69 4B   rTzih9iqsbrw4HiK
00000160   77 50 20 48   4A 6C 66 50   74 46 32 42   51 7A 31 79   wP HJlfPtF2BQzly
00000170   31 09 54 54   64 42 09 4C   30 57 39 39   38 70 30 31   1.TTdB.L0W998p01
00000180   32 33 34 35   36 37 38 39   00 49 49 64   5A 44 6C 53   23456789.IIdZDlS
00000190   7A 6B 68 4C   59 44 47 78   70 6E 78 67   53 57 6D 36   zkhLYDGxpnxgSWm6
000001A0   6A 6C 6C 75   63 7A 79 49   6A 54 4A 42   33 6C 51 69   jlluczyIjTJB31Qi
000001B0   76 57 6A 39   30 70 6A 72   75 42 41 67   4A 73 42 09   vWj90pjruBAgJsB.
000001C0   32 67 42 34   69 44 44 41   5A 68 55 78   4B 57 41 38   2gB4iDDAZhUxKWA8
000001D0   78 50 4A 72   4E 20 30 6B   6A 70 50 65   52 65 6B 33   xPJrN 0kjpPeRek3
000001E0   31 70 6E 48   72 6B 09 42   5A 43 64 63   48 66 57 78   1pnHrk.BZCdcHfWx
000001F0   30 76 38 37   53 38 66 6F   33 76 6F 20   31 6A 33 6E   0v87S8fo3vo lj3n
00000200   71 5A 55 33   72 7A 44 49   74 43 50 57   6C 79 65 6B   qZU3rzDItCPWlyek
00000210   74 75 4A 6D   32 6C 4B 70   50 77 09 49   5A 00 08 00   tuJm2lKpPw.IZ...
00000220   00 00 00 00   31 00 00 47   43 43 3A 20   28 44 65 62   ....1.GCC: (Deb
00000230   69 61 6E 20   38 2E 33 2E   30 2D 36 29   20 38 2E 33   ian 8.3.0-6) 8.3
00000240   2E 30 00 00   14 00 00 00   00 00 00 00   01 7A 52 00   .0...........zR.
00000250   01 7C 08 01   1B 0C 04 04   88 01 00 00   1C 00 00 00   .|..............
00000260   1C 00 00 00   00 00 00 00   1A 00 00 00   00 41 0E 08   .............A..
00000270   85 02 42 0D   05 56 C5 0C   04 04 00 00   00 00 00 00   ..B..V..........
00000280   00 00 00 00   00 00 00 00   00 00 00 00   01 00 00 00   ................
00000290   00 00 00 00   00 00 00 00   04 00 F1 FF   00 00 00 00   ................
000002A0   00 00 00 00   00 00 00 00   03 00 01 00   00 00 00 00   ................
-**  phase1.o         --0x17F/0x670--23%------------------------------------
```

图 7.2 phase1.o 文件修改后的内容

以上程序输出结果为目标字符串"123456789",说明对文件 phase1.o 的修改已成功通过了本阶段实验的测试。

五、思考题

1. 列举 C 语言源程序文件与其编译生成的 ELF 格式目标文件之间各方面的差异。

2. 为什么可读写数据段(由 .data 节和 .bss 节组成)在可执行目标文件中和在主存中的大小可能存在不同?

实验 2 指令与 ELF 代码节

一、实验目的

1. 理解 ELF 目标文件中指令代码的存储与访问。
2. 进一步了解和熟悉机器指令的表示方式。
3. 进一步巩固和掌握过程调用的机器级表示。

二、实验环境

IA-32 + Linux 系统平台,GCC、gdb 与 binutils 工具套件。

三、实验内容

本阶段实验的任务是修改可重定位目标文件 phase2.o 的 .text 节的内容(注意:不

允许修改其他节的内容），使其与 main.o 模块链接生成的可执行文件 linklab 在运行时输出字符串 "123456789"。文件 phase2.o 与 main.o 链接生成可执行文件 linklab 以及运行 linklab 的操作命令如下：

```
$ gcc -no-pie -o linklab main.o phase2.o
$ ./linklab
123456789
```

若不对 phase2.o 文件进行修改而直接与 main.o 模块链接，则生成的可执行文件 linklab 将不会输出任何内容。

为完成实验目标，需要从 phase2.o 包含的各个函数中找到输出字符串的函数，然后将 do_phase() 函数中的空操作指令替换为调用该输出字符串函数的机器指令，以输出目标字符串 "123456789"。

针对本阶段实验的任务，需要了解 ELF 目标文件中的代码节（.text 节）等知识点。另外，由于模块中存在多处函数调用，为确定每一处调用的目标函数，尤其是需要重定位的、对全局函数包括外部函数（例如 C 标准库中的输出函数）的调用，需要在可重定位目标文件中找到这些函数调用对应的重定位项，从中获得被调用函数的名称，从而找出负责输出字符串的函数。对于可重定位目标文件中定义的本地过程的调用指令，因其直接使用 PC 相对寻址方式下的偏移量作为地址，无须重定位，因而可直接从机器代码中获知所调用的函数。

四、实验步骤

1. 定位 phase2.o 模块中的输出函数

由于 phase2.o 是可重定位目标文件，其代码节中用于全局函数的 call 指令所引用的地址还未被重定位指向真正被调用的函数，所以无法直接根据 call 指令获知所调用函数的信息，例如名称，因而难以直接从 phase2.o 文件的反汇编结果中找到具有字符串输出功能的函数所对应的过程调用指令。

根据重定位相关知识可知，在编译源文件生成可重定位目标文件的过程中，对于全局函数（包括外部函数，如 C 标准库中的输入/输出函数）的调用，均会生成相应的重定位表项供链接过程使用。因此，可以先使用 "readelf -r" 命令查看可重定位文件中包含的重定位信息。通过如下命令可以得到文件 phase2.o 中的重定位信息。

```
$ readelf -r phase2.o
Relocation section '.rel.text' at offset 0x328 contains 4 entries:
 Offset     Info    Type            Sym.Value  Sym. Name
00000054  00000c02 R_386_PC32        00000000   strlen
0000008a  00000501 R_386_32          00000000   .rodata
00000092  00000d02 R_386_PC32        00000000   strcmp
000000a4  00000e02 R_386_PC32        00000000   puts
Relocation section '.rel.data' at offset 0x348 contains 2 entries:
 Offset     Info    Type            Sym.Value  Sym. Name
00000000  00000501 R_386_32          00000000   .rodata
00000004  00000f01 R_386_32          000000b0   do_phase
……（以下省略）
```

上述重定位节".rel.text"中第 1 个重定位项指出代码节中偏移量 0x54 处的 4 字节应进行重定位，采用 PC 相对地址方式，引用的符号是 strlen。第 2 个重定位项指出代码节中偏移量 0x8a 处的 4 字节应进行重定位，采用绝对地址方式，引用的地址为 .rodata 节起始处。第 3 个重定位项指出代码节中偏移量 0x92 处的 4 字节应进行重定位，采用 PC 相对地址方式，引用的符号为 strcmp。第 4 个重定位项指出代码节中偏移量 0xa4 处的 4 字节应进行重定位，采用 PC 相对地址方式，引用的符号是 puts。

C 标准库函数 puts() 的作用正是将参数给出的字符串输出到标准输出设备上，而其他被引用的函数如 strlen、strcmp 都没有字符串输出功能。考虑到本阶段实验不允许修改 phase2.o 文件中除代码节以外的内容（例如不允许增加重定位项以直接调用 puts 函数），因此，可先搞清楚 phase2.o 文件中哪个过程调用了 puts 过程，再设法调用该过程实现字符串的输出。

以下给出使用"objdump -d phase2.o"命令得到的 phase2.o 文件对应的部分机器级代码及部分指令注释。

```
00000000 <IhCtSRZPQx>:
   0:   55                      push   %ebp
   1:   89 e5                   mov    %esp, %ebp
   3:   83 ec 38                sub    $0x38, %esp
   6:   c7 45 cc 39 6b 44 70    movl   $0x70446b39, -0x34(%ebp)
   d:   c7 45 d0 6b 76 68 4c    movl   $0x4c68766b, -0x30(%ebp)
          ⋮
  4f:   8d 45 cc                lea    -0x34(%ebp), %eax
  52:   50                      push   %eax
  53:   e8 fc ff ff ff          call   54 <IhCtSRZPQx+0x54>
          ⋮
  77:   eb 05                   jmp    7e <IhCtSRZPQx+0x7e>
  79:   b8 00 00 00 00          mov    $0x0, %eax
  7e:   c9                      leave
  7f:   c3                      ret
00000080 <eUDisQLe>:
  80:   55                      push   %ebp
  81:   89 e5                   mov    %esp, %ebp
  83:   83 ec 08                sub    $0x8, %esp
  86:   83 ec 08                sub    $0x8, %esp
  89:   68 02 00 00 00          push   $0x2               # 将 0x2 压栈（由第 2 个重定位表项
                                                          # 可知此处是一个引用，且其地址值
                                                          # 需要重定位）
  8e:   ff 75 08                pushl  0x8(%ebp)          # 将本过程第 1 个入口参数压栈
  91:   e8 fc ff ff ff          call   92 <eUDisQLe+0x12> # 调用 strcmp 函数（由第 3 个
                                                          # 重定位表项可知）
  96:   83 c4 10                add    $0x10, %esp
  99:   85 c0                   test   %eax, %eax         # 测试 strcmp 的返回值
  9b:   75 10                   jne    ad <eUDisQLe+0x2d> # 若不为 0，则跳转至过程结束阶段
  9d:   83 ec 0c                sub    $0xc, %esp
  a0:   ff 75 0c                pushl  0xc(%ebp)          # 将第 2 个入口参压栈
```

```
    a3:    e8 fc ff ff ff       call    a4 <eUDisQLe+0x24>   # 调用 puts 函数（由第 4 个
                                                              # 重定位表项可知）
    a8:    83 c4 10             add     $0x10, %esp
    ab:    eb 01                jmp     ae <eUDisQLe+0x2e>   # 跳转至过程结束阶段
    ad:    90                   nop
    ae:    c9                   leave
    af:    c3                   ret
000000b0 <do_phase>:
    b0:    55                   push    %ebp
    b1:    89 e5                mov     %esp, %ebp
    b3:    90                   nop
    b4:    90                   nop
    b5:    90                   nop
         ⋮（省略处每条都是 nop 指令）
    f2:    90                   nop
    f3:    90                   nop
    f4:    5d                   pop     %ebp
    f5:    c3                   ret
```

根据文件 phase2.o 中的重定位信息，对 strcmp() 函数的引用位于代码节中偏移量 0x92 处，因此可以获知在上述 eUDisQLe 过程的 0x91 处 call 指令调用的是 strcmp 函数。strcmp() 函数用于对两个指针型参数所指向的两个字符串进行比较，这里 strcmp() 函数的第 1 个入口参数是 eUDisQLe 过程的第 1 个入口参数（可推断是一个字符串的首地址）。0x89 处的 "push $0x2" 指令将 strcmp() 函数的第 2 个入口参数压栈（应为一个字符串的首地址），根据重定位节 ".rel.text" 中第 2 表项可知，该指令的机器码 "68 02 00 00 00" 中后面 4 字节重定位后的值为 .rodata 节的起始地址加重定位前的初始值 0x2，即 strcmp() 函数的第 2 个字符串参数位于 .rodata 节首址加 0x2 的地址上。

根据文件 phase2.o 中的重定位信息可知，对 puts 过程的引用位于代码节中偏移量为 0xa4 处，因此可以获知在上述 eUDisQLe 过程的 0xa3 处 call 指令调用的是 puts() 函数。从上述 eUDisQLe 过程的机器级代码可知，若 strcmp() 函数返回值为 0，即两个插入字符串内容相同，则继续执行 0xa3 处的 call 指令，该指令调用 puts() 函数，其参数为 eUDisQLe 过程的第 2 个参数，其值应是被输出的字符串的首地址。

根据以上对 eUDisQLe 过程的分析可知，为了使 puts() 函数输出的字符串为目标字符串 "123456789"，应在 do_phase 过程中构造一段调用 eUDisQLe 过程的指令序列，同时构造两个字符串和指向这两个字符串的地址：一个字符串与 .rodata 节中 0x2 偏移量处开始的字符串内容相同，并将该字符串的首地址作为传递给 eUDisQLe 过程的第 1 个参数；另一个字符串为目标字符串 "123456789"，并将该字符串的首地址作为传递给 eUDisQLe 过程的第 2 个参数。

这里需要注意，如果 eUDisQLe 过程是一个具有全局（GLOBAL）链接属性的过程，即其定义时过程前面没有加 static 说明符，则对其调用的 call 指令中引用需要链接器进行重定位（即需要创建对应的重定位项，这无法通过只修改代码节来实现）。为此，应首先通过 "readelf -s" 命令查看 eUDisQLe 过程在 phase2.o 符号表中的记录，以了解其链接属性。

```
$ readelf -s phase2.o
Symbol table '.symtab' contains 17 entries:
   Num:    Value  Size Type    Bind     Vis      Ndx Name
     0: 00000000     0 NOTYPE  LOCAL    DEFAULT  UND
     1: 00000000     0 FILE    LOCAL    DEFAULT  ABS phase2.c
     2: 00000000     0 SECTION LOCAL    DEFAULT    1
     3: 00000000     0 SECTION LOCAL    DEFAULT    3
     4: 00000000     0 SECTION LOCAL    DEFAULT    5
     5: 00000000     0 SECTION LOCAL    DEFAULT    6
     6: 00000080    48 FUNC    LOCAL    DEFAULT    1 eUDisQLe
     7: 00000000     0 SECTION LOCAL    DEFAULT    8
     8: 00000000     0 SECTION LOCAL    DEFAULT    9
     9: 00000000     0 SECTION LOCAL    DEFAULT    7
    10: 00000000     4 OBJECT  GLOBAL   DEFAULT    3 phase_id
    11: 00000000   128 FUNC    GLOBAL   DEFAULT    1 IhCtSRZPQx
    12: 00000000     0 NOTYPE  GLOBAL   DEFAULT  UND strlen
    13: 00000000     0 NOTYPE  GLOBAL   DEFAULT  UND strcmp
    14: 00000000     0 NOTYPE  GLOBAL   DEFAULT  UND puts
    15: 000000b0    70 FUNC    GLOBAL   DEFAULT    1 do_phase
    16: 00000004     4 OBJECT  GLOBAL   DEFAULT    3 phase
```

从位于序号 6 的 eUDisQLe 过程对应的符号表表项可以看到，该过程具有本地（LOCAL）链接属性（参照表中的 Bind 域），因此可使用 call 指令直接通过 PC 相对寻址方式调用该过程，无须构建对应的重定位项。

2. 构造调用 eUDisQLe 过程和创建两个参数字符串的指令序列

为构造调用 eUDisQLe 过程并创建满足要求的两个参数字符串的指令序列，首先需要获知 .rodata 节中偏移量 0x2 处开始的字符串内容。可使用 "readelf -x" 命令查看 phase2.o 文件中 .rodata 节的内容。

```
$ readelf -x .rodata phase2.o
Hex dump of section '.rodata':
  0x00000000 32006c44 64454955 4500              2.lDdEIUE.
```

最后一行输出中，最左侧的数字是该行字节序列的首字节在 .rodata 节中的偏移量，中间是顺序存储的字节值（一行中最多显示 16 字节），最右侧是将字节值作为 ASCII 码解释后得到的对应字符串。从输出结果可知，偏移量 0x2 开始的字符串是 "lDdEIUE"（对应 ASCII 码依次是 0x6c、0x44、0x64、0x45、0x49、0x55、0x45）。

根据以上分析，可编写一个汇编代码源文件（如 call.s），其中包含满足实验要求的汇编指令序列。该汇编代码源文件中的汇编指令序列及部分指令注释如下。

```
    sub    $0x0, %esp      # 调整栈顶位置以满足栈帧对齐要求（调整量待定）
    pushl  $0x00455549     # 将第 1 个参数字符串中的字符 "IUE" 和结束符 '\0' 压栈
    pushl  $0x4564446c     # 将第 1 个参数字符串中的字符 "lDdE" 压栈
    mov    %esp, %eax      # 第 1 个参数字符串的首地址存入 eax
    pushl  $0x39           # 将第 2 个参数字符串中最后字符 '9' 和结束符 '\0' 压栈
    pushl  $0x38373635     # 将第 2 个参数字符串中的字符 "5678" 压栈
    pushl  $0x34333231     # 将第 2 个参数字符串中的字符 "1234" 压栈
    mov    %esp, %ecx      # 第 2 个参数字符串的首地址存入 ecx
```

```
pushl   %ecx            #将第2个参数字符串的首地址压栈
pushl   %eax            #将第1个参数字符串的首地址压栈
call    0x0             #使用PC相对寻址方式调用本地过程eUDisQLe(相对PC的偏移量待定)
add     $0x0, %esp      #恢复esp的内容为调用前的值(调整量待定)
```

进一步使用gcc工具将上述汇编语句转换为二进制机器码。

```
$ gcc -m32 -c call.s -o call.o
```

再使用"objdump -d"命令对其进行反汇编,获得对应各条指令的二进制机器码。

```
$ objdump -d call.o
call.o:     file format elf32-i386
Disassembly of section .text:
00000000 <.text>:
   0:   83 ec 00              sub    $0x0,%esp
   3:   68 49 55 45 00        push   $0x455549
   8:   68 6c 44 64 45        push   $0x4564446c
   d:   89 e0                 mov    %esp,%eax
   f:   6a 39                 push   $0x39
  11:   68 35 36 37 38        push   $0x38373635
  16:   68 31 32 33 34        push   $0x34333231
  1b:   89 e1                 mov    %esp,%ecx
  1d:   51                    push   %ecx
  1e:   50                    push   %eax
  1f:   e8 fc ff ff ff        call   0x20
  24:   83 c4 00              add    $0x0,%esp
```

上述命令输出结果中粗体字部分显示的字节即为应插入do_phase()函数中的调用eUDisQLe过程的指令序列。其中,第1条和最后1条指令中立即数的值还需要进行调整。倒数第2条call指令中的操作数是临时放置的初始值,需要根据call指令的下一条指令与被调用过程eUDisQLe之间的相对距离,将其替换为真实的偏移量。

3. 修改do_phase过程中的指令

为将上述构造的指令序列插入do_phase()函数中的合适位置并获知调用eUDisQLe过程的call指令所用的相对PC的正确偏移量等信息,首先可使用"readelf -S"命令查看phase2.o文件的节头表信息,以确定do_phase函数在文件中的偏移地址。

```
$ readelf -S phase2.o
There are 14 section headers, starting at offset 0x3d4:
Section Headers:
  [Nr] Name              Type            Addr     Off    Size   ES Flg Lk Inf Al
  [ 0]                   NULL            00000000 000000 000000 00      0   0  0
  [ 1] .text             PROGBITS        00000000 000034 0000f6 00  AX  0   0  1
  [ 2] .rel.text         REL             00000000 000328 000020 08  I  11   1  4
  [ 3] .data             PROGBITS        00000000 00012c 000008 00  WA  0   0  4
  [ 4] .rel.data         REL             00000000 000348 000010 08  I  11   3  4
  [ 5] .bss              NOBITS          00000000 000134 000000 00  WA  0   0  1
  [ 6] .rodata           PROGBITS        00000000 000134 00000a 00   A  0   0  1
  [ 7] .comment          PROGBITS        00000000 00013e 00001d 01  MS  0   0  1
  [ 8] .note.GNU-stack   PROGBITS        00000000 00015b 000000 00      0   0  1
  [ 9] .eh_frame         PROGBITS        00000000 00015c 000078 00   A  0   0  4
```

```
    [10] .rel.eh_frame       REL       00000000 000358 000018 08   I   11  9  4
    [11] .symtab             SYMTAB    00000000 0001d4 000110 10       12 10  4
    [12] .strtab             STRTAB    00000000 0002e4 000043 00        0  0  1
    [13] .shstrtab           STRTAB    00000000 000370 000063 00        0  0  1
Key to Flags:
  W (write), A (alloc), X (execute), M (merge), S (strings), I (info),
  L (link order), O (extra OS processing required), G (group), T (TLS),
  C (compressed), x (unknown), o (OS specific), E (exclude),
  p (processor specific)
```

从序号 [1] 的表项中可以看到，包含 do_phase 函数指令的代码节（.text）起始于 phase2.o 文件中偏移量 0x34 处（Off=0x34）。进一步参考 phase2.o 文件的反汇编结果或符号表可知，do_phase 函数在代码节中起始于偏移量 0xb0。因此，该函数在 phase2.o 文件中的偏移量为 0x34 + 0xb0 = 0xe4。

根据 phase2.o 文件的反汇编结果可知，do_phase 函数中的 nop 指令从 0xb3 处开始，过程 eUDisQLe 从 0x80 处开始，因此，do_phase 函数中的 call 指令的下一条指令（距离所构造指令序列开始处的偏移量是 0x24）到被调用过程 eUDisQLe 起始处的偏移量为 [0x80−(0xb3+0x24)]=−0x57，采用 32 位补码表示为 0xffff ffa9，用其替换所构造指令序列中偏移量 0x1f 处的 call 指令中操作数的临时值，对应指令代码应为 "e8 a9 ff ff ff"。

根据 phase2.o 文件的反汇编结果可知，do_phase 函数中最开始的两条指令分别是 "push %ebp" 和 "mov %esp, %ebp"，按照栈帧地址对齐要求并结合对 eUDisQLe 过程的调用情况，所构造指令序列开始处的 sub 指令对 esp 中地址的调整量应为 0xc，对应指令代码应为 "83 ec 0c"。与之对应，调用 eUDisQLe 过程返回后的 add 指令中对 esp 中地址的调整量应为 0x28，对应指令代码为 "83 c4 28"。

可使用 hexedit 编辑工具将 do_phase 函数中的空操作（nop）指令序列替换为上述调用 eUDisQLe 过程的指令序列。图 7.3 和图 7.4 所示内容分别是使用 "hexedit phase2.o" 命令修改前、后 phase2.o 文件的内容，其中修改的是 do_phase 过程中的指令序列。

```
00000000   7F 45 4C 46  01 01 01 00  00 00 00 00  00 00 00 00   .ELF............
00000010   01 00 03 00  01 00 00 00  00 00 00 00  00 00 00 00   ................
00000020   D4 03 00 00  00 00 00 00  34 00 00 00  00 00 28 00   ........4.....(.
00000030   0E 00 0D 00  55 89 E5 83  EC 38 C7 45  CC 39 6B 44   ....U....8.E.9kD
00000040   70 C7 45 D0  6B 76 68 4C  C7 45 D4 59  68 35 49 C7   p.E.kvhL.E.Yh5I.
00000050   45 D8 66 52  6C 66 C7 45  DC 77 57 67  69 C7 45 E0   E.fRlf.E.wWgi.E.
00000060   6A 73 67 7A  C7 45 E4 66  36 58 71 C7  45 E8 36 65   jsgz.E.f6Xq.E.6e
00000070   32 6D C7 45  EC 36 77 6E  33 C7 45 F0  68 6F 4B 00   2m.E.6wn3.E.hoK.
00000080   83 EC 0C 8D  45 CC 50 E8  FC FF FF FF  83 C4 10 89   ....E.P.........
00000090   45 F4 83 7D  08 00 78 15  8B 45 08 3B  45 F4 7D 0D   E..}..x..E.;E.}.
000000A0   8D 55 CC 8B  45 08 01 D0  0F B6 00 EB  05 B8 00 00   .U..E...........
000000B0   00 00 C9 C3  55 89 E5 83  EC 08 83 EC  08 68 02 00   ....U........h..
000000C0   00 00 FF 75  08 E8 FC FF  FF FF 83 C4  10 85 C0 75   ...u...........u
000000D0   10 83 EC 0C  FF 75 0C E8  FC FF FF FF  83 C4 10 EB   .....u..........
000000E0   01 90 C9 C3  55 89 E5 90  90 90 90 90  90 90 90 90   ....U...........
000000F0   90 90 90 90  90 90 90 90  90 90 90 90  90 90 90 90   ................
00000100   90 90 90 90  90 90 90 90  90 90 90 90  90 90 90 90   ................
00000110   90 90 90 90  90 90 90 90  90 90 90 90  90 90 90 90   ................
00000120   90 90 90 90  90 90 90 90  5D C3 00 00  00 00 00 00   ........].......
00000130   00 00 00 00  32 00 6C 44  64 45 49 55  45 00 00 47   ....2.1DdEIUE..G
00000140   43 43 3A 20  28 44 65 62  69 61 6E 20  38 2E 33 2E   CC: (Debian 8.3.
00000150   30 2D 36 29  20 38 2E 33  2E 30 00 00  14 00 00 00   0-6) 8.3.0......
00000160   00 00 00 00  01 7A 52 00  01 7C 08 01  1B 0C 04 04   .....zR..|......
--- phase2.o          --0xE7/0x604--15%----------------------------
```

图 7.3 phase2.o 文件修改前的内容

```
00000000    7F 45 4C 46   01 01 01 00   00 00 00 00   00 00 00 00   .ELF............
00000010    01 00 03 00   01 00 00 00   00 00 00 00   00 00 00 00   ................
00000020    D4 03 00 00   00 00 00 00   34 00 00 00   00 00 28 00   ........4.....(.
00000030    0E 00 0D 00   55 89 E5 83   EC 38 C7 45   CC 39 6B 44   ....U....8.E.9kD
00000040    70 C7 45 D0   6B 76 68 4C   C7 45 D4 59   68 35 49 C7   p.E.kvhL.E.Yh5I.
00000050    45 D8 66 52   6C 66 C7 45   DC 77 57 67   69 C7 45 E0   E.fRlf.E.wWgi.E.
00000060    6A 73 67 7A   C7 45 E4 66   36 58 71 C7   45 E8 36 65   jsgz.E.f6Xq.E.6e
00000070    32 6D C7 45   EC 36 77 33   C7 45 F0 68   6F 4B 00 00   2m.E.6wn3.E.hoK.
00000080    83 EC 0C 8D   45 CC 50 E8   FC FF FF FF   83 C4 10 89   ....E.P.........
00000090    45 F4 83 7D   08 00 78 15   8B 45 08 3B   45 F4 7D 0D   E..}..x..E.;E.}.
000000A0    8D 55 CC 8B   45 08 01 D0   0F B6 00 EB   05 B8 00 00   .U..E...........
000000B0    00 00 C9 C3   55 89 E5 83   EC 08 83 EC   08 68 02 00   ....U........h..
000000C0    00 00 FF 75   08 E8 FC FF   FF FF 83 C4   10 85 C0 75   ...u...........u
000000D0    10 83 EC 0C   FF 75 0C E8   FC FF FF FF   83 C4 10 EB   .....u..........
000000E0    01 90 C9 C3   55 89 E5 83   EC 0C 68 49   55 45 00 68   ....U.....hIUE.h
000000F0    6C 44 64 45   89 E0 6A 39   68 35 36 37   38 68 31 32   lDdE..j9h5678h12
00000100    33 34 89 E1   51 50 E8 A9   FF FF FF 83   C4 28 90 90   34..QP.......(..
00000110    90 90 90 90   90 90 90 90   90 90 90 90   90 90 90 90   ................
00000120    90 90 90 90   90 90 90 90   5D C3 00 00   00 00 00 00   ........].......
00000130    00 00 00 00   32 00 6C 44   64 45 49 55   45 00 00 47   ....2.lDdEIUE..G
00000140    43 43 3A 20   28 44 65 62   69 61 6E 20   38 2E 33 2E   CC: (Debian 8.3.
00000150    30 2D 36 29   20 38 2E 33   2E 30 00 00   14 00 00 00   0-6) 8.3.0......
00000160    00 00 00 00   01 7A 52 00   01 7C 08 01   1B 0C 04 04   .....zR..|......
--- phase2.o      --0xE7/0x604--15%-----------------------------------
```

图 7.4 phase2.o 文件修改后的内容

修改后 phase2.o 文件中 do_phase() 函数的反汇编结果如下。

```
000000b0 <do_phase>:
 b0:    55                      push   %ebp
 b1:    89 e5                   mov    %esp, %ebp
 b3:    83 ec 0c                sub    $0xc, %esp
 b6:    68 49 55 45 00          push   $0x455549
 bb:    68 6c 44 64 45          push   $0x4564446c
 c0:    89 e0                   mov    %esp, %eax
 c2:    6a 39                   push   $0x39
 c4:    68 35 36 37 38          push   $0x38373635
 c9:    68 31 32 33 34          push   $0x34333231
 ce:    89 e1                   mov    %esp, %ecx
 d0:    51                      push   %ecx
 d1:    50                      push   %eax
 d2:    e8 a9 ff ff ff          call   80 <eUDisQLe>
 d7:    83 c4 28                add    $0x28, %esp
 da:    90                      nop
        ......
 f3:    90                      nop
 f4:    5d                      pop    %ebp
 f5:    c3                      ret
```

从上述反汇编结果可见,其中的 call 指令已正确指向被调用的 eUDisQLe 过程。

4. 测试修改后的可重定位目标文件

为验证经过上述修改的 phase2.o 文件的正确性,可将 phase2.o 与 main.o 链接生成可执行文件并执行,以查看输出结果是否正确。以下给出了链接生成可执行文件并执行的操作命令以及程序输出结果。

```
$ gcc -no-pie -o linklab main.o phase2.o
$ ./linklab
123456789
```

以上程序输出结果为目标字符串"123456789",说明对文件 phase2.o 的修改已成功通过了本阶段实验的测试。

五、思考题

1. 以本实验中链接生成的 ELF 可执行文件 linklab 为例,其 ELF 头结构中的入口点(entry point)地址指向可执行文件中的哪个段、段中的哪个节、节中的哪个符号?
2. 除只读代码段中的 .text 节外,可执行文件 linklab 中还有哪些节也包含可执行的机器指令?查阅资料以了解它们的基本作用。

实验 3 符号解析

一、实验目的

1. 了解程序链接过程中符号解析的作用。
2. 了解链接器对全局符号的解析规则。

二、实验环境

IA-32 + Linux 系统平台,GCC、gdb 与 binutils 工具套件。

三、实验内容

本阶段实验的任务是创建生成一个名为"phase3_patch.o"的可重定位目标文件(注意:不允许修改其他模块),使其与 main.o 和 phase3.o 模块链接生成可执行文件 linklab,在运行时输出字符串"123456789"。文件 phase3_patch.o 与 phase3.o 和 main.o 链接生成可执行文件 linklab 以及运行 linklab 的操作命令及输出结果如下:

```
$ gcc -no-pie -o linklab main.o phase3.o phase3_patch.o
$ ./linklab
123456789
```

如果仅用 phase3.o 与模块 main.o 链接,则生成的可执行文件 linklab 在执行时将输出空字符串。

符号解析是程序链接过程中的一个重要前期步骤。在该步骤中,基于每个程序模块编译过程中生成的符号表信息,链接器将各模块中的每个符号引用与某模块中一个确定的符号定义建立关联(绑定)。该关联关系将用于后续的重定位过程。当组成可执行文件的多个模块同时定义了同名的全局符号时,对该全局符号的引用的解析(即确定该引用对应哪一个定义)遵循特定的规则。简单来说,若多个同名全局符号定义中只有一个具有初始化值(即强符号定义),则所有对该全局符号的引用均与该已初始化的符号定义绑定;若所有同名全局符号的定义均未初始化(即 COMMON 符号定义),则对其的引用都绑定到其中任意一个定义处;若存在多个已初始化的同名全局符号定义,则报告解析错误。

为使程序能够输出指定的字符串,需要查看和分析 phase3.o 模块的反汇编结果,理解字符串内容的输出过程以及所访问数据的结构,进一步设计符合输出要求的新数据结构,并利用链接器对全局符号的解析规则,使程序在执行时实际访问的是新数据结构,从而输出目标字符串。

四、实验步骤

1. 分析 phase3.o 可重定位目标文件的反汇编结果

首先使用"objdump -d phase3.o > phase3.s"命令获得文件 phase3.o 对应的反汇编结果,并保存在文件 phase3.s 中。

从反汇编结果文件 phase3.s 中可以查看 do_phase 函数的机器级代码。以下是其包括的指令序列以及对主要指令功能的分析。

```
00000000 <do_phase>:
  0:   55                      push   %ebp
  1:   89 e5                   mov    %esp, %ebp
  3:   83 ec 18                sub    $0x18, %esp
  6:   c7 45 ea 6a 6b 78 67    movl   $0x67786b6a, -0x16(%ebp)  # 初始化局部变量(设名为 s)
  d:   c7 45 ee 6f 61 7a 62    movl   $0x627a616f, -0x12(%ebp)  # 继续对局部变量 s 初始化
 14:   66 c7 45 f2 79 00       movw   $0x79, -0xe(%ebp)  # 猜测 s 应是包含 10 个字符的字
                                                           符数组,且最后一个字符为代表
                                                           字符串结束的 '\0' 字符
 1a:   c7 45 f4 00 00 00 00    movl   $0x0, -0xc(%ebp)   # 将局部变量(设名为 i)初始化为 0
 21:   eb 28                   jmp    4b <do_phase+0x4b> # 跳转至偏移量 0x4b 处
 23:   8d 55 ea                lea    -0x16(%ebp), %edx  # 将字符数组 s 的首地址存入 edx
 26:   8b 45 f4                mov    -0xc(%ebp), %eax   # 将变量 i 的值存入 eax
 29:   01 d0                   add    %edx, %eax         # 将 &s[i] 存入 eax
 2b:   0f b6 00                movzbl (%eax), %eax       # 将 s[i] 零扩展后存入 eax
 2e:   0f b6 c0                movzbl %al, %eax
 31:   0f b6 80 00 00 00 00    movzbl 0x0(%eax), %eax    # 将 x[s[i]] 零扩展后存入 eax
        # 猜测存在一个需要重定位的对全局变量(设名为 x)的引用,为字符型数组
 38:   0f be c0                movsbl %al, %eax
 3b:   83 ec 0c                sub    $0xc, %esp
 3e:   50                      push   %eax                # 将 eax 压栈
 3f:   e8 fc ff ff ff          call   40 <do_phase+0x40>  # 调用某函数(设名为 fx)
 44:   83 c4 10                add    $0x10, %esp
 47:   83 45 f4 01             addl   $0x1, -0xc(%ebp)    # 变量 i 的值增 1
 4b:   8b 45 f4                mov    -0xc(%ebp), %eax    # 将变量 i 的值存入 eax
 4e:   83 f8 08                cmp    $0x8, %eax          # 将变量 i 的值与 8 比较
 51:   76 d0                   jbe    23 <do_phase+0x23>  # 若小于等于 8,则继续循环
 53:   83 ec 0c                sub    $0xc, %esp
 56:   6a 0a                   push   $0xa                # 将 0xa 压栈
 58:   e8 fc ff ff ff          call   59 <do_phase+0x59>  # 调用某函数(设名为 fy)
 5d:   83 c4 10                add    $0x10, %esp
 60:   90                      nop
 61:   c9                      leave
 62:   c3                      ret
```

函数 do_phase 中 0x6、0xd、0x14 处的 3 条 mov 指令将一个起始地址为 -0x16(%ebp) 的字符数组 s 初始化为字节序列 0x6a、0x6b、0x78、0x67、0x6f、0x61、0x7a、0x62、0x79(对应字符串"jkxgoazby"),然后使用一个循环(循环变量 i 的值从 0 到 8),逐一

以字符数组中的元素 s[i] 作为索引，取出某字符数组 x 的第 s[i] 个字符并以其为参数调用某函数 fx。要确定这里的数组 x 和函数 fx 具体是什么，可以查看对数组和函数的引用所对应的重定位项。

以下是使用 "readelf -r" 命令显示的 phase3.o 文件中的重定位项。

```
$ readelf -r phase3.o
Relocation section '.rel.text' at offset 0x208 contains 3 entries:
 Offset     Info    Type            Sym.Value  Sym. Name
00000034  00000a01 R_386_32          00000020   HEnztieJvE
00000040  00000c02 R_386_PC32        00000000   putchar
00000059  00000c02 R_386_PC32        00000000   putchar
Relocation section '.rel.data' at offset 0x220 contains 2 entries:
 Offset     Info    Type            Sym.Value  Sym. Name
00000000  00000501 R_386_32          00000000   .rodata
00000004  00000b01 R_386_32          00000000   do_phase
……（以下省略）
```

从上述输出结果可知，0x31 处的指令 "movzbl 0x0(%eax), %eax" 对应机器码 "0f b6 80 00 00 00 00" 中后 4 字节（从偏移量 0x34 处开始）是一个需要重定位的引用，该引用对应第 1 个重定位项（因其 Offset=00000034，即引用距所在节起始的偏移量为 0x34），所引用的符号名为 HEnztieJvE；对应引用偏移量 0x40 和 0x59 的第 2 和第 3 个重定位项，分别对应 0x3f 和 0x58 处的两条 call 指令，故可得知函数 fx 和 fy 都是 C 标准库函数 putchar，因此，这两处调用分别将字符数组 HEnztieJvE 中的第 s[i] 个字符和换行字符输出到标准输出设备。

根据上述分析可知，程序的输出内容由字符数组 HEnztieJvE 中 s[i] 位置上的字符内容决定。可使用 "readelf -s" 命令查看 HEnztieJvE 字符数组在 phase3.o 的符号表中的表项内容。

```
$ readelf -s phase3.o
Symbol table '.symtab' contains 14 entries:
   Num:    Value  Size Type    Bind   Vis      Ndx Name
     0: 00000000     0 NOTYPE  LOCAL  DEFAULT  UND
     1: 00000000     0 FILE    LOCAL  DEFAULT  ABS phase3.c
     2: 00000000     0 SECTION LOCAL  DEFAULT    1
     3: 00000000     0 SECTION LOCAL  DEFAULT    3
     4: 00000000     0 SECTION LOCAL  DEFAULT    5
     5: 00000000     0 SECTION LOCAL  DEFAULT    6
     6: 00000000     0 SECTION LOCAL  DEFAULT    8
     7: 00000000     0 SECTION LOCAL  DEFAULT    9
     8: 00000000     0 SECTION LOCAL  DEFAULT    7
     9: 00000000     4 OBJECT  GLOBAL DEFAULT    3 phase_id
    10: 00000020   256 OBJECT  GLOBAL DEFAULT  COM HEnztieJvE
    11: 00000000    99 FUNC    GLOBAL DEFAULT    1 do_phase
    12: 00000000     0 NOTYPE  GLOBAL DEFAULT  UND putchar
    13: 00000004     4 OBJECT  GLOBAL DEFAULT    3 phase
```

从位于序号 10 的 HEnztieJvE 数组对应的符号表表项可以看到，该字符数组位于 COMMON 伪节（Ndx=COM）并具有全局（Bind=GLOBAL）链接属性，因此是一个未初始化的全局变量，其大小至少为 256B（Size=256）。

2. 基于全局符号解析规则，设计新数组对象用以替换对原对象的访问

对于 phase3.o 模块中 do_phase 函数对未初始化全局数组变量 HEnztieJvE 的访问，根据链接器对全局符号的解析规则，如果在链接时链接器在所链接的模块中发现另一个同名且存在初始值的全局变量定义（即强符号定义），则会把程序中对名为 HEnztieJvE 的符号的引用与具有初始值的变量定义进行绑定，即链接后程序中对符号 HEnztieJvE 的引用都是对存有初始化值的变量定义位置的引用，而不是引用原来的未初始化数组变量。

为了能够输出目标字符串"123456789"，可以新建一个 C 程序源文件 phase3_patch.c，在其中定义一个名为 HEnztieJvE、大小为 256 字节的字符数组，在该数组中对应于索引数组 s 的每一个字节值的位置上依次存放输出目标字符串"123456789"中各字符的 ASCII 码。例如，针对索引数组 s 中的字节序列 0x6a、0x6b、0x78、0x67、0x6f、0x61、0x7a、0x62、0x79，在新定义的 HEnztieJvE 字符数组中索引为 0x6a 的元素中存放字符 '1'，在 0x6b 处的元素中存放字符 '2'，以此类推，其他索引位置上的元素可设为任意字符。因此，新建的 C 程序源文件 phase3_patch.c 中可如下定义 HEnztieJvE 数组。

```
char HEnztieJvE[256] = {
    ' ',' ',' ',' ',' ',' ',' ',' ',' ',' ',' ',' ',' ',' ',' ',' ',
    ' ',' ',' ',' ',' ',' ',' ',' ',' ',' ',' ',' ',' ',' ',' ',' ',
    ' ',' ',' ',' ',' ',' ',' ',' ',' ',' ',' ',' ',' ',' ',' ',' ',
    ' ',' ',' ',' ',' ',' ',' ',' ',' ',' ',' ',' ',' ',' ',' ',' ',
    ' ',' ',' ',' ',' ',' ',' ',' ',' ',' ',' ',' ',' ',' ',' ',' ',
    ' ',' ',' ',' ',' ',' ',' ',' ',' ',' ',' ',' ',' ',' ',' ',' ',
    ' ','6',' ','8',' ',' ',' ',' ',' ','4',' ',' ',' ','1','2',' ',
    ' ',' ',' ',' ','5',' ',' ',' ',' ',' ',' ','3','9','7',' ',' ',
    ' ',' ',' ',' ',' ',' ',' ',' ',' ',' ',' ',' ',' ',' ',' ',' ',
    ' ',' ',' ',' ',' ',' ',' ',' ',' ',' ',' ',' ',' ',' ',' ',' ',
    ' ',' ',' ',' ',' ',' ',' ',' ',' ',' ',' ',' ',' ',' ',' ',' ',
    ' ',' ',' ',' ',' ',' ',' ',' ',' ',' ',' ',' ',' ',' ',' ',' ',
    ' ',' ',' ',' ',' ',' ',' ',' ',' ',' ',' ',' ',' ',' ',' ',' ',
    ' ',' ',' ',' ',' ',' ',' ',' ',' ',' ',' ',' ',' ',' ',' ',' ',
    ' ',' ',' ',' ',' ',' ',' ',' ',' ',' ',' ',' ',' ',' ',' ',' ',
    ' ',' ',' ',' ',' ',' ',' ',' ',' ',' ',' ',' ',' ',' ',' ',' ',};
```

3. 编译、链接新模块并测试其正确性

为测试所编写的 C 程序源文件 phase3_patch.c 的正确性，可使用如下命令将其编译为可重定位目标文件 phase3_patch.o。

```
$ gcc -fno-pie -c phase3_patch.c
```

然后，将 phase3_patch.o 与 main.o 和 phase3.o 链接，生成可执行文件。程序运行时输出了所期望的目标字符串，说明 phase3_patch.o 模块成功完成了本阶段实验。

```
$ gcc -no-pie -o linklab main.o phase3.o phase3_patch.o
$ ./linklab
123456789
```

五、思考题

1. 一个可重定位目标文件中的外部符号是否出现在其符号表中？函数中定义的局部变量是否出现在目标文件的符号表中？在该局部变量定义前加上 static 关键词后，该变量是否会出现在目标文件的符号表中？相对于未加 static 关键词之前，加了 static 后，对变量进行访问的机器级代码有何变化？

2. 全局符号与本地符号在 C 语言程序中的定义方式、符号表中的相关属性、符号解析时的处理方式等方面有什么差异？

3. 强符号定义和 COMMON 符号定义在可重定位目标模块的符号表中的属性有何差异？

实验 4 switch 语句与链接

一、实验目的

1. 理解 switch 语句的机器级表示及其相关链接处理。
2. 进一步理解符号引用和重定位的概念。

二、实验环境

IA-32 + Linux 系统平台，GCC、gdb 与 binutils 工具套件。

三、实验内容

本阶段实验的任务是修改可重定位目标文件 phase4.o 特定节的内容（注意：不允许修改 .text 节和重定位节的内容），使其与 main.o 模块链接生成可执行文件 linklab，在运行时输出字符串 "123456789"。文件 phase4.o 与 main.o 链接生成可执行文件 linklab 以及运行 linklab 的操作命令及输出结果如下：

```
$ gcc -no-pie -o linklab main.o phase4.o
$ ./linklab
123456789
```

若不对 phase4.o 模块进行任何修改而直接将其与 main.o 模块链接生成可执行文件 linklab，则执行 linklab 后将输出一个与目标字符串长度相同但内容不同的字符串。

为了完成实验目标，需要分析 phase4.o 模块的机器级代码，了解 do_phase 函数的执行逻辑和其中 switch 语句的机器级表示及其所涉及的跳转表地址引用与重定位等链接相关概念，并相应修改 phase4.o 文件中的相关内容，使程序输出目标字符串。

针对本阶段的实验任务，需要了解 C 语言中 switch 语句在不同 case 值较为连续时机器级代码可通过跳转表加以实现，即在一个类似指针数组形式的跳转表中，记录每一个 case 分支语句对应指令序列的首地址，并将 switch 语句的表达式值进行相应计算后的结果作为对跳转表的索引值，从中获得对应的 case 分支语句指令序列的首地址，并跳转到该处执行。

可重定位目标文件的 .text 代码节中对位于 .rodata 只读数据节中的跳转表的引用以及跳转表中各项对代码节中相应指令的引用，其所用地址在编译阶段都无法确定，因此编译器会生成与引用相对应的重定位项并保存在可重定位目标文件的相应重定位节中，供链接器后续进行符号引用的重定位操作时所用。

四、实验步骤

1. 分析 phase4.o 可重定位目标文件的反汇编结果

首先使用"objdump -d phase4.o > phase4.s"命令获得 phase4.o 可重定位目标文件对应的机器级代码，并保存在文件 phase4.s 中。

从反汇编结果文件 phase4.s 中可以查看 do_phase 函数的机器级代码。以下是其包括的指令序列以及对主要指令功能的分析。

```
00000028 <do_phase>:
  28:   55                      push   %ebp
  29:   89 e5                   mov    %esp, %ebp
  2b:   83 ec 28                sub    $0x28, %esp
  2e:   c7 45 e6 47 43 5a 56    movl   $0x565a4347, -0x1a(%ebp)  # 初始化局部变量（设
                                                                    名为 s）
  35:   c7 45 ea 49 50 48 58    movl   $0x58485049, -0x16(%ebp)  # 继续对局部变量 s
                                                                    初始化
  3c:   66 c7 45 ee 42 00       movw   $0x42, -0x12(%ebp)        # 猜测 s 应是包含 10 个字符
                                                                    的数组，并且最后是代表字
                                                                    符串结束的 '\0' 字符项
  42:   c7 45 f0 00 00 00 00    movl   $0x0, -0x10(%ebp)         # 对局部变量（设名为 i）赋初值 0
  49:   e9 e0 00 00 00          jmp    12e <do_phase+0x106>      # 跳转至偏移量 0x12e 处
  4e:   8d 55 e6                lea    -0x1a(%ebp), %edx         # 将字符数组 s 首地址存入 edx
  51:   8b 45 f0                mov    -0x10(%ebp), %eax         # 将变量 i 存入 eax
  54:   01 d0                   add    %edx, %eax                # 将 &s[i] 存入 eax
  56:   0f b6 00                movzbl (%eax), %eax              # 将 s[i] 零扩展后存入 eax
  59:   88 45 f7                mov    %al, -0x9(%ebp)           # 将 s[i] 存入局部变量（设名
                                                                    为 c）中
  5c:   0f be 45 f7             movsbl -0x9(%ebp), %eax          # 将变量 c 的值存入 eax
  60:   83 e8 41                sub    $0x41, %eax               # 将 c-0x41 的值存入 eax
  63:   83 f8 19                cmp    $0x19, %eax               # 将 c-0x41 的值与 0x19 比较
  66:   0f 87 b0 00 00 00       ja     11c<do_phase+0xf4>        # 若大于，则跳转至 0x11c 处
  6c:   8b 04 85 04 00 00 00    mov    0x4(,%eax,4), %eax        # 将 x[s[i]-0x41] 存入 eax
# 猜测存在需重定位的对全局数据（设名为 x）的引用，基于下条指令可判断为指针型数组
  73:   ff e0                   jmp    *%eax                     # 跳转至 eax 内容所指的地址处
  75:   c6 45 f7 56             movb   $0x56, -0x9(%ebp)         # 将 0x56（字符 'V'）存入 c 中
  79:   e9 9e 00 00 00          jmp    11c <do_phase+0xf4>       # 跳转至偏移量 0x11c
  7e:   c6 45 f7 39             movb   $0x39, -0x9(%ebp)         # 将 0x39（字符 '9'）存入 c 中
  82:   e9 95 00 00 00          jmp    11c <do_phase+0xf4>
  87:   c6 45 f7 6e             movb   $0x6e, -0x9(%ebp)         # 0x6e（字符 'n'）存入 c 中
  8b:   e9 8c 00 00 00          jmp    11c <do_phase+0xf4>
# 以下 movb 和 jmp 指令分别将 0x40（'@'）、0x78（'x'）、0x34（'4'）、0x3f（'?'）、0x76（'v'）、
    0x49（'I'）、0x5b（'['）、0x6b（'k'）、0x6b（'k'）、0x30（'0'）、0x65（'e'）存入 c 中
  90:   c6 45 f7 40             movb   $0x40,-0x9(%ebp)
  94:   e9 83 00 00 00          jmp    11c <do_phase+0xf4>
  99:   c6 45 f7 78             movb   $0x78,-0x9(%ebp)
  9d:   eb 7d                   jmp    11c <do_phase+0xf4>
```

```
 9f:   c6 45 f7 34              movb   $0x34,-0x9(%ebp)
 a3:   eb 77                    jmp    11c <do_phase+0xf4>
 a5:   c6 45 f7 3f              movb   $0x3f,-0x9(%ebp)
 a9:   eb 71                    jmp    11c <do_phase+0xf4>
 ab:   c6 45 f7 76              movb   $0x76,-0x9(%ebp)
 af:   eb 6b                    jmp    11c <do_phase+0xf4>
 b1:   c6 45 f7 49              movb   $0x49,-0x9(%ebp)
 b5:   eb 65                    jmp    11c <do_phase+0xf4>
 b7:   c6 45 f7 5b              movb   $0x5b,-0x9(%ebp)
 bb:   eb 5f                    jmp    11c <do_phase+0xf4>
 bd:   c6 45 f7 6b              movb   $0x6b,-0x9(%ebp)
 c1:   eb 59                    jmp    11c <do_phase+0xf4>
 c3:   c6 45 f7 6b              movb   $0x6b,-0x9(%ebp)
 c7:   eb 53                    jmp    11c <do_phase+0xf4>
 c9:   c6 45 f7 30              movb   $0x30,-0x9(%ebp)
 cd:   eb 4d                    jmp    11c <do_phase+0xf4>
 cf:   c6 45 f7 65              movb   $0x65,-0x9(%ebp)
 d3:   eb 47                    jmp    11c <do_phase+0xf4>
 d5:   c6 45 f7 67              movb   $0x67, -0x9(%ebp) # 将 0x67（字符 'g'）存入 c 中
 d9:   eb 41                    jmp    11c <do_phase+0xf4>
# 以下 movb 和 jmp 指令分别将 0x5a（'Z'）、0x32（'2'）、0x38（'8'）、0x77（'w'）、0x3f（'?'）、
#  0x37（'7'）、0x33（'3'）、0x35（'5'）、0x59（'Y'）、0x31（'1'）存入 c 中
 db:   c6 45 f7 5a              movb   $0x5a,-0x9(%ebp)
 df:   eb 3b                    jmp    11c <do_phase+0xf4>
 e1:   c6 45 f7 32              movb   $0x32,-0x9(%ebp)
 e5:   eb 35                    jmp    11c <do_phase+0xf4>
 e7:   c6 45 f7 38              movb   $0x38,-0x9(%ebp)
 eb:   eb 2f                    jmp    11c <do_phase+0xf4>
 ed:   c6 45 f7 77              movb   $0x77,-0x9(%ebp)
 f1:   eb 29                    jmp    11c <do_phase+0xf4>
 f3:   c6 45 f7 3f              movb   $0x3f,-0x9(%ebp)
 f7:   eb 23                    jmp    11c <do_phase+0xf4>
 f9:   c6 45 f7 37              movb   $0x37,-0x9(%ebp)
 fd:   eb 1d                    jmp    11c <do_phase+0xf4>
 ff:   c6 45 f7 33              movb   $0x33,-0x9(%ebp)
103:   eb 17                    jmp    11c <do_phase+0xf4>
105:   c6 45 f7 35              movb   $0x35,-0x9(%ebp)
109:   eb 11                    jmp    11c <do_phase+0xf4>
10b:   c6 45 f7 59              movb   $0x59,-0x9(%ebp)
10f:   eb 0b                    jmp    11c <do_phase+0xf4>
111:   c6 45 f7 31              movb   $0x31,-0x9(%ebp)
115:   eb 05                    jmp    11c <do_phase+0xf4>
117:   c6 45 f7 36              movb   $0x36, -0x9(%ebp) # 将 0x36（字符 '6'）存入 c 中
11b:   90                       nop
11c:   8d 55 dc                 lea    -0x24(%ebp), %edx  # 将地址 -0x24(%ebp) 存入 edx
# 根据以下几条指令猜测地址 -0x24(%ebp) 处开始是一字符数组（设名为 t），为局部数组
11f:   8b 45 f0                 mov    -0x10(%ebp), %eax  # 将变量 i 存入 eax
122:   01 c2                    add    %eax, %edx         # 将 &t[i] 存入 edx
124:   0f b6 45 f7              movzbl -0x9(%ebp), %eax   # 将变量 c 中的字符存入 eax
128:   88 02                    mov    %al, (%edx)        # t[i] 中被存入变量 c 中字符
12a:   83 45 f0 01              addl   $0x1, -0x10(%ebp)  # 变量 i 增 1
12e:   8b 45 f0                 mov    -0x10(%ebp), %eax  # 将变量 i 存入 eax
131:   83 f8 08                 cmp    $0x8, %eax         # 将变量 i 与 8 比较
134:   0f 86 14 ff ff ff        jbe    4e <do_phase+0x26> # 若小于等于，则继续循环
13a:   8d 55 dc                 lea    -0x24(%ebp), %edx  # 将字符数组 t 首址存入 edx
```

```
 13d:   8b 45 f0              mov    -0x10(%ebp), %eax    # 将变量 i 存入 eax
 140:   01 d0                 add    %edx, %eax           # 将 &t[i] 存入 eax
 142:   c6 00 00              movb   $0x0, (%eax)         # t[i] 中被赋值为 0 (即字符 '\0')
 145:   83 ec 0c              sub    $0xc, %esp
 148:   8d 45 dc              lea    -0x24(%ebp), %eax    # 将字符数组 t 首址存入 eax
 14b:   50                    push   %eax                 # 将字符数组 t 首址入栈
 14c:   e8 fc ff ff ff        call   14d <do_phase+0x125># 调用某函数 (设名为 fx)
 151:   83 c4 10              add    $0x10, %esp
 154:   90                    nop
 155:   c9                    leave
 156:   c3                    ret
```

为准确理解以上代码中一些引用的目标对象，例如，偏移量 14c 处 call 指令调用的目标函数 fx，需要参考符号引用所对应的重定位信息。以下是使用 "readelf -r" 命令显示的 phase4.o 文件中的重定位项。

```
$ readelf -r phase4.o
Relocation section '.rel.text' at offset 0x4b0 contains 2 entries:
 Offset     Info     Type           Sym.Value   Sym. Name
0000006f  00000701 R_386_32        00000000    .rodata
0000014d  00000d02 R_386_PC32      00000000    puts
Relocation section '.rel.data' at offset 0x4c0 contains 2 entries:
 Offset     Info     Type           Sym.Value   Sym. Name
00000100  00000701 R_386_32        00000000    .rodata
00000104  00000c01 R_386_32        00000028    do_phase
Relocation section '.rel.rodata' at offset 0x4d0 contains 26 entries:
 Offset     Info     Type           Sym.Value   Sym. Name
00000004  00000201 R_386_32        00000000    .text
00000008  00000201 R_386_32        00000000    .text
0000000c  00000201 R_386_32        00000000    .text
00000010  00000201 R_386_32        00000000    .text
00000014  00000201 R_386_32        00000000    .text
00000018  00000201 R_386_32        00000000    .text
0000001c  00000201 R_386_32        00000000    .text
00000020  00000201 R_386_32        00000000    .text
00000024  00000201 R_386_32        00000000    .text
00000028  00000201 R_386_32        00000000    .text
0000002c  00000201 R_386_32        00000000    .text
00000030  00000201 R_386_32        00000000    .text
00000034  00000201 R_386_32        00000000    .text
00000038  00000201 R_386_32        00000000    .text
0000003c  00000201 R_386_32        00000000    .text
00000040  00000201 R_386_32        00000000    .text
00000044  00000201 R_386_32        00000000    .text
00000048  00000201 R_386_32        00000000    .text
0000004c  00000201 R_386_32        00000000    .text
00000050  00000201 R_386_32        00000000    .text
00000054  00000201 R_386_32        00000000    .text
00000058  00000201 R_386_32        00000000    .text
0000005c  00000201 R_386_32        00000000    .text
00000060  00000201 R_386_32        00000000    .text
00000064  00000201 R_386_32        00000000    .text
00000068  00000201 R_386_32        00000000    .text
……（以下省略）
```

由上述重定位项可见，.text 节中偏移量 14c 处 call 指令调用的 fx 函数实际上是 C 标准库函数 puts，该函数将其参数指定的字符串输出到标准输出设备。偏移量 6c 处指令"mov 0x4(,%eax,4), %eax"的源操作数寻址方式中指定的位移量部分初值为 0x4，对应的重定位项指出其目标符号是 .rodata 节，即该指令的源操作数地址中的位移量部分是 .rodata 节首地址加 0x4。根据该源操作数采用的"比例变址（比例因子为 4）加位移"寻址方式和下一条间接跳转指令"jmp *%eax"，结合主教材中关于 switch 语句的机器级表示的相关介绍，可推测这些指令对应程序中的一条 switch 语句。其中，该 mov 指令源操作数地址中的位移量部分在重定位后应为 switch 跳转表的基址，即跳转表位于 .rodata 节中偏移量为 0x4 的地方。

基于以上分析，可确定 do_phase 函数完成的工作是，将函数中被初始化为 "GCZVIPHXB"（其 ASCII 码分别是 0x47、0x43、0x5a、0x56、0x49、0x50、0x48、0x58、0x42）的字符串中每一个字符值依次作为 switch 语句的表达式值，对应的 case 分支语句将其映射到一个输出字符。

2. 分析 switch 语句的跳转表

switch 语句的机器级表示中若使用跳转表，则该跳转表位于 .rodata 节中。以下使用 "readelf –x .rodata"命令查看位于 phase4.o 文件 .rodata 节中重定位前的跳转表内容。

```
$ readelf -x .rodata phase4.o
Hex dump of section '.rodata':
 NOTE: This section has relocations against it, but these have NOT been
    applied to this dump.
 0x00000000 34000000 d5000000 0b010000 b7000000 4...............
 0x00000010 75000000 90000000 87000000 c9000000 u...............
 0x00000020 f3000000 cf000000 c3000000 e7000000 ................
 0x00000030 11010000 17010000 e1000000 9f000000 ................
 0x00000040 ff000000 ed000000 7e000000 b1000000 ........~.......
 0x00000050 f9000000 ab000000 99000000 a5000000 ................
 0x00000060 db000000 05010000 bd000000          ............
```

以上显示的 .rodata 节输出结果中，最左边的一列是用十六进制表示的偏移地址，随后的 4 列共 16 个字节（每个字节表示为两个十六进制数）是从该地址开始的 .rodata 节中具体的内容。从上述步骤 1 的分析结果可知，跳转表位于 .rodata 节中偏移量为 0x4 的地方，因此从 .rodata 节偏移地址 0x4 处开始，每 4 字节就是跳转表中的一项，对应 switch 语句相应 case 分支指令序列的首地址。从 do_phase 过程反汇编结果中 0x60 处的指令 "sub $0x41,%eax"可知，跳转表中第 k 项地址对应"case (k+0x41)"子句。从 0x63 处的指令"cmp $0x19,%eax"及其后的 ja 指令可知，跳转表中应包含 26 个地址项。

显然，上述"readelf -x .rodata phase4.o"命令输出的跳转表中目前存放的并不是后续经链接后生成的可执行程序中指令的地址。观察步骤 1 中所示的重定位信息可知，在 .rel.rodata 节中包含了对应 .rodata 节中 26 个引用的重定位项。例如，第 1 个重定位项指出，在 .rodata 节中偏移量 0x4 处（即跳转表中索引为 0 的项）存在一个需重定位的引用，其引用符号是 .text 节（Sym.Name=.text），重定位类型是绝对地址（R_386_32）方式。该重定位项说明，在链接时链接器应将 .text（代码）节起始处的绝对地址加上引用处的初始值（即 0xd5）后作为重定位后的地址值，该地址对应 .text 代码节中偏移量

0xd5 处的指令的地址，也就是"case (0+0x41)"（即 case 0x41）分支对应指令序列的首地址，每个 case 分支对应指令序列以 jmp 指令结束，如 case 0x41 分支对应的指令序列包含 0xd5 和 0xd9 处两条指令，这两条指令存入变量 c 中的是字符 'g'。以此类推，得到跳转表项索引、case 值、.text 节中某指令序列首地址偏移量和该处指令所设置输出字符之间的对应关系，如表 7.1 所示。从表 7.1 可知，跳转表中每个表项所对应的 case 值正好是 26 个大写字母。

表 7.1 跳转表中每个表项对应的 case 值和指令序列首地址

跳转表索引	case 值（对应字符）	首地址偏移量	输出字符
0	0x41（'A'）	0xd5	'g'
1	0x42（'B'）	0x10b	'Y'
2	0x43（'C'）	0xb7	'['
3	0x44（'D'）	0x75	'V'
4	0x45（'E'）	0x90	'@'
5	0x46（'F'）	0x87	'n'
6	0x47（'G'）	0xc9	'0'
7	0x48（'H'）	0xf3	'?'
8	0x49（'I'）	0xcf	'e'
9	0x4a（'J'）	0xc3	'k'
10	0x4b（'K'）	0xe7	'8'
11	0x4c（'L'）	0x111	'1'
12	0x4d（'M'）	0x117	'6'
13	0x4e（'N'）	0xe1	'2'
14	0x4f（'O'）	0x9f	'4'
15	0x50（'P'）	0xff	'3'
16	0x51（'Q'）	0xed	'w'
17	0x52（'R'）	0x7e	'9'
18	0x53（'S'）	0xb1	'I'
19	0x54（'T'）	0xf9	'7'
20	0x55（'U'）	0xab	'v'
21	0x56（'V'）	0x99	'x'
22	0x57（'W'）	0xa5	'?'
23	0x58（'X'）	0xdb	'Z'
24	0x59（'Y'）	0x105	'5'
25	0x5a（'Z'）	0xbd	'k'

3. 修改跳转表以输出目标字符串

结合表 7.1、.rodata 节中重定位前的跳转表内容和 do_phase 函数的反汇编结果可以看出，若要顺序输出目标字符串"123456789"中的每一个字符，且按本阶段实验要求不能修改代码节，则可修改 .rodata 节中跳转表项的初始值，使其等于能够输出目标字符的 case 分支的指令序列在 .text 节中的偏移量，使得将字符数组 s（在 do_phase 函数中被初始化为字符串"GCZVIPHXB"）中的字符（其 ASCII 码分别是 0x47、0x43、0x5a、0x56、0x49、0x50、0x48、0x58、0x42）依次作为 switch 语句的表达式值时，对应的跳转表所指向的 case 分支语句将其映射到输出目标字符串"123456789"中的字符。

因此，跳转表中反映的对应关系可以调整为表 7.2 所示的情况。粗体字部分是需要调整的表项，其中在首地址偏移量栏中，箭头前是原跳转表项中记录的偏移量，箭头后是修改后的偏移量，括号中的字符是偏移量对应的指令序列所设置的输出字符。

表 7.2 调整后跳转表中每个表项对应的 case 值和指令序列首地址

跳转表索引	case 值（对应字符）	首地址偏移量（输出字符）
0	0x41('A')	0xd5('g')
1	0x42('B')	**0x10b('Y')→ 0x7e('9')**
2	0x43('C')	**0xb7('[')→ 0xe1('2')**
3	0x44('D')	0x75('V')
4	0x45('E')	0x90('@')
5	0x46('F')	0x87('n')
6	0x47('G')	**0xc9('0')→ 0x111('1')**
7	0x48('H')	**0xf3('?')→ 0xf9('7')**
8	0x49('I')	**0xcf('e')→ 0x105('5')**
9	0x4a('J')	0xc3('k')
10	0x4b('K')	0xe7('8')
11	0x4c('L')	0x111('1')
12	0x4d('M')	0x117('6')
13	0x4e('N')	0xe1('2')
14	0x4f('O')	0x9f('4')
15	0x50('P')	**0xff('3')→ 0x117('6')**
16	0x51('Q')	0xed('w')
17	0x52('R')	0x7e('9')
18	0x53('S')	0xb1('I')
19	0x54('T')	0xf9('7')
20	0x55('U')	0xab('v')
21	0x56('V')	**0x99('x')→ 0x9f('4')**
22	0x57('W')	0xa5('?')
23	0x58('X')	**0xdb('Z')→ 0xe7('8')**
24	0x59('Y')	0x105('5')
25	0x5a('Z')	**0xbd('k')→ 0xff('3')**

为了能在 phase4.o 文件中定位到跳转表的存储位置以便于用 hexedit 工具对跳转表进行修改，首先使用 "readelf -S" 命令查看 phase4.o 文件的节头表。

```
$ readelf -S phase4.o
There are 15 section headers, starting at offset 0x618:
Section Headers:
  [Nr] Name              Type            Addr     Off    Size   ES Flg Lk Inf Al
  [ 0]                   NULL            00000000 000000 000000 00      0   0  0
  [ 1] .text             PROGBITS        00000000 000034 000157 00  AX  0   0  1
  [ 2] .rel.text         REL             00000000 0004b0 000010 08   I 12   1  4
  [ 3] .data             PROGBITS        00000000 0001a0 000108 00  WA  0   0 32
  [ 4] .rel.data         REL             00000000 0004c0 000010 08   I 12   3  4
  [ 5] .bss              NOBITS          00000000 0002a8 000000 00  WA  0   0  1
  [ 6] .rodata           PROGBITS        00000000 0002a8 00006c 00   A  0   0  4
  [ 7] .rel.rodata       REL             00000000 0004d0 0000d0 08   I 12   6  4
  [ 8] .comment          PROGBITS        00000000 000314 00001d 01  MS  0   0  1
  [ 9] .note.GNU-stack   PROGBITS        00000000 000331 000000 00      0   0  1
  [10] .eh_frame         PROGBITS        00000000 000334 000058 00   A  0   0  4
  [11] .rel.eh_frame     REL             00000000 0005a0 000010 08   I 12  10  4
```

[12] .symtab	SYMTAB	00000000 00038c 0000f0 10	13	11	4
[13] .strtab	STRTAB	00000000 00047c 000033 00	0	0	1
[14] .shstrtab	STRTAB	00000000 0005b0 000067 00	0	0	1

```
Key to Flags:
W (write), A (alloc), X (execute), M (merge), S (strings), I (info),
L (link order), O (extra OS processing required), G (group), T (TLS),
C (compressed), x (unknown), o (OS specific), E (exclude),
p (processor specific)
```

从序号为 [6] 的表项中可以看到，包含 switch 跳转表的 .rodata 节在文件中的起始偏移量为 0x2a8，因此跳转表在文件中的起始偏移量是 0x2a8 + 0x4 = 0x2ac。

然后，使用"hexedit phase4.o"命令将 .rodata 节中的跳转表项按照表 7.2 的对应关系进行修改。图 7.5 和图 7.6 分别为修改前后 phase4.o 文件中 .rodata 节中的跳转表信息。

```
00000280   45 77 A1 DB   4D 3D 13 7E   EC 24 3C B3   FA E0 7C 7D   Ew..M=.~.$<..|}
00000290   17 03 F2 4E   A4 AB 0B 39   15 38 C4 64   60 C8 00 00   ...N...9.8.d`...
000002A0   00 00 00 00   00 00 00 00   34 00 00 00   E5 00 00 00   ........4.......
000002B0   0B 01 00 00   B7 00 00 00   75 00 00 00   90 00 00 00   ........u.......
000002C0   87 00 00 00   C9 00 00 00   F3 00 00 00   CF 00 00 00   ................
000002D0   C3 00 00 00   E7 00 00 00   11 01 00 00   17 01 00 00   ................
000002E0   E1 00 00 00   9F 00 00 00   FF 00 00 00   ED 00 00 00   ................
000002F0   7E 00 00 00   B1 00 00 00   F9 00 00 00   AB 00 00 00   ~...............
00000300   99 00 00 00   A5 00 00 00   DB 00 00 00   05 01 00 00   ................
00000310   BD 00 00 00   00 47 43 43   3A 20 28 44   65 62 69 61   .....GCC: (Debia
00000320   6E 20 38 2E   33 2E 30 2D   36 29 20 38   2E 33 2E 30   n 8.3.0-6) 8.3.0
00000330   00 00 00 00   14 00 00 00   00 00 00 00   01 7A 52 00   .............zR.
00000340   01 7C 08 01   1B 0C 04 04   88 01 00 00   1C 00 00 00   .|..............
00000350   1C 00 00 00   00 00 00 00   28 00 00 00   00 41 0E 08   ........(....A..
00000360   85 02 42 0D   05 64 C5 0C   04 04 00 00   1C 00 00 00   ..B..d..........
00000370   3C 00 00 00   28 00 00 00   2F 01 00 00   00 41 0E 08   <...(.../....A..
00000380   85 02 42 0D   05 03 2B 01   C5 0C 04 04   00 00 00 00   ..B...+.........
00000390   00 00 00 00   00 00 00 00   00 00 00 00   01 00 00 00   ................
000003A0   00 00 00 00   00 00 00 00   04 00 F1 FF   00 00 00 00   ................
000003B0   00 00 00 00   00 00 00 00   03 00 01 00   00 00 00 00   ................
000003C0   00 00 00 00   00 00 00 00   00 00 03 00   00 00 00 00   ................
000003D0   00 00 00 00   00 00 00 00   03 00 05 00   0A 00 00 00   ................
000003E0   00 00 00 00   00 00 00 00   FE 00 03 00   11 00 00 00   ................
---  phase4.o        --0x2AC/0x870--32%-----------------------------
```

图 7.5 修改前 phase4.o 文件中跳转表的内容

```
00000280   45 77 A1 DB   4D 3D 13 7E   EC 24 3C B3   FA E0 7C 7D   Ew..M=.~.$<..|}
00000290   17 03 F2 4E   A4 AB 0B 39   15 38 C4 64   60 C8 00 00   ...N...9.8.d`...
000002A0   00 00 00 00   00 00 00 00   34 00 00 00   E5 00 00 00   ........4.......
000002B0   7E 00 00 00   E1 00 00 00   75 00 00 00   90 00 00 00   ~.......u.......
000002C0   87 00 00 00   11 01 00 00   F9 00 00 00   05 01 00 00   ................
000002D0   C3 00 00 00   E7 00 00 00   11 01 00 00   17 01 00 00   ................
000002E0   E1 00 00 00   9F 00 00 00   17 01 00 00   ED 00 00 00   ................
000002F0   7E 00 00 00   B1 00 00 00   F9 00 00 00   AB 00 00 00   ~...............
00000300   9F 00 00 00   A5 00 00 00   E7 00 00 00   05 01 00 00   ................
00000310   FF 00 00 00   00 47 43 43   3A 20 28 44   65 62 69 61   .....GCC: (Debia
00000320   6E 20 38 2E   33 2E 30 2D   36 29 20 38   2E 33 2E 30   n 8.3.0-6) 8.3.0
00000330   00 00 00 00   14 00 00 00   00 00 00 00   01 7A 52 00   .............zR.
00000340   01 7C 08 01   1B 0C 04 04   88 01 00 00   1C 00 00 00   .|..............
00000350   1C 00 00 00   00 00 00 00   28 00 00 00   00 41 0E 08   ........(....A..
00000360   85 02 42 0D   05 64 C5 0C   04 04 00 00   1C 00 00 00   ..B..d..........
00000370   3C 00 00 00   28 00 00 00   2F 01 00 00   00 41 0E 08   <...(.../....A..
00000380   85 02 42 0D   05 03 2B 01   C5 0C 04 04   00 00 00 00   ..B...+.........
00000390   00 00 00 00   00 00 00 00   00 00 00 00   01 00 00 00   ................
000003A0   00 00 00 00   00 00 00 00   04 00 F1 FF   00 00 00 00   ................
000003B0   00 00 00 00   00 00 00 00   03 00 01 00   00 00 00 00   ................
000003C0   00 00 00 00   00 00 00 00   00 00 03 00   00 00 00 00   ................
000003D0   00 00 00 00   00 00 00 00   03 00 05 00   0A 00 00 00   ................
000003E0   00 00 00 00   00 00 00 00   FE 00 03 00   11 00 00 00   ................
-**  phase4.o        --0x2AC/0x870--32%-----------------------------
```

图 7.6 修改后 phase4.o 文件中跳转表的内容

4. 测试修改后的可重定位目标文件

为验证经过上述修改的可重定位目标文件 phase4.o 的正确性，可将 phase4.o 与 main.o 链接生成可执行文件并执行，以查看输出结果是否正确。以下给出了链接生成可执行文件并执行的操作命令以及程序输出结果。

```
$ gcc -no-pie -o linklab main.o phase4.o
$ ./linklab
123456789
```

以上程序输出结果为目标字符串"123456789"，说明对文件 phase4.o 的修改已成功通过了本阶段实验的测试。

五、思考题

对于一个包含 C 选择语句 switch 的基于跳转表实现的可重定位目标文件，列举其中所有可能需要进行重定位的引用、重定位类型和所引用的符号，并说明相关信息在可重定位目标文件的哪些节中。

实验 5　重定位

一、实验目的

1. 了解重定位的概念、作用与过程。
2. 了解常见的重定位类型。
3. 了解 ELF 目标文件中重定位信息的表示与存储。

二、实验环境

IA-32 + Linux 系统平台，GCC、gdb 与 binutils 工具套件。

三、实验内容

本阶段实验的任务是修改可重定位目标文件 phase5.o，恢复其中被人为清零的一些重定位项（注意：不允许修改除重定位节以外的内容），使链接器能够正确地对本模块中的符号引用进行重定位，并与 main.o 模块链接生成可执行文件 linklab，运行时输出目标字符串" xWM];@ek>"（该字符串随 phase5.o 文件版本的不同而不同，具体所包含字符在实验数据包中的 outputs.txt 文件中给出）。文件 phase5.o 与 main.o 链接生成可执行文件 linklab 以及运行 linklab 的操作命令及输出结果如下：

```
$ gcc -no-pie -o linklab main.o phase5.o
$ ./linklab
xWM];@ek>
```

若不对 phase5.o 模块进行任何修改而直接与 main.o 模块链接，生成的可执行程序 linklab 将输出"Segmentation fault"报错信息。

本阶段实验需要掌握的知识点简要说明如下，详细介绍请参看主教材相关内容。

（1）重定位的基本概念与重定位过程。程序的链接过程包括符号解析和重定位两个主要步骤。符号解析的任务是建立每个符号引用与特定的符号定义之间的关联关系，而重定位的任务是将构成程序的多个模块中相同类型的节合并，并在程序运行时的地址空间中为程序中各个段分配所占地址区间，确定其中每个符号定义的地址，再根据符号解析过程中确定的符号引用与对应定义之间的绑定关系以及编译过程中生成的重定位项，将各个节中符号引用处的初始地址重新定位成所绑定符号的实际定义地址。

（2）重定位的类型。可重定位目标文件中包含的对静态区数据（全局变量和静态变量）和全局过程的引用，均需要在链接过程中对引用地址进行重定位。基本的重定位类型有 R_386_32 和 R_386_PC32 两种。R_386_32 为绝对地址方式，重定位后的地址为"所引用符号定义处的地址加上重定位前的初始值"，对静态区数据的引用多采用该重定位方式；R_386_PC32 为 PC 相对地址方式，重定位后的地址为"所引用符号定义处的地址减去重定位位置处（即引用处）的地址再加上重定位前的初始值"，通常进行过程调用的 call 指令中多采用该重定位方式。这里，重定位前的初始值就是重定位前在引用处存放的原有初始值。重定位后的地址是指重定位后在引用处填入的地址信息。

为完成实验目标，首先需要分析 phase5.o 模块中各函数的执行逻辑，定位其中包含的各个符号引用并与重定位项进行对照分析，推断被清零的重定位项所对应的符号引用，然后构造符合规范的重定位项，并用其替代模块中被清零的重定位项。

为帮助获得构造重定位项所需要的信息，可对照分析 phase5.o 的反汇编结果与主要 C 代码框架，以定位模块中每个重定位项所对应的符号引用。以下是 phase5.o 对应的主要 C 代码框架，其中略去了一些实现细节，有些函数名和变量名及其顺序可能与实际情况不同。

```c
char BUFFER[10] = … ;
const int CODE_TRAN_ARRAY[9] = … ;
int CODE = … ;
const char DICT[128] = … ;
/* 其他变量定义 */
int transform_code( int code, int mode ) {
    switch ( CODE_TRAN_ARRAY[mode] … )
    {
    case 0: …
    case 1: …
    …
    default: …
    }
    return code;
}
void generate_code( int cookie ) {
    int i; CODE = cookie;
    for( i=0; i<…; i++ ) {
        CODE = transform_code( CODE, i );
    }
}
int encode_1( char* str ) {
    int i, n = strlen( str );
```

```c
        for(i=0; i<n; i++) {
            str[i] = (DICT[str[i]] CODE) & 0x7F ;
            if(str[i]<0x20 || str[i]>0x7E) str[i] = … ;
        }
        …
}
int encode_2( char* str ) {
    // 与 encode_1 类似
}
typedef int (*CODER)(char*);
CODER encoder[2] = { …};
void do_phase() {
    generate_code(…);
    encoder[…]( BUFFER );
    puts( BUFFER );
}
…
```

四、实验步骤

1. 对照 C 代码框架并结合重定位信息，分析 phase5.o 的反汇编结果

首先，使用"objdump -d -r phase5.o"命令获得可重定位目标文件 phase5.o 的反汇编结果及其重定位信息。以下给出文件 phase5.o 的反汇编结果中与 C 代码框架中函数对应的机器级代码及其中的重定位信息（显示在符号引用所在指令下一行，格式为引用位置在节中的偏移量、重定位类型、引用的目标符号），主要指令给出相应注释。

```
00000064 <transform_code>:
  64:   55                      push   %ebp
  65:   89 e5                   mov    %esp, %ebp
  67:   8b 45 0c                mov    0xc(%ebp), %eax    # 将第 2 个参数 mode 存入 eax
  6a:   8b 04 85 00 00 00 00    mov    0x0(,%eax,4), %eax # 将数组元素 IhpPFj[mode]
                                                            存入 eax
                        6d: R_386_32    IhpPFj
  71:   83 e0 07                and    $0x7, %eax         # 将 IhpPFj[mode]&0x7 的结果存入 eax
  74:   83 f8 07                cmp    $0x7, %eax         # (IhpPFj[mode]&0x7) 与 7 比较
  77:   77 74                   ja     ed <transform_code+0x89>  # 若大于则跳转至 0xed 处
  79:   8b 04 85 44 00 00 00    mov    0x44(,%eax,4),%eax
# 将位于 .rodata 节中的跳转表中对应表项中的地址存入 eax
# 此处应有一个重定位项（对应跳转表所在的 .rodata 节），对应指令最后 4 字节
  80:   ff e0                   jmp    *%eax              # 根据跳转表中相应地址跳转
  82:   f7 55 08                notl   0x8(%ebp)          #code = ~code
  85:   eb 6a                   jmp    f1 <transform_code+0x8d>  # 跳转至 0xf1 处
  87:   8b 45 0c                mov    0xc(%ebp), %eax    # 将第 2 个参数 mode 存入 eax
  8a:   8b 04 85 00 00 00 00    mov    0x0(,%eax,4), %eax # 将 IhpPFj[mode] 存入 eax
                        8d: R_386_32    IhpPFj
  91:   83 e0 03                and    $0x3, %eax         #IhpPFj[mode] 与 0x3 按位与
  94:   89 c1                   mov    %eax, %ecx         # 将 IhpPFj[mode]&0x3 存入 ecx
  96:   d3 7d 08                sarl   %cl, 0x8(%ebp)     #code=code>>(IhpPFj[mode]&0x3)
  99:   eb 56                   jmp    f1 <transform_code+0x8d>  # 跳转至 0xf1 处
  9b:   8b 45 0c                mov    0xc(%ebp), %eax    # 将第 2 个参数 mode 存入 eax
  9e:   8b 04 85 00 00 00 00    mov    0x0(,%eax,4),%eax  # 将 IhpPFj[mode] 存入 eax
                        a1: R_386_32    IhpPFj
  a5:   f7 d0                   not    %eax               # 将 IhpPFj[mode] 按位取反后存入 eax
```

```
   a7:   21 45 08                and    %eax, 0x8(%ebp) #code=code & ~IhpPFj[mode]
   aa:   eb 45                   jmp    f1 <transform_code+0x8d>  # 跳转至 0xf1 处
   ac:   8b 45 0c                mov    0xc(%ebp), %eax  # 将第 2 个参数 mode 存入 eax
   af:   8b 04 85 00 00 00 00    mov    0x0(,%eax,4), %eax # 将 IhpPFj[mode] 存入 eax
# 此处应有一个重定位项，对照前面相似指令及相关重定信息，所引用符号应为 IhpPFj，对应指令最后 4
字节
   b6:   c1 e0 08                shl    $0x8, %eax    # 将 IhpPFj[mode] 逻辑左移 8 位
   b9:   09 45 08                or     %eax, 0x8(%ebp) #code=code | IhpPFj[mode]<<8
   bc:   eb 33                   jmp    f1 <transform_code+0x8d>  # 跳转至 0xf1 处
   be:   8b 45 0c                mov    0xc(%ebp), %eax  # 将第 2 个参数 mode 存入 eax
   c1:   8b 04 85 00 00 00 00    mov    0x0(,%eax,4),%eax # 将 IhpPFj[mode] 存入 eax
                        c4: R_386_32    IhpPFj
   c8:   31 45 08                xor    %eax,0x8(%ebp)   #code=code ^ IhpPFj[mode]
   cb:   eb 24                   jmp    f1 <transform_code+0x8d>  # 跳转至 0xf1 处
   cd:   8b 45 0c                mov    0xc(%ebp), %eax  # 将第 2 个参数 mode 存入 eax
   d0:   8b 04 85 00 00 00 00    mov    0x0(,%eax,4), %eax # 将 IhpPFj[mode] 存入 eax
                        d3: R_386_32    IhpPFj
   d7:   f7 d0                   not    %eax       # 将 IhpPFj[mode] 按位取反后存入 eax
   d9:   09 45 08                or     %eax, 0x8(%ebp) #code=code | ~IhpPFj[mode]
   dc:   eb 13                   jmp    f1 <transform_code+0x8d>  # 跳转至 0xf1 处
   de:   8b 45 0c                mov    0xc(%ebp), %eax  # 将第 2 个参数 mode 存入 eax
   e1:   8b 04 85 00 00 00 00    mov    0x0(,%eax,4),%eax # 将 IhpPFj[mode] 存入 eax
                        e4: R_386_32    IhpPFj
   e8:   01 45 08                add    %eax, 0x8(%ebp) #code=code + IhpPFj[mode]
   eb:   eb 04                   jmp    f1 <transform_code+0x8d>  # 跳转至 0xf1 处
   ed:   f7 5d 08                negl   0x8(%ebp)          #code = -code
   f0:   90                      nop
   f1:   8b 45 08                mov    0x8(%ebp), %eax  # 将 code 存入 eax 作为返回值
   f4:   5d                      pop    %ebp
   f5:   c3                      ret
000000f6 <generate_code>:
   f6:   55                      push   %ebp
   f7:   89 e5                   mov    %esp, %ebp
   f9:   83 ec 10                sub    $0x10, %esp
   fc:   8b 45 08                mov    0x8(%ebp), %eax  # 将第一参数 cookie 存入 eax
   ff:   a3 00 00 00 00          mov    %eax, 0x0        # 变量 rLCoNb=cookie
                       100: R_386_32    rLCoNb
  104:   c7 45 fc 00 00 00 00    movl   $0x0, -0x4(%ebp)  # 将局部变量 i 初始化为 0
  10b:   eb 1a                   jmp    127 <generate_code+0x31>  # 跳转至 0x127 处
  10d:   a1 00 00 00 00          mov    0x0, %eax         # 将变量 rLCoNb 的值存入 eax
                       10e: R_386_32    rLCoNb
  112:   ff 75 fc                pushl  -0x4(%ebp)        # 将变量 i 的值压栈
  115:   50                      push   %eax              # 将变量 rLCoNb 的值压栈
  116:   e8 fc ff ff ff          call   117 <generate_code+0x21>  # 对照 C 框架应调用
    transform_code
# 此处应有一个重定位项 (所引用符号应为 transform_code)，对应指令最后 4 字节
  11b:   83 c4 08                add    $0x8, %esp
  11e:   a3 00 00 00 00          mov    %eax, 0x0    #transform_code 返回值送 rLCoNb 中
                       11f: R_386_32    rLCoNb
  123:   83 45 fc 01             addl   $0x1, -0x4(%ebp)  # 将变量 i 的值增 1
  127:   8b 45 fc                mov    -0x4(%ebp), %eax  # 将变量 i 存入 eax
  12a:   83 f8 08                cmp    $0x8, %eax        # 将变量 i 与 8 比较
  12d:   76 de                   jbe    10d <generate_code+0x17> # 若小于等于则继续循环
  12f:   90                      nop
  130:   c9                      leave
  131:   c3                      ret
```

```
00000132 <encode_1>:
 132:   55                      push   %ebp
 133:   89 e5                   mov    %esp, %ebp
 135:   83 ec 18                sub    $0x18, %esp
 138:   83 ec 0c                sub    $0xc, %esp
 13b:   ff 75 08                pushl  0x8(%ebp)        # 将第1个参数 str（字符数组首址）入栈
 13e:   e8 fc ff ff ff          call   13f <encode_1+0xd>  # 调用 strlen 函数
            13f: R_386_PC32  strlen
 143:   83 c4 10                add    $0x10, %esp
 146:   89 45 f0                mov    %eax, -0x10(%ebp) # 将 strlen 返回值存于局部
                                                         #   变量 n 中
 149:   c7 45 f4 00 00 00 00    movl   $0x0, -0xc(%ebp) # 将局部变量 i 初始化为 0
 150:   eb 5b                   jmp    1ad <encode_1+0x7b> # 跳转至 0x1ad 处
 152:   8b 55 f4                mov    -0xc(%ebp), %edx # 将变量 i 存入 edx
 155:   8b 45 08                mov    0x8(%ebp), %eax  # 将第1个参数 str 存入 eax
 158:   01 d0                   add    %edx, %eax       # 将 &str[i] 存入 eax
 15a:   0f b6 00                movzbl (%eax), %eax     # 将 str[i] 零扩展后存入 eax
 15d:   0f be c0                movsbl %al, %eax
 160:   0f b6 80 00 00 00 00    movzbl 0x0(%eax), %eax  # 将 CnEvua[str[i]] 存入 eax
            163: R_386_32    CnEvua
 167:   8b 15 00 00 00 00       mov    0x0, %edx        # 将全局变量 rLCoNb 的值存入
                                                         #   edx
# 此处应有一个重定位项，对照 C 框架和 genenate_code 过程指令的分析，所引用符号应为 rLCoNb，
#   对应指令最后 4 字节
 16d:   31 d0                   xor    %edx, %eax       # CnEvua[str[i]] 与 rLCoNb 按位异或
 16f:   89 c1                   mov    %eax, %ecx       # 将 (CnEvua[str[i]]^rLCoNb) 存于 ecx
 171:   8b 55 f4                mov    -0xc(%ebp), %edx # 将 i 的值存入 edx
 174:   8b 45 08                mov    0x8(%ebp), %eax  # 将第1个参数 str 存入 eax
 177:   01 d0                   add    %edx, %eax       # 将 &str[i] 存入 eax
 179:   83 e1 7f                and    $0x7f, %ecx      # 将 (CnEvua[str[i]]^rLCoNb)&0x7f
                                                         #   存入 ecx
 17c:   89 ca                   mov    %ecx, %edx
 17e:   88 10                   mov    %dl, (%eax)      # str[i]=(CnEvua[str[i]]^rLCoN
                                                         #   b)&0x7f
 180:   8b 55 f4                mov    -0xc(%ebp), %edx # 将变量 i 存入 edx
 183:   8b 45 08                mov    0x8(%ebp), %eax  # 将第1个参数 str 存入 eax
 186:   01 d0                   add    %edx, %eax       # 将 &str[i] 存入 eax
 188:   0f b6 00                movzbl (%eax), %eax     # 将 str[i] 存入 eax
 18b:   3c 1f                   cmp    $0x1f, %al       # 将 str[i] 与 0x1f 比较
 18d:   7e 0f                   jle    19e <encode_1+0x6c> # 若小于等于则跳转至 0x19e 处
 18f:   8b 55 f4                mov    -0xc(%ebp), %edx # 将变量 i 存入 edx
 192:   8b 45 08                mov    0x8(%ebp), %eax  # 将第1个参数 str 存入 eax
 195:   01 d0                   add    %edx, %eax       # 将 &str[i] 存入 eax
 197:   0f b6 00                movzbl (%eax), %eax     # 将 str[i] 存入 eax
 19a:   3c 7f                   cmp    $0x7f, %al       # 将 str[i] 与 0x7f 比较
 19c:   75 0b                   jne    1a9 <encode_1+0x77> # 若不等，则跳转至 0x1a9 处
 19e:   8b 55 f4                mov    -0xc(%ebp), %edx # 将变量 i 存入 edx
 1a1:   8b 45 08                mov    0x8(%ebp), %eax  # 将第1个参数 str 存入 eax
 1a4:   01 d0                   add    %edx, %eax       # 将 &str[i] 存入 eax
 1a6:   c6 00 3f                movb   $0x3f, (%eax)    # str[i]=0x3f
 1a9:   83 45 f4 01             addl   $0x1, -0xc(%ebp) # 将变量 i 的值增 1
 1ad:   8b 45 f4                mov    -0xc(%ebp), %eax # 将变量 i 存入 eax
 1b0:   3b 45 f0                cmp    -0x10(%ebp), %eax # 将变量 i 与 n 比较
 1b3:   7c 9d                   jl     152 <encode_1+0x20> # 若小于，则继续循环
 1b5:   8b 45 f0                mov    -0x10(%ebp), %eax # 将 n 存入 eax 作为返回值
 1b8:   c9                      leave
```

```
 1b9:   c3                      ret
000001ba <encode_2>:
 1ba:   55                      push    %ebp
 1bb:   89 e5                   mov     %esp,%ebp
 1bd:   83 ec 18                sub     $0x18,%esp
 1c0:   83 ec 0c                sub     $0xc,%esp
 1c3:   ff 75 08                pushl   0x8(%ebp)       # 将第 1 个参数 str（字符数组首址）入栈
 1c6:   e8 fc ff ff ff          call    1c7 <encode_2+0xd>  # 调用 strlen 函数
                        1c7: R_386_PC32 strlen
 1cb:   83 c4 10                add     $0x10,%esp
 1ce:   89 45 f0                mov     %eax,-0x10(%ebp) # 将 strlen 返回值存入局部变
                                                          量 n 中
 1d1:   c7 45 f4 00 00 00 00    movl    $0x0,-0xc(%ebp) # 将变量 i 初始化为 0
 1d8:   eb 5a                   jmp     234 <encode_2+0x7a>  # 跳转至 0x234 处
 1da:   8b 55 f4                mov     -0xc(%ebp),%edx  # 变量 i 存入 edx
 1dd:   8b 45 08                mov     0x8(%ebp),%eax   # 将第 1 个参数 str 存入 eax
 1e0:   01 d0                   add     %edx,%eax        # 将 &str[i] 存入 eax
 1e2:   0f b6 00                movzbl  (%eax),%eax      # 将 str[i] 存入 eax
 1e5:   0f be c0                movsbl  %al,%eax
 1e8:   0f b6 80 00 00 00 00    movzbl  0x0(%eax),%eax   # 将 CnEvua[str[i]] 存入 eax
                        1eb: R_386_32   CnEvua
 1ef:   8b 15 00 00 00 00       mov     0x0,%edx         # 将全局变量 rLCoNb 的值存入 edx
                        1f1: R_386_32   rLCoNb
 1f5:   8d 0c 10                lea     (%eax,%edx,1),%ecx # CnEvua[str[i]]+rLCoNb
                                                            存入 ecx
 1f8:   8b 55 f4                mov     -0xc(%ebp),%edx  # 将变量 i 存入 edx
 1fb:   8b 45 08                mov     0x8(%ebp),%eax   # 将第 1 个参数 str 存入 eax
 1fe:   01 d0                   add     %edx,%eax        # 将 &str[i] 存入 eax
 200:   83 e1 7f                and     $0x7f,%ecx       # (CnEvua[str[i]]+rLCoNb)&0x7f
                                                            存入 ecx
 203:   89 ca                   mov     %ecx,%edx
 205:   88 10                   mov     %dl,(%eax)       # str[i]=(CnEvua[str[i]]+rLCo
                                                            Nb)&0x7f
 207:   8b 55 f4                mov     -0xc(%ebp),%edx  # 将变量 i 存入 edx
 20a:   8b 45 08                mov     0x8(%ebp),%eax   # 将第 1 个参数 str 存入 eax
 20d:   01 d0                   add     %edx,%eax        # 将 &str[i] 存入 eax
 20f:   0f b6 00                movzbl  (%eax),%eax      # 将 str[i] 值存入 eax
 212:   3c 1f                   cmp     $0x1f,%al        # 将 str[i] 与 0x1f 比较
 214:   7e 0f                   jle     225 <encode_2+0x6b>  # 若小于等于则跳转至 0x225 处
 216:   8b 55 f4                mov     -0xc(%ebp),%edx  # 将变量 i 存入 edx
 219:   8b 45 08                mov     0x8(%ebp),%eax   # 将第 1 个参数 str 存入 eax
 21c:   01 d0                   add     %edx,%eax        # 将 &str[i] 存入 eax
 21e:   0f b6 00                movzbl  (%eax),%eax      # 将 str[i] 存入 eax
 221:   3c 7f                   cmp     $0x7f,%al        # 将 str[i] 值与 0x7f 比较
 223:   75 0b                   jne     230 <encode_2+0x76>  # 若不等则跳转至 0x230 处
 225:   8b 55 f4                mov     -0xc(%ebp),%edx  # 将变量 i 存入 edx
 228:   8b 45 08                mov     0x8(%ebp),%eax   # 将第 1 个参数 str 存入 eax
 22b:   01 d0                   add     %edx,%eax        # 将 &str[i] 存入 eax
 22d:   c6 00 2a                movb    $0x2a,(%eax)     # str[i]=0x2a
 230:   83 45 f4 01             addl    $0x1,-0xc(%ebp)  # 将变量 i 的值增 1
 234:   8b 45 f4                mov     -0xc(%ebp),%eax  # 将变量 i 存入 eax
 237:   3b 45 f0                cmp     -0x10(%ebp),%eax # 将变量 i 与 n 比较
 23a:   7c 9e                   jl      1da <encode_2+0x20>  # 若小于，则继续循环
 23c:   8b 45 f0                mov     -0x10(%ebp),%eax # 将 n 存入 eax 作为返回值
 23f:   c9                      leave
 240:   c3                      ret
```

```
00000241 <do_phase>:
 241:   55                      push   %ebp
 242:   89 e5                   mov    %esp,%ebp
 244:   83 ec 08                sub    $0x8,%esp
 247:   68 84 00 00 00          push   $0x84          # 值 0x84 入栈
 24c:   e8 fc ff ff ff          call   24d <do_phase+0xc> # 对照 C 框架应调用 generate_
                                                          code
# 此处应有一个重定位项，所引用符号应为 generate_code，对应指令最后 4 字节
 251:   83 c4 04                add    $0x4,%esp
 254:   a1 00 00 00 00          mov    0x0,%eax
# encoder 数组首个元素中保存的函数指针值存入 eax
# 此处应有一个重定位项，所引用符号应为 encoder 数组，对应指令最后 4 字节
 259:   83 ec 0c                sub    $0xc,%esp
 25c:   68 00 00 00 00          push   $0x0    #encoder_x 入口参数（数组 sx 的首址）入栈
# 此处应有一个重定位项，对照 C 框架和后面 puts 函数参数对应的重定位信息，所引用符号应为
    ZJGzLDWt，对应指令最后 4 字节
 261:   ff d0                   call   *%eax   # 调用 eax 内容所指的 encoder_x 函数
 263:   83 c4 10                add    $0x10,%esp
 266:   83 ec 0c                sub    $0xc,%esp
 269:   68 00 00 00 00          push   $0x0 #puts 入口参数（字符数组 ZJGzLDWt 的首址）入栈
    26a: R_386_32    ZJGzLDWt
 26e:   e8 fc ff ff ff          call   26f <do_phase+0x2e>  # 调用 puts 函数
                    26f: R_386_PC32 puts
 273:   83 c4 10                add    $0x10,%esp
 276:   90                      nop
 277:   c9                      leave
 278:   c3                      ret
```

上述反汇编结果中显示了 .text 节中一些未被清零的重定位项，同时，还有一些被清零的重定位项，根据 C 框架所对应的指令可推测出有 7 处，在指令的注释中给出了推测的引用符号名。其中：有 1 处引用的目标符号应是 switch 语句的跳转表所在的 .rodata 节；有 1 处引用的目标符号可能是 int 型数组变量名，假设为 ix；有 1 处引用的目标符号对照 C 代码框架应为所调用的 transform_code 函数；有 1 处引用的目标符号是简单变量，设为 x；有 1 处引用的目标符号对照 C 代码框架应为所调用的 generate_code 函数；有 1 处引用的目标符号应是 encoder 数组；有 1 处引用的目标符号是一个字符数组变量名，假设为 sx。这些被清零的重定位项在后续的步骤中进行分析推理，以补充完整。

为显示这些被清零重定位项在 .rel.text 重定位节中的位置以及 phase5.o 文件中其他重定位节中的重定位信息，可使用"readelf -r"命令查看 phase5.o 文件中包含的重定位信息，如下所示：

```
$ readelf -r phase5.o
Relocation section '.rel.text' at offset 0x778 contains 23 entries:
 Offset     Info    Type            Sym.Value   Sym. Name
0000006d  00000d01 R_386_32          00000020    IhpPFj
00000000  00000000 R_386_NONE
0000008d  00000d01 R_386_32          00000020    IhpPFj
000000a1  00000d01 R_386_32          00000020    IhpPFj
00000000  00000000 R_386_NONE
000000c4  00000d01 R_386_32          00000020    IhpPFj
000000d3  00000d01 R_386_32          00000020    IhpPFj
000000e4  00000d01 R_386_32          00000020    IhpPFj
00000100  00000e01 R_386_32          00000080    rLCoNb
```

```
0000010e  00000e01 R_386_32           00000080   rLCoNb
00000000  00000000 R_386_NONE
0000011f  00000e01 R_386_32           00000080   rLCoNb
0000013f  00001302 R_386_PC32         00000000   strlen
00000163  00001101 R_386_32           00000080   CnEvua
00000000  00000000 R_386_NONE
000001c7  00001302 R_386_PC32         00000000   strlen
000001eb  00001101 R_386_32           00000080   CnEvua
000001f1  00000e01 R_386_32           00000080   rLCoNb
00000000  00000000 R_386_NONE
00000000  00000000 R_386_NONE
00000000  00000000 R_386_NONE
0000026a  00000c01 R_386_32           00000074   ZJGzLDWt
0000026f  00001702 R_386_PC32         00000000   puts

Relocation section '.rel.data' at offset 0x830 contains 4 entries:
 Offset     Info    Type              Sym.Value  Sym. Name
00000070  00000501 R_386_32           00000000   .rodata
00000084  00001201 R_386_32           00000132   encode_1
00000088  00001401 R_386_32           000001ba   encode_2
0000008c  00001601 R_386_32           00000241   do_phase

Relocation section '.rel.rodata' at offset 0x850 contains 8 entries:
 Offset     Info    Type              Sym.Value  Sym. Name
00000044  00000201 R_386_32           00000000   .text
00000048  00000201 R_386_32           00000000   .text
0000004c  00000201 R_386_32           00000000   .text
00000050  00000201 R_386_32           00000000   .text
00000054  00000201 R_386_32           00000000   .text
00000058  00000201 R_386_32           00000000   .text
0000005c  00000201 R_386_32           00000000   .text
00000060  00000201 R_386_32           00000000   .text
```

……（以下省略）

根据所给 transform_code 函数的 C 代码框架和 switch 语句的机器级表示，上述 transform_code 函数对应的机器级代码中 0x79 处的"mov 0x44(,%eax,4),%eax"指令中的位移常量 0x44 实际应为 switch 语句所使用的跳转表的起始地址，应有对应的重定位记录告知链接器对其进行重定位。该跳转表位于 .rodata 节中，引用的位置位于 .text 节中偏移量 0x7c 处，该位置上的初始值 0x44 应为跳转表起始位置相对于 .rodata 节起始位置的偏移量，引用的目标符号应为".rodata"（节），重定位类型应为 R_386_32。因此，在重定位操作中，该 mov 指令的源操作数寻址方式中的位移量被修改为".rodata 节起始地址 + 0x44"，其中，0x44 是重定位前的初始值。

从"readelf -r phase5.o"命令的输出结果看，重定位节".rel.rodata"中给出了跳转表中每个表项也需要进行重定位，引用的目标符号是 .text 节，重定位类型是 R_386_32。因此，在重定位操作中，这些跳转表表项中的地址值被修改为".text 节起始地址 + 重定位前的初始值"，后者就是各表项对应的 case 分支所包含指令序列中第一条指令距离 .text 节起始位置的偏移量。根据 transform_code 函数对应的机器级代码中 0x74 处的指令"cmp $0x7, %eax"及其后的 ja 指令可知，该跳转表具有 8 个表项。

以下使用"readelf -x"命令查看 phase5.o 文件中 .rodata 节中跳转表各项在重定位前的内容。

```
$ readelf -x .rodata phase5.o
Hex dump of section '.rodata':
 NOTE: This section has relocations against it, but these have NOT been
   applied to this dump.
 0x00000000 35000000 00000000 00000000 00000000 5...............
 0x00000010 00000000 00000000 00000000 00000000 ................
 0x00000020 d5edffff 5d1a0000 66130000 9d410000 ....]...f....A..
 0x00000030 aedfffff a7160000 657a0000 85710000 ........ez...q..
 0x00000040 b1d6ffff 82000000 87000000 9b000000 ................
 0x00000050 ed000000 ac000000 be000000 cd000000 ................
 0x00000060 de000000 00000000 00000000 00000000 ................
 ……(以下省略)
```

从偏移地址 0x44 处开始的跳转表中 8 个表项在重定位前的值分别为 0x82、0x87、0x9b、0xed、0xac、0xbe、0xcd、0xde。根据这 8 个值可以确定 transform_code 函数对应的机器级代码中 switch 语句中 8 个 case 分支对应的起始指令。

此外，为了获知 phase5.o 文件中全局符号（即静态数据区变量名和函数名）的相关定义信息，可使用"readelf -s"命令显示 phase5.o 文件的符号表内容。该命令及其执行结果如下：

```
$ readelf -s phase5.o
Symbol table '.symtab' contains 25 entries:
   Num:    Value  Size Type    Bind   Vis      Ndx Name
     0: 00000000     0 NOTYPE  LOCAL  DEFAULT  UND
     1: 00000000     0 FILE    LOCAL  DEFAULT  ABS phase5.c
     2: 00000000     0 SECTION LOCAL  DEFAULT    1
     3: 00000000     0 SECTION LOCAL  DEFAULT    3
     4: 00000000     0 SECTION LOCAL  DEFAULT    5
     5: 00000000     0 SECTION LOCAL  DEFAULT    6
     6: 00000000     0 SECTION LOCAL  DEFAULT    9
     7: 00000000     0 SECTION LOCAL  DEFAULT   10
     8: 00000000     0 SECTION LOCAL  DEFAULT    8
     9: 00000000   110 OBJECT  GLOBAL DEFAULT    3 eRepul
    10: 00000000   100 FUNC    GLOBAL DEFAULT    1 IhCtSRZPQx
    11: 00000070     4 OBJECT  GLOBAL DEFAULT    3 phase_id
    12: 00000074    10 OBJECT  GLOBAL DEFAULT    3 ZJGzLDWt
    13: 00000020    36 OBJECT  GLOBAL DEFAULT    6 IhpPFj
    14: 00000080     4 OBJECT  GLOBAL DEFAULT    3 rLCoNb
    15: 00000064   146 FUNC    GLOBAL DEFAULT    1 transform_code
    16: 000000f6    60 FUNC    GLOBAL DEFAULT    1 generate_code
    17: 00000080   128 OBJECT  GLOBAL DEFAULT    6 CnEvua
    18: 00000132   136 FUNC    GLOBAL DEFAULT    1 encode_1
    19: 00000000     0 NOTYPE  GLOBAL DEFAULT  UND strlen
    20: 000001ba   135 FUNC    GLOBAL DEFAULT    1 encode_2
    21: 00000084     8 OBJECT  GLOBAL DEFAULT    3 encoder
    22: 00000241    56 FUNC    GLOBAL DEFAULT    1 do_phase
    23: 00000000     0 NOTYPE  GLOBAL DEFAULT  UND puts
    24: 0000008c     4 OBJECT  GLOBAL DEFAULT    3 phase
```

上述显示的符号表信息中，序号 9 到 24 都是全局符号（Bind=GLOBAL），其中，有些为本模块定义的函数名（Type=FUNC），有些为静态数据区变量（Type=OBJECT），有些为外部模块定义的符号（Type=NOTYPE）。例如，其中序号 21 的符号表表项指出，名为 encoder 的全局变量定义在节头表中索引为 3（Ndx=3）的节中，该符号的值为 0x84（Value=00000084），表示符号所占存储空间的起始位置在其所在节中偏移量 0x84 处，所占空间大小为 8 字节（Size=8）。

为进一步基于符号表给出的符号定义所在节的索引（如 Ndx=3）获得其节名及其在文件中的偏移量，需要进一步了解节头表中描述的各个节的信息，可使用"readelf -S"命令显示 phase5.o 的节头表信息。

```
$ readelf -S phase5.o
There are 15 section headers, starting at offset 0x928:
Section Headers:
  [Nr] Name              Type            Addr     Off    Size   ES Flg Lk Inf Al
  [ 0]                   NULL            00000000 000000 000000 00     0   0  0
  [ 1] .text             PROGBITS        00000000 000034 000279 00  AX 0   0  1
  [ 2] .rel.text         REL             00000000 000778 0000b8 08  I  12  1  4
  [ 3] .data             PROGBITS        00000000 0002c0 000090 00  WA 0   0 32
  [ 4] .rel.data         REL             00000000 000830 000020 08  I  12  3  4
  [ 5] .bss              NOBITS          00000000 000350 000000 00  WA 0   0  1
  [ 6] .rodata           PROGBITS        00000000 000360 000100 00  A  0   0 32
  [ 7] .rel.rodata       REL             00000000 000850 000040 08  I  12  6  4
  [ 8] .comment          PROGBITS        00000000 000460 00001d 01  MS 0   0  1
  [ 9] .note.GNU-stack   PROGBITS        00000000 00047d 000000 00     0   0  1
  [10] .eh_frame         PROGBITS        00000000 000480 0000d8 00  A  0   0  4
  [11] .rel.eh_frame     REL             00000000 000890 000030 08  I  12 10  4
  [12] .symtab           SYMTAB          00000000 000558 000190 10     13  9  4
  [13] .strtab           STRTAB          00000000 0006e8 00008f 00     0   0  1
  [14] .shstrtab         STRTAB          00000000 0008c0 000067 00     0   0  1
Key to Flags:
  W (write), A (alloc), X (execute), M (merge), S (strings), I (info),
  L (link order), O (extra OS processing required), G (group), T (TLS),
  C (compressed), x (unknown), o (OS specific), E (exclude),
  p (processor specific)
```

从上述命令显示的节头表信息可看出，索引值为 3 的节为 .data 节（Nr=3），其起始位置位于文件 phase5.o 的 0x2c0 处，共有 0x90 字节。因此，全局变量 encoder 的定义位于 .data 节，其存储位置离 .data 节开始处偏移 0x84 字节。

2. 进一步完善 C 代码框架，找出机器级代码中缺少的重定位项内容

结合已有重定位信息和 C 代码框架，可从汇编代码（以及 switch 跳转表）分析得出模块中各函数的 C 代码如下，其中结合程序上下文，对被清零的重定位项所对应的引用的目标符号进行了推断：

```c
char ZJGzLDWt[10] = … ;
const int IhpPFj[9] = … ;
int rLCoNb = … ;
const char CnEvua[128] = … ;
int transform_code( int code, int mode ) {
    switch ( IhpPFj[mode] & 0x7 )
    {
    case 0:  code = ~ code;  break;
    case 1:  code = code >> (IhpPFj[mode] & 0x3);  break;
    case 2:  code = code & (~ IhpPFj[mode]);  break;
```

```
            case 3:  code = - code;  break;
            case 4:  code = code | (IhpPFj[mode] << 0x8);
                     break;
            case 5:  code = code ^ IhpPFj[mode];  break;
            case 6:  code = code | (~ IhpPFj[mode]);  break;
            case 7:  code = code + IhpPFj[mode];  break;
            default: code = - code;  break;
        }
        return code;
    }
    void generate_code( int cookie ) {
        int i;
        rLCoNb = cookie;
        for( i=0; i<9; i++ ) {
            rLCoNb = transform_code( rLCoNb, i );
        }
    }
    int encode_1( char* str ) {
        int i,n = strlen(str);
        for(i=0; i<n; i++) {
            str[i] = (CnEvua[str[i]] ^ rLCoNb) & 0x7f;
            if(str[i]<0x20 || str[i]==0x7f) str[i] = 0x3f;
        }
        return n;
    }
    int encode_2( char* str ) {
        int i,n = strlen(str);
        for(i=0; i<n; i++) {
            str[i] = (CnEvua[str[i]] + rLCoNb) & 0x7f;
            if(str[i]<0x20 || str[i]==0x7f) str[i] = 0x2a;
        }
        return n;
    }
    typedef int (*CODER)(char*);
    CODER encoder[] = { encode_1, encode_2 };
    void do_phase() {
        generate_code(0x84);
        encoder[0](ZJGzLDWt);    /* 据代码节中偏移量 0x255 处的引用在重定位前的初始值 0, 推测
            调用的是 encoder[0] 所指向的函数 */
        /* 由 C 代码框架可知 encoder[0] 所指向函数的参数与 puts 函数的参数相同, 后者从已有重定位
           项中可知是变量 ZJGzLDWt, 因此 encoder[0] 所指向函数的参数实际也为 ZJGzLDWt */
        puts(ZJGzLDWt);
    }
```

根据符号表信息，全局函数指针数组 encoder 的定义位于 .data 节，占 8B 空间，数组起始位置（即第 1 个数组元素）位于 .data 节中偏移量 0x84 处，第 2 个数组元素位于偏移量 0x88 处。该指针数组的两个元素的初始值都需要进行重定位，查看 .rel.data 重定位节中的重定位信息可知，.data 节中偏移量 0x84 和 0x88 处引用的目标符号分别是 encode_1 和 encode_2，因此，数组 encoder 中两个元素的初始值在重定位后为函数 encode_1 和 encode_2 的地址。

do_phase 函数的机器级代码中有三处引用缺少对应的重定位项，第 1 个引用是偏移量 0x24c 处指令 "call 24d" 对应机器码 "e8 fc ff ff ff" 后 4 字节，第 2 个引用是偏移量 0x254 处指令 "mov 0x0, %eax" 对应机器码 "a1 00 00 00 00" 后 4 字节，第 3 个引用是偏移量 25c 处指令 "push $0x0" 对应机器码 "68 00 00 00 00" 后 4 字节。

对于第 1 个引用，作为 call 指令调用的目标函数，对照 do_phase() 函数的 C 代码框

架可知该引用的目标符号应是 generate_code() 函数。

对于第 2 个引用，根据 C 代码框架可知，其引用值应是保存了函数 encode_1 和 encode_2 的地址的函数指针数组 encoder。而且，该引用在重定位前的初始值为 0，因此实际调用的函数就是 encoder 的地址（即 &encoder[0]）处存储的函数指针所指的函数，根据之前对 encoder 数组内容的分析可知实际被调用的就是 encode_1 函数。

对于第 3 个引用，其重定位后的值应是一个全局字符数组的地址，并被用作调用 encoder[0] 函数时的参数。根据 do_phase 函数的 C 代码框架，encoder[0] 函数的参数与 puts 函数的参数相同，对后者的引用位于偏移量 0x26a 处，从与之相关联的重定位记录可知其引用的目标符号是变量 ZJGzLDWt，因此 encoder[0] 函数的参数也为变量 ZJGzLDWt，即 do_phase 函数中偏移量 0x25d 处引用的目标符号是字符数组 ZJGzLDWt。

3. 恢复被清零的重定位项的内容

从 phase5.o 模块中包含的重定位项可看到，所有被清零的重定位项（类型为 R_386_NONE）均位于 .rel.text 节中，即需要重定位而被修改的引用均位于 .text 节中。基于以上对缺失的重定位项的目标符号的分析，可确定被清零的重定位项恢复后的内容如表 7.3 所示，其中，重定位项序号指在 .rel.text 节中的序号（从 0 开始算），中间 3 栏为恢复后的重定位项内容。注意符号 .rodata 节在节头表中的索引是 6，在符号表中查找节索引号为 6 且类型是 SECTION 的表项，即可定位符号 .rodata 对应的符号表项。对照前面显示的符号表内容，可得符号 .rodata 在符号表中的索引是 5，该值将用于构造对应的重定位项。

表 7.3 被清零的重定位项恢复后的内容

重定位项序号	引用偏移量	引用目标符号 （符号表索引）	重定位类型 （对应数值）	重定位项的字节表示
1	0x7c	.rodata （5）	R_386_32 （1）	0x7c, 0x00, 0x00, 0x00, 0x01, 0x05, 0x00, 0x00
4	0xb2	IhpPFj （13）	R_386_32 （1）	0xb2, 0x00, 0x00, 0x00, 0x01, 0x0d, 0x00, 0x00
10	0x117	transform_code （15）	R_386_PC32 （2）	0x17, 0x01, 0x00, 0x00, 0x02, 0x0f, 0x00, 0x00
14	0x169	rLCoNb （14）	R_386_32 （1）	0x69, 0x01, 0x00, 0x00, 0x01, 0x0e, 0x00, 0x00
18	0x24d	generate_code （16）	R_386_PC32 （2）	0x4d, 0x02, 0x00, 0x00, 0x02, 0x10, 0x00, 0x00
19	0x255	encoder （21）	R_386_32 （1）	0x55, 0x02, 0x00, 0x00, 0x01, 0x15, 0x00, 0x00
20	0x25d	ZJGzLDWt （12）	R_386_32 （1）	0x5d, 0x02, 0x00, 0x00, 0x01, 0x0c, 0x00, 0x00

IA-32 系统中 ELF 重定位项的 C 语言定义如下：

```
typedef struct {
    int offset;              /* 待重定位引用在所在节中的偏移量 */
    int type:8;                  /* 重定位类型值（位于 int 型数据低 8 位）*/
```

```
    symbol:24,        /* 引用的目标符号在符号表中的索引（位于 int 型数据高 24 位）*/
} Elf32_Rel;
```

表 7.3 中最右一栏显示了所构造的包含表中各项信息的重定位项的二进制表示。可使用 hexedit 编辑工具将表 7.3 中的各个重定位项的二进制表示写入 phase5.o 文件中被清零的重定位项存储位置上。这些重定位项均位于 .rel.text 节中，按照前面所示的 phase5.o 文件节头表内容，.rel.text 节从文件中偏移量 0x778（Off=000778）处开始，每个重定位项大小为 8 字节。因此，对于表 7.3 中序号为 i 的重定位项，其在 phase5.o 文件中的起始偏移量是 0x778 + i*8。

图 7.7 为修改前 phase5.o 文件的 .rel.text 节中的重定位项内容，图 7.8 为执行 "hexedit phase5.o" 命令对 .rel.text 节中被清零的重定位项进行恢复后的重定位项新内容。

```
00000750   00 73 74 72  6C 65 6E 00  65 6E 63 6F  64 65 5F 32  .strlen.encode_2
00000760   00 65 6E 63  6F 64 65 72  00 64 6F 5F  70 68 61 73  .encoder.do_phas
00000770   65 00 70 75  74 73 00 00  6D 00 00 00  01 0D 00 00  e.puts..m.......
00000780   00 00 00 00  00 00 00 00  8D 00 00 00  01 0D 00 00  ................
00000790   A1 00 00 00  01 0D 00 00  00 00 00 00  00 00 00 00  ................
000007A0   C4 00 00 00  01 0D 00 00  D3 00 00 00  01 0D 00 00  ................
000007B0   E4 00 00 00  01 0D 00 00  00 01 00 00  01 0E 00 00  ................
000007C0   0E 01 00 00  01 0E 00 00  00 00 00 00  00 00 00 00  ................
000007D0   1F 01 00 00  01 0E 00 00  3F 01 00 00  02 13 00 00  ........?.......
000007E0   63 01 00 00  01 11 00 00  00 00 00 00  00 00 00 00  c...............
000007F0   C7 01 00 00  02 13 00 00  EB 01 00 00  01 11 00 00  ................
00000800   F1 01 00 00  01 0E 00 00  00 00 00 00  00 00 00 00  ................
00000810   00 00 00 00  00 00 00 00  00 00 00 00  00 00 00 00  ................
00000820   6A 02 00 00  01 0C 00 00  6F 02 00 00  02 17 00 00  j.......o.......
00000830   70 00 00 00  01 05 00 00  84 00 00 00  01 12 00 00  p...............
00000840   88 00 00 00  01 14 00 00  8C 00 00 00  01 16 00 00  ................
00000850   44 00 00 00  01 02 00 00  48 00 00 00  01 02 00 00  D.......H.......
00000860   4C 00 00 00  01 02 00 00  50 00 00 00  01 02 00 00  L.......P.......
00000870   54 00 00 00  01 02 00 00  58 00 00 00  01 02 00 00  T.......X.......
00000880   5C 00 00 00  01 02 00 00  60 00 00 00  01 02 00 00  \.......`.......
00000890   20 00 00 00  02 02 00 00  40 00 00 00  02 02 00 00   .......@.......
000008A0   60 00 00 00  02 02 00 00  80 00 00 00  02 02 00 00  `...............
000008B0   A0 00 00 00  02 02 00 00  C0 00 00 00  02 02 00 00  ................
--- phase5.o          --0x780/0xB80--65%---------------------
```

图 7.7 修改前 phase5.o 文件中被清零的重定位项内容

```
00000750   00 73 74 72  6C 65 6E 00  65 6E 63 6F  64 65 5F 32  .strlen.encode_2
00000760   00 65 6E 63  6F 64 65 72  00 64 6F 5F  70 68 61 73  .encoder.do_phas
00000770   65 00 70 75  74 73 00 00  6D 00 00 00  01 0D 00 00  e.puts..m.......
00000780   7C 00 00 00  01 05 00 00  8D 00 00 00  01 0D 00 00  |...............
00000790   A1 00 00 00  01 0D 00 00  B2 00 00 00  01 0D 00 00  ................
000007A0   C4 00 00 00  01 0D 00 00  D3 00 00 00  01 0D 00 00  ................
000007B0   E4 00 00 00  01 0D 00 00  00 01 00 00  01 0E 00 00  ................
000007C0   0E 01 00 00  01 0E 00 00  17 01 00 00  01 0F 00 00  ................
000007D0   1F 01 00 00  01 0E 00 00  3F 01 00 00  02 13 00 00  ........?.......
000007E0   63 01 00 00  01 11 00 00  69 01 00 00  01 0E 00 00  c.......i.......
000007F0   C7 01 00 00  02 13 00 00  EB 01 00 00  01 11 00 00  ................
00000800   F1 01 00 00  01 0E 00 00  4D 02 00 00  02 10 00 00  ........M.......
00000810   55 02 00 00  01 15 00 00  5D 02 00 00  01 0C 00 00  U.......].......
00000820   6A 02 00 00  01 0C 00 00  6F 02 00 00  02 17 00 00  j.......o.......
00000830   70 00 00 00  01 05 00 00  84 00 00 00  01 12 00 00  p...............
00000840   88 00 00 00  01 14 00 00  8C 00 00 00  01 16 00 00  ................
00000850   44 00 00 00  01 02 00 00  48 00 00 00  01 02 00 00  D.......H.......
00000860   4C 00 00 00  01 02 00 00  50 00 00 00  01 02 00 00  L.......P.......
00000870   54 00 00 00  01 02 00 00  58 00 00 00  01 02 00 00  T.......X.......
00000880   5C 00 00 00  01 02 00 00  60 00 00 00  01 02 00 00  \.......`.......
00000890   20 00 00 00  02 02 00 00  40 00 00 00  02 02 00 00   .......@.......
000008A0   60 00 00 00  02 02 00 00  80 00 00 00  02 02 00 00  `...............
000008B0   A0 00 00 00  02 02 00 00  C0 00 00 00  02 02 00 00  ................
--- phase5.o          --0x780/0xB80--65%---------------------
```

图 7.8 修改后 phase5.o 文件中之前被清零的重定位项的新内容

4. 测试修改后的二进制可重定位目标文件

为验证经过上述修改的可重定位目标文件 phase5.o 的正确性，可将 phase5.o 与 main.o 链接生成可执行文件并执行，以查看输出结果是否正确。以下给出了链接生成可执行文件并执行的操作命令以及程序输出结果。

```
$ gcc -no-pie -o linklab main.o phase5.o
$ ./linklab
xWM];@ek>
```

以上程序输出与实验数据包中 outputs.txt 文件中给出的本阶段实验的预期输出字符串一致，说明对文件 phase5.o 的修改已成功通过了本阶段实验的测试。

五、思考题

1. 举例说明什么情况下符号引用在链接过程中不需要重定位就可在程序执行时正常访问目标符号。

2. 举例说明在绝对地址和 PC 相对地址两种重定位类型中，重定位前引用处的初始值有何作用？

实验 6　位置无关代码

一、实验目的

1. 了解位置无关代码（PIC）的基本原理。
2. 了解 PIC 相关重定位类型及相应处理方式。

二、实验环境

IA-32 + Linux 系统平台，GCC、gdb 与 binutils 工具套件。

三、实验内容

本阶段实验的任务是修改可重定位目标文件 phase6.o，恢复其中被人为清零的一些重定位记录（可能位于不同的重定位节中，注意：不允许修改除重定位节以外的内容），将修改后的 phase6.o 文件和 main.o 模块链接生成可执行文件 linklab，运行 linklab 时输出目标字符串为 "yVL\:Adj?"（该字符串随 phase6.o 文件版本的不同而不同，具体所包含字符在实验数据包中的 outputs.txt 文件中给出）。文件 phase6.o 与 main.o 链接生成可执行文件 linklab 以及运行 linklab 的操作命令及输出结果如下：

```
$ gcc -no-pie -o linklab main.o phase6.o
$ ./linklab
yVL\:Adj?
```

若不对 phase6.o 文件进行任何修改而直接将其与 main.o 模块链接，则生成的可执行文件 linklab 执行时将输出 "Segmentation fault" 报错信息。

文件 phase6.o 采用了与文件 phase5.o 基本相同的 C 代码，仅个别变量的初始值和函数调用的参数值有所不同。两者的主要差别在于，文件 phase6.o 采用了位置无关代码（Position Independent Code，PIC）的编译方式，即编译生成可重定位目标文件 phase6.o 时使用了 GCC 的"-fpic"或"-fPIC"选项，因此文件中对部分变量和函数的访问和引用方式发生了变化。

用 PIC 方式生成的文件代码段可被加载到任意地址执行而无须对代码中的引用地址进行重定位。简要来说，为引用全局符号（过程或全局变量），PIC 程序模块在 .data 节的前部包含了一个全局偏移量表（Global Offset Table，GOT），其中每一个表项中存放的是所引用的一个全局符号的实际地址（由动态链接器在程序加载或运行时通过重定位进行设置）。代码段中的指令在访问全局变量时，先通过 PC 相对地址方式访问本模块 .data 节中的 GOT 表中与所访问符号相对应的 GOT 表项，然后根据 GOT 表项给出的所引用目标符号的实际地址进行访问，因此，PIC 代码段在运行时无论加载到何处均无须修改（因为访问 GOT 表项所用的相对 PC 的偏移量是不变的）。

对于调用全局过程这种情况，PIC 方式采用了一种延迟绑定技术，除需要引入 GOT 表项用以记录全局过程的实际地址外，还需要在代码段（.text 节）中增加一个过程链接表（Procedure Linkage Table，PLT），其中每个 PLT 表项包含 16 字节的指令序列，用以实现过程的延迟绑定，即在程序加载时不进行 GOT 表项中的过程地址的重定位操作，而是在过程被第一次调用时，动态链接器才对该过程进行重定位操作，将其实际地址填入对应 GOT 表项中。代码段中的过程调用指令通过 PC 相对地址方式跳转到同在代码段中的全局过程对应 PLT 表项中的指令序列执行，并进一步跳转到对应 GOT 表项中经重定位操作而填入的实际地址处执行。有关位置无关代码的详细介绍，可参考主教材的相关内容。

IA-32 架构中的位置无关代码机制引入了一些前面阶段实验中未涉及的以下几种 ELF 重定位类型。

- R_386_GOTPC：对应类型值为 10，目标符号通常是"_GLOBAL_OFFSET_TABLE_"。重定位后引用处填入的值为"GOT 起始处地址 – 引用处的地址 + 重定位前引用处的初始值"。GOT 起始处地址即为 GOT 基地址。
- R_386_GOT32（R_386_GOT32X）：对应类型值为 3（43）。重定位后引用处填入的值为"目标符号对应的 GOT 表项与 GOT 起始处之间的位移量 + 重定位前引用处的初始值"。
- R_386_GOTOFF：对应类型值为 9。重定位后引用处填入的值是"目标符号的地址 – GOT 起始处地址 + 重定位前引用处的初始值"。
- R_386_PLT32：对应类型值为 4。重定位后引用处填入的值是"目标符号对应的 PLT 表项的地址 – 引用处的地址 + 重定位前引用处的初始值"。

与前一阶段的实验类似，为完成实验目标，需要分析 phase6.o 模块中各函数的执行逻辑，并对照反汇编操作生成的机器级代码和模块的 C 语言代码框架，推断被清零的重定位项的内容，然后构造符合规范要求的重定位数据，用以替代模块中被清零的重定位项。本阶段实验中，phase6.o 文件对应的 C 代码框架与前一阶段实验中 phase5.o 文件的 C 代码框架相同，这里不再重复给出。

四、实验步骤

1. 分析 phase6.o 可重定位目标模块的汇编代码和重定位数据

首先,使用"objdump -d -r phase6.o"命令获得 phase6.o 文件的反汇编结果及其重定位信息。以下给出文件 phase6.o 的反汇编结果中与 C 代码框架中函数对应的机器级代码及其中的重定位信息(显示在符号引用所在指令下一行,格式为引用位置在节中的偏移量、重定位类型、引用的目标符号),主要指令给出相应注释。

注意 phase6.o 对应 C 代码中变量与函数的名字及引用关系与前一阶段实验中的 phase5.o 相同,但因为本阶段实验采用 PIC 方式生成机器级代码,所以在机器级代码中的引用方式有所不同。以下指令的注释中将直接引用前一阶段实验中分析得出的变量/参数名与函数名,例如 transform_code 函数的第一个名为 code 的 int 类型参数和第二个名为 mode 的 int 类型参数,generate_code 函数的名为 cookie 的 int 类型参数,以及 encode_1 和 encode_2 函数的名为 str 的字符指针类型参数。

```
Disassembly of section .text:
...
00000066 <transform_code>:
  66:   55                      push   %ebp
  67:   89 e5                   mov    %esp, %ebp
  69:   e8 fc ff ff ff          call   6a <transform_code+0x4>   # 调用以下辅助函数
                        6a: R_386_PC32          __x86.get_pc_thunk.ax
  6e:   05 01 00 00 00          add    $0x1, %eax   # 将 GOT 基地址存入 eax
                        6f: R_386_GOTPC         _GLOBAL_OFFSET_TABLE_
  73:   8b 90 00 00 00 00       mov    0x0(%eax),%edx  # 将 GOT 表项中 IhpPFj 基址存入 edx
                # 此处应有重定位项(所引用符号应为 IhpPFj),对应指令最后 4 字节
  79:   8b 4d 0c                mov    0xc(%ebp), %ecx  # 将参数 mode 存入 ecx
  7c:   8b 14 8a                mov    (%edx,%ecx,4), %edx  # 将 IhpPFj[mode] 存入 edx
  7f:   83 e2 07                and    $0x7, %edx   # 将 IhpPFj[mode] & 0x7 存入 edx
  82:   83 fa 07                cmp    $0x7, %edx   # 将 IhpPFj[mode] & 7 与 7 比较
  85:   0f 87 85 00 00 00       ja     110 <.L6>    # 若大于,则跳转至 0x110 处
  8b:   c1 e2 02                shl    $0x2, %edx   # 将 (IhpPFj[mode] & 7)*4 存入 edx
  8e:   8b 94 02 44 00 00 00    mov    0x44(%edx,%eax,1), %edx  # 以
(IhpPFj[mode]&7) 为索引
# 将位于 .rodata 节中的跳转表中对应表项中内容存入 edx,后 4 字节需重定位
                        91: R_386_GOTOFF        .rodata
  95:   01 c2                   add    %eax, %edx   # 将对应 case 分支指令序列首地址存入 edx
  97:   ff e2                   jmp    *%edx        # 跳转到对应 case 分支指令序列首地址
00000099 <.L14>:
  99:   f7 55 08                notl   0x8(%ebp)
  9c:   eb 76                   jmp    114 <.L6+0x4>
0000009e <.L13>:
  9e:   8b 80 00 00 00 00       mov    0x0(%eax), %eax # 将 GOT 表项中 IhpPFj 基址存入 eax
                        a0: R_386_GOT32X        IhpPFj
  a4:   8b 55 0c                mov    0xc(%ebp), %edx
  a7:   8b 04 90                mov    (%eax,%edx,4), %eax  # 将 IhpPFj[mode] 存入 eax
  aa:   83 e0 03                and    $0x3, %eax
  ad:   89 c1                   mov    %eax, %ecx
  af:   d3 7d 08                sarl   %cl, 0x8(%ebp)  #code=code >> (IhpPFj[mode]&3)
  b2:   eb 60                   jmp    114 <.L6+0x4>
000000b4 <.L1
  b4:   8b 80 00 00 00 00       mov    0x0(%eax), %eax # 将 GOT 表项中 IhpPFj 基址存入 eax
```

```
                           b6: R_386_GOT32X       IhpPFj
    ba:  8b 55 0c          mov    0xc(%ebp), %edx
    bd:  8b 04 90          mov    (%eax,%edx,4), %eax   # 将IhpPFj[mode]存入eax
    c0:  f7 d0             not    %eax
    c2:  21 45 08          and    %eax, 0x8(%ebp)  #code=code & (~ IhpPFj[mode])
    c5:  eb 4d             jmp    114 <.L6+0x4>
000000c7 <.L11>:
    c7:  8b 80 00 00 00 00 mov    0x0(%eax), %eax  # 将GOT表项中IhpPFj基址存入eax
                           c9: R_386_GOT32X       IhpPFj
    cd:  8b 55 0c          mov    0xc(%ebp), %edx
    d0:  8b 04 90          mov    (%eax,%edx,4), %eax   # 将IhpPFj[mode]存入eax
    d3:  c1 e0 08          shl    $0x8, %eax
    d6:  09 45 08          or     %eax, 0x8(%ebp)  #code=code|(IhpPFj[mode]<<8)
    d9:  eb 39             jmp    114 <.L6+0x4>
000000db <.L10>:
    db:  8b 80 00 00 00 00 mov    0x0(%eax), %eax  # 将GOT表项中IhpPFj基址存入eax
                           dd: R_386_GOT32X       IhpPFj
    e1:  8b 55 0c          mov    0xc(%ebp), %edx
    e4:  8b 04 90          mov    (%eax,%edx,4), %eax   # 将IhpPFj[mode]存入eax
    e7:  31 45 08          xor    %eax, 0x8(%ebp)  #code=code ^ IhpPFj[mode]
    ea:  eb 28             jmp    114 <.L6+0x4>
000000ec <.L9>:
    ec:  8b 80 00 00 00 00 mov    0x0(%eax), %eax  # 将GOT表项中IhpPFj基址存入eax
                           ee: R_386_GOT32X       IhpPFj
    f2:  8b 55 0c          mov    0xc(%ebp), %edx
    f5:  8b 04 90          mov    (%eax,%edx,4), %eax   # 将IhpPFj[mode]存入eax
    f8:  f7 d0             not    %eax
    fa:  09 45 08          or     %eax, 0x8(%ebp)  #code=code|(~ IhpPFj[mode])
    fd:  eb 15             jmp    114 <.L6+0x4>
000000ff <.L7>:
    ff:  8b 80 00 00 00 00 mov    0x0(%eax), %eax  # 将GOT表项中IhpPFj基址存入eax
                           101: R_386_GOT32X      IhpPFj
   105:  8b 55 0c          mov    0xc(%ebp), %edx
   108:  8b 04 90          mov    (%eax,%edx,4), %eax   # 将IhpPFj[mode]存入eax
   10b:  01 45 08          add    %eax, 0x8(%ebp)  #code=code + IhpPFj[mode]
   10e:  eb 04             jmp    114 <.L6+0x4>
00000110 <.L6>:
   110:  f7 5d 08          negl   0x8(%ebp)           #code=-code
   113:  90                nop
   114:  8b 45 08          mov    0x8(%ebp), %eax  # 将code存入eax作为返回值
   117:  5d                pop    %ebp
   118:  c3                ret
00000119 <generate_code>:
   119:  55                push   %ebp
   11a:  89 e5             mov    %esp, %ebp
   11c:  53                push   %ebx
   11d:  83 ec 14          sub    $0x14, %esp
   120:  e8 fc ff ff ff    call   121 <generate_code+0x8>    # 调用以下辅助函数
                           121: R_386_PC32        __x86.get_pc_thunk.bx
   125:  81 c3 02 00 00 00 add    $0x2, %ebx       # 将GOT基址存入ebx
                           127: R_386_GOTPC       _GLOBAL_OFFSET_TABLE_
   12b:  8b 83 00 00 00 00 mov    0x0(%ebx), %eax  # 将GOT表项中rLCoNb地址存入eax
                           12d: R_386_GOT32X      rLCoNb
   131:  8b 55 08          mov    0x8(%ebp), %edx
   134:  89 10             mov    %edx, (%eax)     # 将参数cookie的值赋给rLCoNb
   136:  c7 45 f4 00 00 00 00 movl $0x0, -0xc(%ebp)  # 将变量i赋初值0
```

```
13d:    eb 25                   jmp     164 <generate_code+0x4b>
13f:    8b 83 00 00 00 00       mov     0x0(%ebx),%eax    # 将 GOT 表项中 rLCoNb 地址存入 eax
141:    R_386_GOT32X  rLCoNb
145:    8b 00                   mov     (%eax),%eax       # 将 rLCoNb 的值传送至存入 eax
147:    83 ec 08                sub     $0x8,%esp
14a:    ff 75 f4                pushl   -0xc(%ebp)        # 将变量 i 的值入栈
14d:    50                      push    %eax              # 将 rLCoNb 的值入栈
14e:    e8 fc ff ff ff          call    14f <generate_code+0x36>  # 调用 transform_code 函数
# 此处应有重定位项（所引用符号应为 transform_code），对应指令最后 4 字节
153:    83 c4 10                add     $0x10,%esp
156:    89 c2                   mov     %eax,%edx         # transform_code 返回值存入 edx
158:    8b 83 00 00 00 00       mov     0x0(%ebx),%eax    # 将 GOT 表项中 rLCoNb 地址存入 eax
            15a: R_386_GOT32X       rLCoNb
15e:    89 10                   mov     %edx,(%eax)       # 将 transform_code 返回值赋给 rLCoNb
160:    83 45 f4 01             addl    $0x1,-0xc(%ebp)   # 将变量 i 的值增 1
164:    8b 45 f4                mov     -0xc(%ebp),%eax
167:    83 f8 08                cmp     $0x8,%eax
16a:    76 d3                   jbe     13f <generate_code+0x26>  # 若 i ≤ 8 则继续循环
16c:    90                      nop
16d:    8b 5d fc                mov     -0x4(%ebp),%ebx
170:    c9                      leave
171:    c3                      ret
00000172 <encode_1>:             # 除注释的指令外，其他指令与前一阶段实验中对应指令类似
172:    55                      push    %ebp
173:    89 e5                   mov     %esp,%ebp
175:    53                      push    %ebx
176:    83 ec 14                sub     $0x14,%esp
179:    e8 fc ff ff ff          call    17a <encode_1+0x8>  # 调用以下辅助函数
            17a: R_386_PC32         __x86.get_pc_thunk.bx
17e:    81 c3 02 00 00 00       add     $0x2,%ebx         # 将 GOT 基址存入 ebx
            180: R_386_GOTPC        _GLOBAL_OFFSET_TABLE_
184:    83 ec 0c                sub     $0xc,%esp
187:    ff 75 08                pushl   0x8(%ebp)
18a:    e8 fc ff ff ff          call    18b <encode_1+0x19>
            18b: R_386_PLT32        strlen
18f:    83 c4 10                add     $0x10,%esp
192:    89 45 f0                mov     %eax,-0x10(%ebp)
195:    c7 45 f4 00 00 00 00    movl    $0x0,-0xc(%ebp)
19c:    eb 60                   jmp     1fe <encode_1+0x8c>
19e:    8b 55 f4                mov     -0xc(%ebp),%edx
1a1:    8b 45 08                mov     0x8(%ebp),%eax
1a4:    01 d0                   add     %edx,%eax
1a6:    0f b6 00                movzbl  (%eax),%eax
1a9:    0f be c0                movsbl  %al,%eax
1ac:    8b 93 00 00 00 00       mov     0x0(%ebx),%edx    # 将 GOT 表项中 CnEvua 基址存入 edx
# 此处应有重定位项（所引用符号应为 CnEvua），对应指令最后 4 字节
1b2:    0f b6 14 02             movzbl  (%edx,%eax,1),%edx
1b6:    8b 83 00 00 00 00       mov     0x0(%ebx),%eax    # 将 GOT 表项中 rLCoNb 基址存入 edx
# 此处应有重定位项（所引用符号应为 rLCoNb），对应指令最后 4 字节
1bc:    8b 00                   mov     (%eax),%eax
1be:    89 d1                   mov     %edx,%ecx
1c0:    31 c1                   xor     %eax,%ecx
1c2:    8b 55 f4                mov     -0xc(%ebp),%edx
1c5:    8b 45 08                mov     0x8(%ebp),%eax
1c8:    01 d0                   add     %edx,%eax
1d9:    0f b6 00                movzbl  (%eax),%eax
```

```
 1dc:    3c 1f                   cmp    $0x1f, %al
 1de:    7e 0f                   jle    1ef <encode_1+0x7d>
 1e0:    8b 55 f4                mov    -0xc(%ebp), %edx
 1e3:    8b 45 08                mov    0x8(%ebp), %eax
 1e6:    01 d0                   add    %edx, %eax
 1e8:    0f b6 00                movzbl (%eax), %eax
 1eb:    3c 7f                   cmp    $0x7f, %al
 1ed:    75 0b                   jne    1fa <encode_1+0x88>
 1ef:    8b 55 f4                mov    -0xc(%ebp), %edx
 1f2:    8b 45 08                mov    0x8(%ebp), %eax
 1f5:    01 d0                   add    %edx, %eax
 1f7:    c6 00 3f                movb   $0x3f, (%eax)
 1fa:    83 45 f4 01             addl   $0x1, -0xc(%ebp)
 1fe:    8b 45 f4                mov    -0xc(%ebp), %eax
 201:    3b 45 f0                cmp    -0x10(%ebp), %eax
 204:    7c 98                   jl     19e <encode_1+0x2c>
 206:    8b 45 f0                mov    -0x10(%ebp), %eax
 209:    8b 5d fc                mov    -0x4(%ebp), %ebx
 20c:    c9                      leave
 20d:    c3                      ret
0000020e <encode_2>:              # 除注释的指令外,其他指令与前一阶段实验中对应指令类似
 20e:    55                      push   %ebp
 20f:    89 e5                   mov    %esp, %ebp
 211:    53                      push   %ebx
 212:    83 ec 14                sub    $0x14, %esp
 215:    e8 fc ff ff ff          call   216 <encode_2+0x8>   # 调用以下辅助函数
                      216: R_386_PC32         __x86.get_pc_thunk.bx
 21a:    81 c3 02 00 00 00       add    $0x2, %ebx           # 推测为 GOT 基址存入 ebx
# 此处应有重定位项 (所引用符号应为 __GLOBAL_OFFSET_TABLE__ , 重定位类型应为 R_386_GOTPC), 对
    应指令最后 4 字节
 220:    83 ec 0c                sub    $0xc, %esp
 223:    ff 75 08                pushl  0x8(%ebp)
 226:    e8 fc ff ff ff          call   227 <encode_2+0x19>
                      227: R_386_PLT32        strlen
 22b:    83 c4 10                add    $0x10, %esp
 22e:    89 45 f0                mov    %eax, -0x10(%ebp)
 231:    c7 45 f4 00 00 00 00    movl   $0x0, -0xc(%ebp)
 238:    eb 5f                   jmp    299 <encode_2+0x8b>
 23a:    8b 55 f4                mov    -0xc(%ebp), %edx
 23d:    8b 45 08                mov    0x8(%ebp), %eax
 240:    01 d0                   add    %edx, %eax
 242:    0f b6 00                movzbl (%eax), %eax
 245:    0f be c0                movsbl %al, %eax
 248:    8b 93 00 00 00 00       mov    0x0(%ebx), %edx   #GOT 表项中 CnEvua 基址存入 edx
                      24a: R_386_GOT32X       CnEvua
 24e:    0f b6 14 02             movzbl (%edx,%eax,1), %edx
 252:    8b 83 00 00 00 00       mov    0x0(%ebx), %eax   # GOT 表项中 rLCoNb 基址存入 edx
# 此处应有重定位项 (所引用符号应为 rLCoNb), 对应指令最后 4 字节
 258:    8b 00                   mov    (%eax), %eax
 25a:    8d 0c 02                lea    (%edx,%eax,1), %ecx
 25d:    8b 55 f4                mov    -0xc(%ebp), %edx
 260:    8b 45 08                mov    0x8(%ebp), %eax
 263:    01 d0                   add    %edx, %eax
 265:    83 e1 7f                and    $0x7f, %ecx
 268:    89 ca                   mov    %ecx, %edx
 26a:    88 10                   mov    %dl, (%eax)
```

```
 26c:   8b 55 f4                mov    -0xc(%ebp), %edx
 26f:   8b 45 08                mov    0x8(%ebp), %eax
 272:   01 d0                   add    %edx, %eax
 274:   0f b6 00                movzbl (%eax), %eax
 277:   3c 1f                   cmp    $0x1f, %al
 279:   7e 0f                   jle    28a <encode_2+0x7c>
 27b:   8b 55 f4                mov    -0xc(%ebp), %edx
 27e:   8b 45 08                mov    0x8(%ebp), %eax
 281:   01 d0                   add    %edx, %eax
 283:   0f b6 00                movzbl (%eax), %eax
 286:   3c 7f                   cmp    $0x7f, %al
 288:   75 0b                   jne    295 <encode_2+0x87>
 28a:   8b 55 f4                mov    -0xc(%ebp), %edx
 28d:   8b 45 08                mov    0x8(%ebp), %eax
 290:   01 d0                   add    %edx, %eax
 292:   c6 00 2a                movb   $0x2a, (%eax)
 295:   83 45 f4 01             addl   $0x1, -0xc(%ebp)
 299:   8b 45 f4                mov    -0xc(%ebp), %eax
 29c:   3b 45 f0                cmp    -0x10(%ebp), %eax
 29f:   7c 99                   jl     23a <encode_2+0x2c>
 2a1:   8b 45 f0                mov    -0x10(%ebp), %eax
 2a4:   8b 5d fc                mov    -0x4(%ebp), %ebx
 2a7:   c9                      leave
 2a8:   c3                      ret
000002a9 <do_phase>:
 2a9:   55                      push   %ebp
 2aa:   89 e5                   mov    %esp, %ebp
 2ac:   53                      push   %ebx
 2ad:   83 ec 04                sub    $0x4, %esp
 2b0:   e8 fc ff ff ff          call   2b1 <do_phase+0x8>    # 调用以下辅助函数
                        2b1: R_386_PC32       __x86.get_pc_thunk.bx
 2b5:   81 c3 02 00 00 00       add    $0x2, %ebx            #GOT 基址存于 ebx
                        2b7: R_386_GOTPC      _GLOBAL_OFFSET_TABLE_
 2bb:   83 ec 0c                sub    $0xc, %esp
 2be:   68 87 00 00 00          push   $0x87                 # 值 0x87 入栈
 2c3:   e8 fc ff ff ff          call   2c4 <do_phase+0x1b>   # 调用 generate_code 函数
                        2c4: R_386_PLT32      generate_code
 2c8:   83 c4 10                add    $0x10, %esp
 2cb:   8b 83 00 00 00 00       mov    0x0(%ebx), %eax # 将 GOT 表项中 encoder 基址存入 eax
# 此处应有重定位项（所引用符号应为 encoder），对应指令最后 4 字节
 2d1:   8b 00                   mov    (%eax), %eax   # 将 encoder[0] 存入 eax
 2d3:   83 ec 0c                sub    $0xc, %esp
 2d6:   8b 93 00 00 00 00       mov 0x0(%ebx), %edx # 将 GOT 表项中 ZJGzLDWt 基址存于 edx
                        2d8: R_386_GOT32X     ZJGzLDWt
 2dc:   52                      push   %edx           # 字符数组 ZJGzLDWt 基址压栈
 2dd:   ff d0                   call   *%eax          # 调用 encoder[0] 所指函数
 2df:   83 c4 10                add    $0x10, %esp
 2e2:   83 ec 0c                sub    $0xc, %esp
 2e5:   8b 83 00 00 00 00       mov    0x0(%ebx),%eax # 将 GOT 表项中 ZJGzLDWt 基址存入 eax
# 此处应有重定位项（所引用符号应为 ZJGzLDWt），对应指令最后 4 字节
 2eb:   50                      push   %eax           #ZJGzLDWt 基址入栈
 2ec:   e8 fc ff ff ff          call   2ed <do_phase+0x44>   # 调用 puts 函数
                        2ed: R_386_PLT32      puts
 2f1:   83 c4 10                add    $0x10, %esp
 2f4:   90                      nop
 2f5:   8b 5d fc                mov    -0x4(%ebp), %ebx
```

```
 2f8:   c9                      leave
 2f9:   c3                      ret

Disassembly of section .text.__x86.get_pc_thunk.ax:

00000000 <__x86.get_pc_thunk.ax>:
   0:   8b 04 24                mov    (%esp),%eax    # 将返回地址保存到 eax 寄存器中
   3:   c3                      ret

Disassembly of section .text.__x86.get_pc_thunk.bx:

00000000 <__x86.get_pc_thunk.bx>:
   0:   8b 1c 24                mov    (%esp),%ebx    # 将返回地址保存到 ebx 寄存器中
   3:   c3                      ret
```

上述机器级代码中给出了 phase6.o 文件的 .text 节中一些符号引用处对应的未被清零的重定位项，还有一些被清零的重定位项对应引用处也根据前一阶段实验的分析结果给出了被引用的目标符号。对照本阶段和前一阶段两个实验中针对同一个 C 语言源程序文件采用不同编译选项所得到的不同的机器级代码，在本阶段实验中采用位置无关代码编译选项（-fPIC）得到的对全局变量和函数的引用方式明显有别于不采用 fPIC 选项下的引用方式。例如，在 generate_code 函数中，对全局变量 rLCoNb 的引用在本阶段实验的 PIC 方式下，需要从对应 GOT 表项中获得变量的实际地址（参见 0x12b 处的 mov 指令及其重定位信息 "12d: R_386_GOT32X rLCoNb"），而在前一阶段实验的非 PIC 方式下，链接器在进行重定位操作时直接将指令中引用处的操作数地址修改为变量的定义地址（参见 phase5.o 的反汇编结果中 0xff 处的 mov 指令及其重定位信息 "100: R_386_32 rLCoNb"）。另外，在 PIC 方式中，对 transform_code、generate_code、puts 这些全局函数的调用将通过这些全局函数对应的 PLT 表项进行间接调用，即 call 指令使用相对 PC 方式跳转到全局函数对应的 PLT 表项中指令序列起始处，通过该指令序列中的指令再进一步跳转到 GOT 中对应表项中保存的全局函数首地址处执行。与之相比，在前一阶段实验的非 PIC 方式下，链接器基于所调用函数重定位后的定义地址，将 call 指令中的操作数地址直接修改为函数起始地址相对于 PC 值的偏移量。

此外，不同之处还包括在 PIC 方式下 phase6.o 文件中增加了两个辅助函数代码节，其中包含了编译器自动生成和插入的两个辅助函数 __x86.get_pc_thunk.ax 和 __x86.get_pc_thunk.bx。从以上反汇编结果可知，这两个辅助函数将调用函数时的 PC 值（call 指令下一条指令的地址，即返回地址）保存到 eax 或 ebx 寄存器中，用于 PIC 机制中通过 PC 相对寻址实现位置无关代码。

为了显示被清零的重定位项在 .rel.text 重定位节中的位置以及 phase6.o 文件中其他重定位节中的重定位信息，可使用 "readelf -r" 命令查看 phase6.o 文件中包含的重定位信息，如下所示：

```
$ readelf -r phase6.o
Relocation section '.rel.text' at offset 0x980 contains 35 entries:
 Offset     Info    Type              Sym.Value  Sym. Name
00000007  00001902 R_386_PC32         00000000   __x86.get_pc_thunk.ax
0000000c  00001a0a R_386_GOTPC        00000000   _GLOBAL_OFFSET_TABLE_
0000006a  00001902 R_386_PC32         00000000   __x86.get_pc_thunk.ax
```

```
0000006f  00001a0a R_386_GOTPC    00000000   _GLOBAL_OFFSET_TABLE_
00000000  00000000 R_386_NONE
00000091  00000509 R_386_GOTOFF   00000000   .rodata
000000a0  00001d2b R_386_GOT32X   00000020   IhpPFj
000000b6  00001d2b R_386_GOT32X   00000020   IhpPFj
000000c9  00001d2b R_386_GOT32X   00000020   IhpPFj
000000dd  00001d2b R_386_GOT32X   00000020   IhpPFj
000000ee  00001d2b R_386_GOT32X   00000020   IhpPFj
00000101  00001d2b R_386_GOT32X   00000020   IhpPFj
00000121  00002102 R_386_PC32     00000000   __x86.get_pc_thunk.bx
00000127  00001a0a R_386_GOTPC    00000000   _GLOBAL_OFFSET_TABLE_
0000012d  00001e2b R_386_GOT32X   00000058   rLCoNb
00000000  00000000 R_386_NONE
00000000  00000000 R_386_NONE
0000015a  00001e2b R_386_GOT32X   00000058   rLCoNb
0000017a  00002102 R_386_PC32     00000000   __x86.get_pc_thunk.bx
00000180  00001a0a R_386_GOTPC    00000000   _GLOBAL_OFFSET_TABLE_
0000018b  00002404 R_386_PLT32    00000000   strlen
00000141  00001e2b R_386_GOT32X
00000058  rLCoNb
00000000  00000000 R_386_NONE
00000216  00002102 R_386_PC32     00000000   __x86.get_pc_thunk.bx
00000000  00000000 R_386_NONE
00000227  00002404 R_386_PLT32    00000000   strlen
0000024a  0000222b R_386_GOT32X   00000080   ChEvua
00000000  00000000 R_386_NONE
000002b1  00002102 R_386_PC32     00000000   __x86.get_pc_thunk.bx
000002b7  00001a0a R_386_GOTPC    00000000   _GLOBAL_OFFSET_TABLE_
000002c4  00002004 R_386_PLT32    00000119   generate_code
00000000  00000000 R_386_NONE
000002d8  00001c2b R_386_GOT32X   0000004c   ZJGzLDWt
00000000  00000000 R_386_NONE
000002ed  00002804 R_386_PLT32    00000000   puts

Relocation section '.rel.rodata' at offset 0xa98 contains 8 entries:
 Offset     Info    Type           Sym.Value  Sym. Name
00000044  00000d09 R_386_GOTOFF   00000099   .L14
00000048  00000e09 R_386_GOTOFF   0000009e   .L13
0000004c  00000f09 R_386_GOTOFF   000000b4   .L12
00000050  00000b09 R_386_GOTOFF   00000110   .L6
00000054  00001009 R_386_GOTOFF   000000c7   .L11
00000058  00001109 R_386_GOTOFF   000000db   .L10
0000005c  00001209 R_386_GOTOFF   000000ec   .L9
00000060  00001309 R_386_GOTOFF   000000ff   .L7
```

……（以下省略）

以 transform_code 函数中的 switch 语句对应的机器级代码为例，在 .rodata 节中偏移量 0x44 处开始包含一个具有 8 个表项的跳转表，每个表项中的地址引用都对应一个重定位项，这些重定位项都在 .rel.rodata 节中，从"readelf -r phase6.o"命令所显示的 .rel.rodata 节内容可以看出，这 8 个重定位项的目标符号分别为 .L14、.L13、.L12、.L6、.L11、.L10、.L9、.L7。

可使用"readelf -x"命令查看重定位前 phase6.o 文件的 .rodata 节中的跳转表内容，

如下所示：

```
$ readelf -x .rodata phase6.o
Hex dump of section '.rodata':
NOTE: This section has relocations against it, but these have NOT been
    applied to this dump.
 0x00000000 36000000 00000000 00000000 00000000 6...............
 0x00000010 00000000 00000000 00000000 00000000 ................
 0x00000020 d5edffff 5d1a0000 66130000 9d410000 ....]...f....A..
 0x00000030 aedfffff a7160000 657a0000 85710000 ........ez...q..
 0x00000040 b1d6ffff 00000000 00000000 00000000 ................
 0x00000050 00000000 00000000 00000000 00000000 ................
 0x00000060 00000000 00000000 00000000 00000000 ................
……（以下省略）
```

从上述粗体字部分可看出，跳转表中 8 个表项在重定位前的初始值均为 0x0，从上述 "readelf -r phase6.o" 命令所显示的 .rel.rodata 节内容可看出，与这 8 个跳转表项相对应的 8 个重定位项指出的重定位类型都是 R_386_GOTOFF。

可进一步使用 "readelf -s" 命令显示 phase6.o 文件的符号表内容，以获知 .L14、.L13 等 8 个重定位项的目标符号所在的节及其在所在节的偏移量，如下所示：

```
$ readelf -s phase6.o
Symbol table '.symtab' contains 42 entries:
   Num:    Value  Size Type    Bind   Vis      Ndx Name
     0: 00000000     0 NOTYPE  LOCAL  DEFAULT  UND
     1: 00000000     0 FILE    LOCAL  DEFAULT  ABS phase6.c
     2: 00000000     0 SECTION LOCAL  DEFAULT  3
     3: 00000000     0 SECTION LOCAL  DEFAULT  5
     4: 00000000     0 SECTION LOCAL  DEFAULT  6
     5: 00000000     0 SECTION LOCAL  DEFAULT  7
     6: 00000000     0 SECTION LOCAL  DEFAULT  9
     7: 00000000     0 SECTION LOCAL  DEFAULT  11
     8: 00000000     0 SECTION LOCAL  DEFAULT  13
     9: 00000000     0 SECTION LOCAL  DEFAULT  14
    10: 00000000     0 SECTION LOCAL  DEFAULT  16
    11: 00000110     0 NOTYPE  LOCAL  DEFAULT  3   .L6
    12: 00000000     0 SECTION LOCAL  DEFAULT  17
    13: 00000099     0 NOTYPE  LOCAL  DEFAULT  3   .L14
    14: 0000009e     0 NOTYPE  LOCAL  DEFAULT  3   .L13
    15: 000000b4     0 NOTYPE  LOCAL  DEFAULT  3   .L12
    16: 000000c7     0 NOTYPE  LOCAL  DEFAULT  3   .L11
    17: 000000db     0 NOTYPE  LOCAL  DEFAULT  3   .L10
    18: 000000ec     0 NOTYPE  LOCAL  DEFAULT  3   .L9
    19: 000000ff     0 NOTYPE  LOCAL  DEFAULT  3   .L7
    20: 00000000     0 SECTION LOCAL  DEFAULT  15
    21: 00000000     0 SECTION LOCAL  DEFAULT  1
    22: 00000000     0 SECTION LOCAL  DEFAULT  2
    23: 00000000    74 OBJECT  GLOBAL DEFAULT  5   DFJtyl
    24: 00000000   102 FUNC    GLOBAL DEFAULT  3   IhCtSRZPQx
    25: 00000000     0 FUNC    GLOBAL HIDDEN   13  __x86.get_pc_thunk.ax
    26: 00000000     0 NOTYPE  GLOBAL DEFAULT  UND _GLOBAL_OFFSET_TABLE_
    27: 00000000     4 OBJECT  GLOBAL DEFAULT  9   phase_id
    28: 0000004c    10 OBJECT  GLOBAL DEFAULT  5   ZJGzLDWt
    29: 00000020    36 OBJECT  GLOBAL DEFAULT  7   IhpPFj
```

```
    30: 00000058     4 OBJECT  GLOBAL DEFAULT    5 rLCoNb
    31: 00000066   179 FUNC    GLOBAL DEFAULT    3 transform_code
    32: 00000119    89 FUNC    GLOBAL DEFAULT    3 generate_code
    33: 00000000     0 FUNC    GLOBAL HIDDEN    14 __x86.get_pc_thunk.bx
    34: 00000080   128 OBJECT  GLOBAL DEFAULT    7 CnEvua
    35: 00000172   156 FUNC    GLOBAL DEFAULT    3 encode_1
    36: 00000000     0 NOTYPE  GLOBAL DEFAULT  UND strlen
    37: 0000020e   155 FUNC    GLOBAL DEFAULT    3 encode_2
    38: 00000000     8 OBJECT  GLOBAL DEFAULT   11 encoder
    39: 000002a9    81 FUNC    GLOBAL DEFAULT    3 do_phase
    40: 00000000     0 NOTYPE  GLOBAL DEFAULT  UND puts
    41: 00000008     4 OBJECT  GLOBAL DEFAULT   11 phase
```

由上可见，与跳转表中 8 个表项相关联的重定位项的目标符号 .L14、.L13、.L12、.L6、.L11、.L10、.L9、.L7 位于 .text 节（在节头表中的索引为 3），对应于各 case 分支的指令序列的首地址。由于对这些符号的引用所采用的重定位类型是 R_386_GOTOFF，重定位后各跳转表项中的值是对应 case 分支的指令序列首地址与 GOT 基址之间的位移量。该位移量通过执行 0x8e 处的 "mov 0x44(%edx,%eax,1),%edx" 指令被从对应跳转表项中取出存入 edx 寄存器后，再经随后的 "add %eax, %edx" 指令与 eax 寄存器中的 GOT 基址相加，即得到对应 case 分支的指令序列中第一条指令的实际地址，并通过下一条 "jmp *%edx" 指令跳转到该指令处执行。

另外，为获得 .rel.text 重定位节等各节在文件中的偏移量，可使用 "readelf -S" 命令显示 phase6.o 文件的节头表内容，如下所示：

```
$ readelf -S phase6.o
There are 22 section headers, starting at offset 0xbfc:
Section Headers:
  [Nr] Name              Type            Addr     Off    Size   ES Flg Lk Inf Al
  [ 0]                   NULL            00000000 000000 000000 00      0   0  0
  [ 1] .group            GROUP           00000000 000034 000008 04     19  25  4
  [ 2] .group            GROUP           00000000 00003c 000008 04     19  33  4
  [ 3] .text             PROGBITS        00000000 000044 0002fa 00  AX  0   0  1
  [ 4] .rel.text         REL             00000000 000980 000118 08   I 19   3  4
  [ 5] .data             PROGBITS        00000000 000340 00005c 00  WA  0   0 32
  [ 6] .bss              NOBITS          00000000 00039c 000000 00  WA  0   0  1
  [ 7] .rodata           PROGBITS        00000000 0003a0 000100 00   A  0   0 32
  [ 8] .rel.rodata       REL             00000000 000a98 000040 08   I 19   7  4
  [ 9] .data.rel.local   PROGBITS        00000000 0004a0 000004 00  WA  0   0  4
  [10] .rel.data.re[...] REL             00000000 000ad8 000008 08   I 19   9  4
  [11] .data.rel         PROGBITS        00000000 0004a4 00000c 00  WA  0   0  4
  [12] .rel.data.rel     REL             00000000 000ae0 000018 08   I 19  11  4
  [13] .text.__x86.get_pc[...] PROGBITS  00000000 0004b0 000004 00 AXG  0   0  1
  [14] .text.__x86.get_pc[...] PROGBITS  00000000 0004b4 000004 00 AXG  0   0  1
  [15] .comment          PROGBITS        00000000 0004b8 00001d 01  MS  0   0  1
  [16] .note.GNU-stack   PROGBITS        00000000 0004d5 000000 00      0   0  1
  [17] .eh_frame         PROGBITS        00000000 0004d8 000110 00   A  0   0  4
  [18] .rel.eh_frame     REL             00000000 000af8 000040 08   I 19  17  4
  [19] .symtab           SYMTAB          00000000 0005e8 0002a0 10     20  23  4
  [20] .strtab           STRTAB          00000000 000888 0000f6 00      0   0  1
  [21] .shstrtab         STRTAB          00000000 000b38 0000c4 00      0   0  1
Key to Flags:
  W (write), A (alloc), X (execute), M (merge), S (strings), I (info),
```

```
L (link order), O (extra OS processing required), G (group), T (TLS),
C (compressed), x (unknown), o (OS specific), E (exclude),
p (processor specific)
```

2. 恢复被清零的重定位项的内容

结合文件 phase6.o 的反汇编结果、重定位信息和前一阶段实验中提供的 C 代码框架（本阶段实验的 C 代码除一些变量的初始值和 generate_code 函数的调用参数外，其他部分与前一阶段实验相同），可得 phase6.o 模块中各函数的 C 代码如下。

```c
char ZJGzLDWt[10] = …;
const int IhpPFj[9] = …;
int rLCoNb = …;
const char CnEvua[128] = …;
int transform_code( int code, int mode ) {
    switch ( IhpPFj[mode] & 0x7 )
    {
    case 0:  code = ~ code;  break;
    case 1:  code = code >> (IhpPFj[mode] & 0x3);  break;
    case 2:  code = code & (~ IhpPFj[mode]);  break;
    case 3:  code = - code;   break;
    case 4:  code = code | (IhpPFj[mode] << 0x8);  break;
    case 5:  code = code ^ IhpPFj[mode];  break;
    case 6:  code = code | (~ IhpPFj[mode]);  break;
    case 7:  code = code + IhpPFj[mode];  break;
    default: code = - code;   break;
    }
    return code;
}
void generate_code( int cookie ) {
    int i;
    rLCoNb = cookie;
    for( i=0; i<9; i++ ) {
        rLCoNb = transform_code( rLCoNb, i );
    }
}
int encode_1( char* str ) {
    int i, n = strlen(str);
    for(i=0; i<n; i++) {
        str[i] = (CnEvua[str[i]] ^ rLCoNb) & 0x7f;
        if(str[i]<0x20 || str[i]>0x7E) str[i] = 0x3f;
    }
    return n;
}
int encode_2( char* str ) {
    int i, n = strlen(str);
    for(i=0; i<n; i++) {
        str[i] = (CnEvua[str[i]] + rLCoNb) & 0x7f;
        if(str[i]<0x20 || str[i]>0x7E) str[i] = 0x2a;
    }
    return n;
}
typedef int (*CODER)(char*);
CODER encoder[] = { encode_1, encode_2 };
void do_phase() {
```

```
    generate_code(0x87);
    encoder[0]( ZJGzLDWt);
    puts(ZJGzLDWt);
}
```

从"readelf -r phase6.o"命令执行后所显示的 phase6.o 模块中包含的重定位项可看到,所有被清零的重定位项(类型为 R_386_NONE)均位于 .rel.text 节中,即对应的引用均位于 .text 节中。基于上述对缺失的重定位项的目标符号的推测,可确定被清零的重定位项恢复后的内容如表 7.4 所示。其中,重定位项序号是指在 .rel.text 节中的序号,从 0 开始算,中间 3 栏为恢复后的重定位项内容。

表 7.4 被清零的重定位项恢复后的内容

重定位项序号	引用偏移量	引用目标符号 (符号表索引)	重定位类型 (对应数值)	重定位项的字节表示
4	0x75	IhpPFj (29)	R_386_GOT32X (43)	0x75, 0x00, 0x00, 0x00, 0x2b, 0x1d, 0x00, 0x00
16	0x14f	transform_code (31)	R_386_PLT32 (4)	0x4f, 0x01, 0x00, 0x00, 0x04, 0x1f, 0x00, 0x00
21	0x1ae	CnEvua (34)	R_386_GOT32X (43)	0xae, 0x01, 0x00, 0x00, 0x2b, 0x22, 0x00, 0x00
22	0x1b8	rLCoNb (30)	R_386_GOT32X (43)	0xb8, 0x01, 0x00, 0x00, 0x2b, 0x1e, 0x00, 0x00
24	0x21c	_GLOBAL_OFFSET_TABLE_ (26)	R_386_GOTPC (10)	0x1c, 0x02, 0x00, 0x00, 0x0a, 0x1a, 0x00, 0x00
27	0x254	rLCoNb (30)	R_386_GOT32X (43)	0x54, 0x02, 0x00, 0x00, 0x2b, 0x1e, 0x00, 0x00
31	0x2cd	encoder (38)	R_386_GOT32X (43)	0xcd, 0x02, 0x00, 0x00, 0x2b, 0x26, 0x00, 0x00
33	0x2e7	ZJGzLDWt (28)	R_386_GOT32X (43)	0xe7, 0x02, 0x00, 0x00, 0x2b, 0x1c, 0x00, 0x00

表 7.4 中最右一栏中显示了所构造的包含表中各项信息的重定位项的二进制表示。可使用"hexedit phase6.o"编辑命令将表 7.4 中构造的重定位项写入 phase6.o 文件中被清零的重定位项中。这些重定位项均位于 .rel.text 节中,按照 phase6.o 文件的节头表内容,.rel.text 节位于文件中偏移量 0x980 处,每个重定位项大小为 8 字节,顺序存放在 .rel.text 节中。因此,表 7.4 中序号为 i 的重定位项,其在 phase6.o 文件中的起始位置为 0x980 + i*8。通过"hexedit phase6.o"编辑命令对被清零的重定位项进行修改前后的内容分别如图 7.9 和图 7.10 所示。

3. 测试修改后的二进制可重定位目标文件

为验证经过上述修改的可重定位目标文件 phase6.o 的正确性,可将 phase6.o 与 main.o 链接生成可执行文件并执行,以查看输出结果是否正确。以下给出了链接生成可执行文件并执行的操作命令以及程序输出结果。

```
$ gcc -no-pie -o linklab main.o phase6.o
$ ./linklab
yVL\:Adj?
```

```
00000970    64 6F 5F 70    68 61 73 65    00 70 75 74    73 00 00 00    do_phase.puts...
00000980    07 00 00 00    02 19 00 00    0C 00 00 00    0A 1A 00 00    ................
00000990    6A 00 00 00    02 19 00 00    6F 00 00 00    0A 1A 00 00    j.......o.......
000009A0    00 00 00 00    00 00 00 00    91 00 00 00    09 05 00 00    ................
000009B0    A0 00 00 00    2B 1D 00 00    B6 00 00 00    2B 1D 00 00    ....+.......+...
000009C0    C9 00 00 00    2B 1D 00 00    DD 00 00 00    2B 1D 00 00    ....+.......+...
000009D0    EE 00 00 00    2B 1D 00 00    01 01 00 00    2B 1D 00 00    ....+.......+...
000009E0    21 01 00 00    02 21 00 00    27 01 00 00    0A 1A 00 00    !....!..'.......
000009F0    2D 01 00 00    2B 1E 00 00    00 00 00 00    00 00 00 00    -...+...........
00000A00    00 00 00 00    00 00 00 00    5A 01 00 00    2B 1E 00 00    ........Z...+...
00000A10    7A 01 00 00    02 21 00 00    80 01 00 00    0A 1A 00 00    z....!..........
00000A20    8B 01 00 00    04 24 00 00    00 00 00 00    00 00 00 00    .....$..........
00000A30    00 00 00 00    00 00 00 00    16 02 00 00    02 21 00 00    .............!..
00000A40    00 00 00 00    00 00 00 00    27 02 00 00    04 24 00 00    ........'....$..
00000A50    4A 02 00 00    2B 22 00 00    00 00 00 00    00 00 00 00    J...+"..........
00000A60    B1 02 00 00    02 21 00 00    B7 02 00 00    0A 1A 00 00    .....!..........
00000A70    C4 02 00 00    04 20 00 00    00 00 00 00    00 00 00 00    ..... ..........
00000A80    D8 02 00 00    2B 1C 00 00    00 00 00 00    00 00 00 00    ....+...........
00000A90    ED 02 00 00    04 28 00 00    44 00 00 00    09 0D 00 00    .....(..D.......
00000AA0    48 00 00 00    09 0E 00 00    4C 00 00 00    09 0F 00 00    H.......L.......
00000AB0    50 00 00 00    09 0B 00 00    54 00 00 00    09 10 00 00    P.......T.......
00000AC0    58 00 00 00    09 11 00 00    5C 00 00 00    09 12 00 00    X.......\.......
00000AD0    60 00 00 00    09 13 00 00    00 00 00 00    01 05 00 00    `...............
---  phase6.o       --0x9A0/0xF6C--62%---------------------------------
```

图 7.9 修改前 phase6.o 文件中被清零的重定位项内容

```
00000970    64 6F 5F 70    68 61 73 65    00 70 75 74    73 00 00 00    do_phase.puts...
00000980    07 00 00 00    02 19 00 00    0C 00 00 00    0A 1A 00 00    ................
00000990    6A 00 00 00    02 19 00 00    6F 00 00 00    0A 1A 00 00    j.......o.......
000009A0    75 00 00 00    2B 1D 00 00    91 00 00 00    09 05 00 00    u...+...........
000009B0    A0 00 00 00    2B 1D 00 00    B6 00 00 00    2B 1D 00 00    ....+.......+...
000009C0    C9 00 00 00    2B 1D 00 00    DD 00 00 00    2B 1D 00 00    ....+.......+...
000009D0    EE 00 00 00    2B 1D 00 00    01 01 00 00    2B 1D 00 00    ....+.......+...
000009E0    21 01 00 00    02 21 00 00    27 01 00 00    0A 1A 00 00    !....!..'.......
000009F0    2D 01 00 00    2B 1E 00 00    41 01 00 00    2B 1E 00 00    -...+...A...+...
00000A00    4F 01 00 00    04 1F 00 00    5A 01 00 00    2B 1E 00 00    O.......Z...+...
00000A10    7A 01 00 00    02 21 00 00    80 01 00 00    0A 1A 00 00    z....!..........
00000A20    8B 01 00 00    04 24 00 00    AE 01 00 00    2B 22 00 00    .....$......+"..
00000A30    B8 01 00 00    2B 1E 00 00    16 02 00 00    02 21 00 00    ....+........!..
00000A40    1C 02 00 00    0A 1A 00 00    27 02 00 00    04 24 00 00    ........'....$..
00000A50    4A 02 00 00    2B 22 00 00    54 02 00 00    2B 1E 00 00    J...+"..T...+...
00000A60    B1 02 00 00    02 21 00 00    B7 02 00 00    0A 1A 00 00    .....!..........
00000A70    C4 02 00 00    04 20 00 00    CD 02 00 00    2B 26 00 00    ..... ......+&..
00000A80    D8 02 00 00    2B 1C 00 00    E7 02 00 00    2B 1C 00 00    ....+.......+...
00000A90    ED 02 00 00    04 28 00 00    44 00 00 00    09 0D 00 00    .....(..D.......
00000AA0    48 00 00 00    09 0E 00 00    4C 00 00 00    09 0F 00 00    H.......L.......
00000AB0    50 00 00 00    09 0B 00 00    54 00 00 00    09 10 00 00    P.......T.......
00000AC0    58 00 00 00    09 11 00 00    5C 00 00 00    09 12 00 00    X.......\.......
00000AD0    60 00 00 00    09 13 00 00    00 00 00 00    01 05 00 00    `...............
---  phase6.o       --0x9A0/0xF6C--62%---------------------------------
```

图 7.10 修改后 phase6.o 文件中之前被清零的重定位项的新内容

以上程序输出与实验数据包中 outputs.txt 文件中给出的本阶段实验的预期输出字符串一致，说明对文件 phase6.o 的修改已成功通过了本阶段实验的测试。

五、思考题

1. 与非 PIC 方式相比，采用 PIC 方式编译生成的可重定位目标文件中对本地符号（即定义时声明为 static 的变量和函数）的访问方式有何相同与不同之处？

2. 结合实例分析采用 PIC 方式对程序的表示与执行性能有哪些方面的影响。